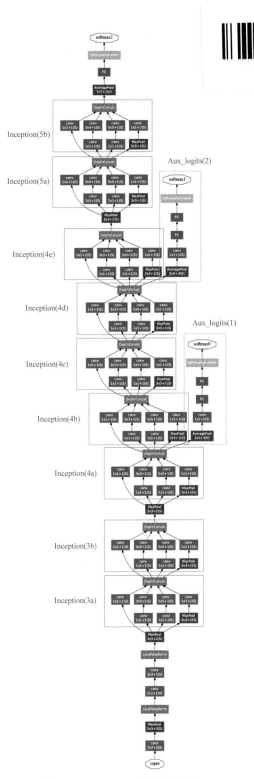

图 6.8　GoogLeNet 网络结构图

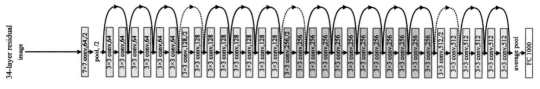

图 6.12　ResNet-34 网络结构示意图

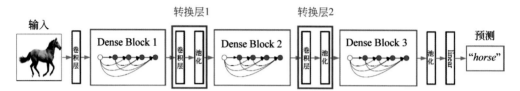

图 6.13　一个由 3 个 Dense Block 构成的深度 DenseNet 网络结构

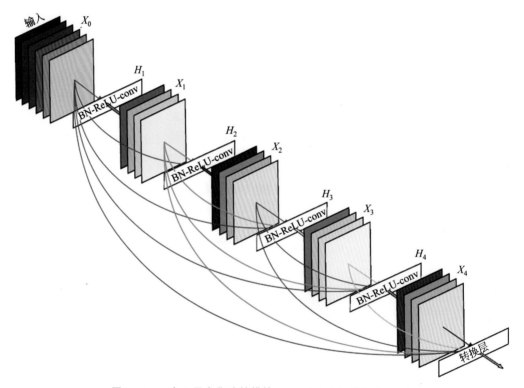

图 6.14　一个 5 层密集连接模块(Dense Block),增长率 $k=4$

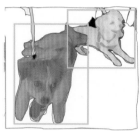

(a) 语义分割　　　　　　　　(b) 实例分割　　　　　　　　(c) 全景分割

图 7.1　三类图像分割的示意图

图 7.2　图像分类、目标检测和图像分割示意图　　　　图 7.4　基于候选框和图像分类模型
　　　　　　　　　　　　　　　　　　　　　　　　　进行目标检测示意图

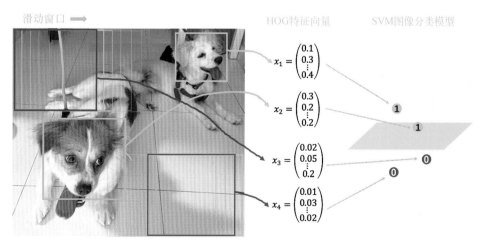

图 7.5　采用 HOG 特征和 SVM 分类器的目标检测过程示意图

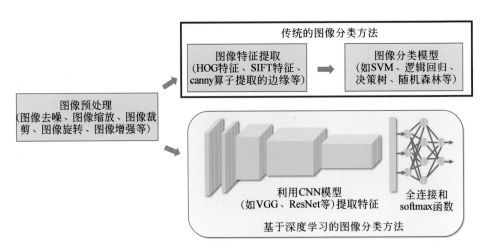

图 7.6　基于深度学习的图像分类与传统的图像分类方法的过程对比

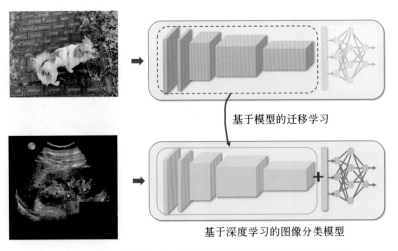

图 7.7　采用迁移学习方法构建图像分类模型的过程示意图

图 7.9　YOLO 模型的工作流程

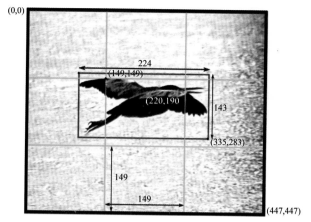

图 7.10 输入图像示例(尺寸为 448 像素×448 像素)

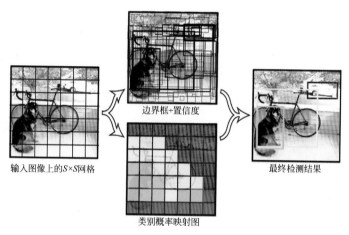

图 7.11 YOLO 网络目标检测过程示意图

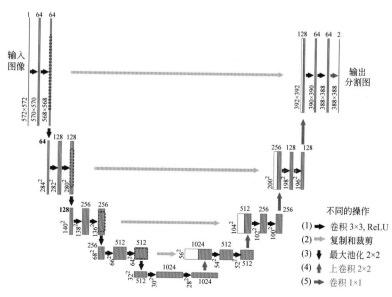

图 7.12 U-Net 网络结构

图 9.9　动物图像分类预测结果示例

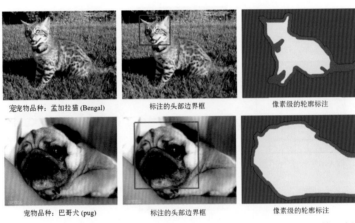

图 9.10　Oxford-IIIT Pet 数据集中宠物图像标注（ground truth）的示例

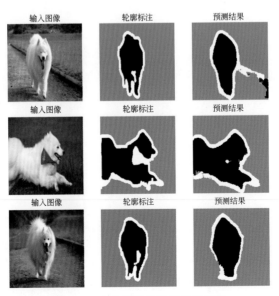

图 9.12　宠物图像分割结果示意图

21世纪人工智能创新与应用丛书

人工智能
基础及应用

王方石 李翔宇 杨煜清 飞桨教材编写组 编著

清华大学出版社
北京

内 容 简 介

本书介绍人工智能的基础理论、技术及应用。全书共 9 章,主要内容包括人工智能概述、知识表示与知识图谱、搜索策略、机器学习、人工神经网络、典型卷积神经网络、智能图像处理、机器学习开发框架、机器学习项目剖析。本书强调理论联系实际,既深入浅出地介绍了人工智能领域的基础知识和实用技术,又详细介绍了两个机器学习开发框架:PyTorch 和百度公司研发的 PaddlePaddle(飞桨),并带领读者逐步剖析在飞桨平台上实现的项目案例。案例的代码清晰,易于理解,读者可快速提高采用机器学习方法解决实际问题的实践能力。

本书可作为高等学校本科生学习"人工智能"基础课程或通识课程的入门教材,也可供对人工智能技术感兴趣的广大读者阅读。

图书在版编目(CIP)数据

人工智能基础及应用/王方石等编著. —北京:清华大学出版社,2023.10(2024.9 重印)
(21 世纪人工智能创新与应用丛书)
ISBN 978-7-302-64422-4

Ⅰ.①人… Ⅱ.①王… Ⅲ.①人工智能-高等学校-教材 Ⅳ.①TP18

中国国家版本馆 CIP 数据核字(2023)第 152581 号

责任编辑:张 玥
封面设计:常雪影
责任校对:郝美丽
责任印制:宋 林

出版发行:清华大学出版社
    网　　址:https://www.tup.com.cn,https://www.wqxuetang.com
    地　　址:北京清华大学学研大厦 A 座　　　　　　邮　　编:100084
    社 总 机:010-83470000　　　　　　　　　　　邮　　购:010-62786544
    投稿与读者服务:010-62776969,c-service@tup.tsinghua.edu.cn
    质量反馈:010-62772015,zhiliang@tup.tsinghua.edu.cn
    课件下载:https://www.tup.com.cn,010-83470236
印 装 者:三河市龙大印装有限公司
经　销:全国新华书店
开　本:185mm×260mm　　印　张:16.25　　插 页:3　　字　数:408 千字
版　次:2023 年 11 月第 1 版　　　　　　　　　　印　次:2024 年 9 月第 2 次印刷
定　价:55.00 元

产品编号:097103-01

前 言

PREFACE

自从 1956 年人工智能（artificial intelligence，AI）正式诞生以来，发展经历了三起两落，最终迎来了如今日新月异、高速发展的"智能"时期。人工智能已经成为计算机技术以及许多高新技术产品的核心技术，几乎在所有领域都具有非常广泛的应用，并已逐渐融入我们生活的方方面面。人工智能作为新一轮科技革命和产业变革的核心力量，在智能交通、智能家居、智能医疗等民生领域产生了积极的影响。因此，企业对人工智能专业人才具有极大需求。我国于 2017 年发布了《新一代人工智能发展规划》，将新一代人工智能放在国家战略层面部署，旨在构筑人工智能先发优势，把握新一轮科技革命战略主动，使我国成为世界主要人工智能创新中心。为满足社会需求，响应政府号召，解决中国人工智能人才储备较弱的问题，中国高校纷纷开设了人工智能专业或课程方向，旨在培养中国人工智能产业的应用型人才，为推动传统产业升级换代建设人才蓄水池。

作为计算机科学的一个分支，人工智能是研究开发能够模拟、延伸和扩展人类智能的理论、方法、技术及应用系统的一门新的技术科学。它研究人类智能活动的规律，研究如何应用计算机的软硬件制造出智能的机器或系统，使之具有智能的行为，来模拟人类的某些智能活动。人工智能是一门交叉学科，涉及学科包括认知科学、神经生理学、哲学、数学、心理学、控制论、计算机科学、信息论、仿生学与社会结构学等，内容十分广泛。

本书作者从 2019 年开始为软件工程专业的本科生开设"人工智能基础"课程。在教学实践中，深感需要编著一本包含基础内容、理论联系实践、适于讲授、可读性好、易于理解的人工智能入门级教材，因此，我们与百度公司的飞桨教材编写组联合编著了此教材。

本书共 9 章。第 1 章介绍人工智能的萌芽与诞生、定义、发展简史、研究流派、研究的基本内容以及主要研究领域；第 2 章介绍知识的基本概念、知识表示的方法、产生式规则表示法、状态空间表示法以及知识图谱；第 3 章介绍图搜索策略，包括盲目的图搜索策略、启发式图搜索策略和局部搜索算法；第 4 章介绍传统机器学习方法，包括机器学习概述以及监督学习、无监督学习与弱监督学习三种学习范式的基本概念和方法；第 5 章介绍人工神经网络，包括人工神经网络的发展历程、感知机与神经网络、BP 神经网络及其学习算法、卷积神经网络；第 6 章详细剖析了几种典型的卷积神经网络结构及原理；第 7 章介绍智能图像处理的基础知识和方法，包括用于完成图像分类、图像目标检测、图像分割任务的传统图像处理技术和基于深度学习的图像处理技术；第 8 章介绍机器学习开发框架，包括主流的 PyTorch 和百度公司自主研发的 PaddlePaddle（飞桨）；第 9 章介绍百度的实践教学案例，分别剖析了波士顿房价预测、鸢尾花分类、手写体数字识别、动物图像分类、宠物图像分割、昆虫目标检测项目的实现代码。

本书为高等学校"人工智能"基础课程或通识课程而全新设计和编写，适用于 32 学时或

48 学时。教师使用本书教学时,可按照学习进度与需求适当取舍全书内容。

　　本书由王方石、李翔宇、杨煜清和百度公司飞桨教材编写组共同编写。第 1～3 章和第 6 章由王方石编写,第 4 章与第 5 章由王方石与李翔宇编写,第 7 章由杨煜清与王方石编写,第 8 章与第 9 章由杨煜清编写,百度公司飞桨教材编写组提供了第 8 章和第 9 章的案例资料,并进行了修改。全书由王方石统稿。在编写过程中,作者参阅了百度公司的教学科研成果,也吸取了国内外教材的精髓,对这些作者的贡献表示由衷的感谢。本书在出版过程中得到了清华大学出版社张玥编辑的大力支持,在此表示诚挚的感谢。

　　由于作者水平有限,书中难免有不妥和疏漏之处,恳请各位读者批评指正。

作　者

2023 年 5 月于北京

目 录
CONTENTS

第 1 章

AI

人工智能概述

本章学习目标

- 了解人工智能的萌芽与诞生、定义和发展简史。
- 了解人工智能研究的三个流派及研究方法。
- 了解人工智能研究的基本内容和主要研究领域。

自从第一台电子计算机诞生后,信息科技领域的发展日新月异,知识迅速更新,人们对计算机的需求已远远不能满足于数值计算、符号处理等简单功能了。尤其是进入 21 世纪后,由于计算机算力的提高和大数据的积累,人们希望计算机能够像人类一样具有感知能力、记忆与思维能力、学习能力和行为能力,即使得计算机具有人类的智能,称为人工智能(artificial intelligence,AI)。人工智能不仅可以创造一些新行业,也可以为传统行业赋能,从而在全世界引发了新一轮热潮。

人工智能不仅在科技界和产业界备受关注,也引起了各国政府的高度重视。21 世纪以来,我国政府推出了一系列重要的发展人工智能的计划,2017 年 7 月 20 日,国务院发布《新一代人工智能发展规划》,将新一代人工智能放在国家战略层面部署,旨在构筑人工智能先发优势,把握新一轮科技革命战略主动,使我国成为世界主要人工智能创新中心。2018 年的政府工作报告明确提出"加强新一代人工智能研发应用"。2019 年的政府工作报告将人工智能升级为"智能+",要确保我国 2030 年前在人工智能方面处于世界领先水平。一些科技发达的国家也出台了相关扶持政策,如美国要保持其在人工智能方面的领导地位;德国政府提出的"工业 4.0",其核心就是智能制造;2017 年,普京在俄罗斯秋季开学日的演讲中提出:未来谁率先掌握人工智能,谁就能称霸世界。可见,各国在人工智能方面的科技竞争已进入白热化阶段。

在产业界,许多信息技术企业都相继开始转型做人工智能,如 IBM、百度、谷歌、微软公司等知名企业已全面转型到人工智能,更有许多创业公司目标直指人工智能方向。在产品研发方面,人工智能技术也得到了广泛应用,如手机的指纹识别与人脸识别产品、实时语音识别转文字软件、机器翻译软件、寒武纪 1H8 等 AI 芯片、百度 Apollo 计划开放自动驾驶平台等。

本章将分节论述人工智能的萌芽与诞生、人工智能的定义、发展简史、研究流派、人工智能研究的基本内容和主要研究领域。

1.1　人工智能的萌芽与诞生

自古以来,人们就一直试图用各种机器来代替人的部分脑力劳动,以提高人类征服自然的能力,这就是发展人工智能的动因,才有了人工智能的萌芽与诞生。

1.1.1　人工智能的萌芽

人工智能的萌芽至少可以追溯到 20 世纪 30 年代。英国数学家、逻辑学家艾伦·图灵(Alan Turing,1912—1954)及其博士导师丘奇(Church)和其他一些学者当时就开始研究"计算"的本质,他们探索形式推理概念与即将发明的计算机之间的关联,建立起关于计算和符号处理的理论。1936 年,图灵提出了一种理想计算机的数学模型,即著名的图灵机,为现代电子数字计算机的问世奠定了理论基础。

1940—1942 年,美国爱荷华州立大学的约翰·阿塔纳索夫(John Atanasoff)教授和他的研究生克利福特·贝瑞(Clifford Berry)装配了世界上第一台电子计算机,命名为阿塔纳索夫—贝瑞计算机(Atanasoff-Berry Computer,ABC),为人工智能的研究奠定了物质基础。而人们熟知的 1946 年诞生的 ENIAC 并非世界上第一台计算机。

1943 年,美国神经生理学家沃伦·麦卡洛奇(Warren McCulloch)与数理逻辑学家沃尔特·皮茨(Walter Pitts)提出了人工神经元的概念,建立了第一个神经网络模型(MP 模型),证明了本来是纯理论的图灵机可以由人工神经元构成,开创了微观人工智能的研究领域,为后续人工神经网络的研究奠定了基础。

1949 年,加拿大心理学家唐纳德·赫布(Donald Hebb)提出了一种学习规则,用来对神经元之间的连接强度进行更新。

1950 年,图灵发表了《计算机器与智能》的论文,指出了定义智能的困难所在。他提出,能像人类一样进行交谈和思考的计算机是有希望制造出来的,至少在非正式会话中难以区分。著名的图灵测试依据的评价标准就是计算机能否与人类正常交谈。

由上面的发展过程可以看出,人工智能的诞生是科学技术发展的必然产物,特别是计算机技术的发展对人工智能起到了重要的支撑作用。

1.1.2　图灵测试与中文屋实验

图灵不仅提出了图灵机模型,还提出了用于判定机器是否具有智能的图灵测试。图灵对计算机科学和人工智能发展作出了卓越贡献,为了纪念这位伟大的先驱,美国计算机学会(Association for Computing Machinery,ACM)于 1966 年设立了"图灵奖",专门奖励那些对计算机事业作出卓越贡献的科学家,被誉为"计算机界的诺贝尔奖"。图灵被称为计算机科学之父、人工智能之父。

人工智能就是用人工的方法在机器(计算机)上实现的智能,也被称为机器智能(machine intelligence,MI)。简单地说,人工智能的目标是用机器实现人类的部分智能。显然,人工智能和人类智能的产生机理是大相径庭的。那么,如何判断机器是否具有人类的智能呢? 早在"人工智能"这个术语正式提出之前,这方面的争论就非常激烈。

1. 图灵测试

为了回答这个问题,图灵于 1950 年发表了《计算机与智能》,旨在提供一种令人满意的关于智能的可操作定义。该文章以"机器能思维吗?"开始,论述并提出了一个检测机器智能的测试,也就是后来广为人知的图灵测试(Turing test)。图灵在这篇论文中指出,不要问机器是否能思维,而是要看它能否通过如下测试:人与机器分别在两个房间里,彼此都看不到对方,但可以相互通话。如果通过文字交谈 5 分钟后,作为人的一方(称为测试者)无法分辨出对方是人还是机器,那么就可以认为那台机器达到了人类智能的水平。为了进行这个测试,图灵还设计了一个很有趣且智能性很强的对话内容,称为"图灵的梦想"。现在许多人仍把图灵测试作为衡量机器智能的准则。

图灵乐观地预测:到了 2000 年,一个普通的人类测试者在 5 分钟的提问后,能正确判断对方是机器还是人的概率可能只有 70%。1990 年,纽约的慈善家休·罗布纳(Hugh Loebner)开始组织正式的图灵测试。1991 年起,每年举行一次图灵测试竞赛,所有参加测试的程序中最接近人类的那个将被授予罗布纳人工智能奖(Loebner Prize)。

几十年来,每当有人宣称自己开发的人工智能系统通过了图灵测试时,就会遭到许多人的质疑。2014 年 6 月,为纪念图灵逝世 60 周年,英国雷丁大学在伦敦皇家学会举办了"2014 图灵测试"比赛,居住在美国的俄罗斯人弗拉基米尔·维塞洛夫(Vladimir Veselov)带着他研制的聊天机器人尤金·古斯特曼(Eugene Goostman)参加了该比赛,古斯特曼成功地使参加该活动的 33% 的人类测试者认为它是一个 13 岁的男孩,因此组织者认为古斯特曼已经通过了图灵测试,成为历史上第一个通过图灵测试的人工智能软件。

但有许多人认为,即使机器通过了图灵测试,也不能说机器就有智能,因为图灵测试仅仅反映了结果,没有涉及思维过程。1980 年,美国哲学家约翰·塞尔勒(John Searle)专门设计了"中文屋"(Chinese room)思想实验,用来反驳图灵测试。

2. "中文屋"思想实验

在"中文屋"思想实验中,一个只懂英文、完全不懂中文的人在一间密闭的屋子里,里面只有一本中文处理规则的书,他不必理解中文就能使用这些规则。屋外的测试者通过门缝给他递入写有中文语句的纸条,他在书中查找处理这些中文语句的规则,根据规则将一些中文字符抄在纸条上,作为对相应语句的回答,并将纸条递出房间。这样,屋外的测试者会认为:屋内的人精通中文,而实际上这个人并不理解他所处理的中文,也不会在此过程中提高自己对中文的理解水平。用计算机模拟这个实验,可以通过图灵测试。

这说明一个按照规则执行的计算机程序并不能真正理解其输入输出内容的含义。虽然有许多人反驳了塞尔勒的"中文屋"思想实验,但还没有人能够彻底驳倒它。

1.1.3　人工智能的诞生

人工智能概念的正式诞生要等到 1956 年的达特茅斯会议,该会议是大家公认的人工智能之源。由于会议地点是在美国达特茅斯学院(Dartmouth College),故这次会议被称为达特茅斯会议,1956 年被称为人工智能元年。

1956 年暑期,达特茅斯学院的约翰·麦卡锡(John McCarthy)、哈佛大学的马文·明斯基(Marvin Minsky)、贝尔实验室的克劳德·香农(Claude Shannon)和 IBM 公司信息研究中心的纳森·罗彻斯特(Nathan Lochester)共同发起了这次历时两个月的"人工智能夏季研讨会"。除了 4 位发起人,与会者还包括卡内基—梅隆大学的艾伦·纽厄尔(Allen Newell)和赫伯特·西蒙(Herbert Simon)、麻省理工学院的雷·所罗门诺夫(Ray Solomonoff)和奥利弗·塞尔夫里奇(Oliver Selfridge)、IBM 公司的阿瑟·塞缪尔(Arthur Samuel)和特伦查德·摩尔(Trenchard More)。

这些青年学者的研究专业包括数学、心理学、神经生理学、信息论和计算机科学,他们分别从不同角度共同探讨人工智能的可能性,讨论的主题聚焦于用机器模仿人类学习以及其他方面的智能。明斯基提出用计算机模拟神经元及其连接,通过"人工神经网络"模拟智能,构建了第一个神经元网络模拟器 SNARC(stochastic neural analog reinforcement calculator);麦卡锡带来的是"状态空间搜索法";纽厄尔和西蒙展示了"逻辑理论家"程序(Logic Theorist,LT),成为这次研讨会的三个亮点。

与会者中的每一位都在人工智能研究的第一个十年中作出了重要贡献,其中麦卡锡、明斯基、纽厄尔和西蒙后来都获得了图灵奖。

达特茅斯会议是一次具有历史意义的重要会议,它标志着人工智能作为一门学科正式诞生了,其最主要的成就是使人工智能成了一个独立而新兴的科研领域。在该会议上,科学家们确立了一些研究目标和技术方法,使人工智能获得了计算机科学界的承认,极大地推动了人工智能的研究。

在达特茅斯会议上,经麦卡锡提议,正式提出了 artificial intelligence(人工智能)这一术语,即要让机器的行为看起来像是人类所表现出的智能行为一样,麦卡锡也因此被誉为"人工智能之父"[①]。在此之前,也曾有人提出过一些关于人工智能学科的名词术语,但并未获得广泛的认同。后来,明斯基也因其最早发明了能够模拟人类活动的机器人而被誉为"人工智能之父"。

1.2　人工智能的定义

关于人工智能的定义,历史上曾出现过多个版本,这些定义对于大家理解人工智能的含义或多或少都起过作用,有的甚至起到了很大的作用。比如,为获得洛克菲勒基金会对达特茅斯会议的资助,麦卡锡等在申请书中提出:对于人工智能预期目标的设想是"精确地描述学习的每个方面或智能的任何其他特征,从而可以制造出一个机器来模拟学习或智能"(Every aspect of learning or any other feature of intelligence can in principle be so precisely described that a machine can be made to simulate it)。该预期目标曾被认为是人工智能的定义,对人工智能的发展起到了重要的作用。

至今,人工智能的定义也并未统一,有三个最常见的人工智能定义:第一个是明斯基提出的"人工智能是一门科学,是使机器做那些人需要通过智能来做的事情";第二个是尼尔森提出的"人工智能是关于知识的科学——怎样表示知识以及怎样获得知识并使用知识的科学",所谓"知识的科学"就是研究知识表示、知识获取和知识运用的科学;第三个是温斯顿教授提出的"人工智能就是研究如何使计算机去做过去只有人才能做的智能工作"。

---

① 大家公认的人工智能之父有四个人,他们分别是图灵、麦卡锡、明斯基和派普特,前三位非常知名,第四位派普特是南非人,被明斯基邀请去美国麻省理工学院工作,与明斯基合著了《感知机:计算几何导论》一书。

这些观点反映了人工智能学科的基本思想和基本内容。人工智能学科就是研究人类智能活动的规律,研究如何应用计算机的软硬件制造出智能的机器或系统,使之具有智能的行为,来模拟人类的某些智能活动。人工智能是机器或软件所展现的智能,是对人的意识、思维过程的模拟。虽然人工智能不是人的智能,但能像人那样思考,甚至在有些方面已经超过了人的智能。

作为计算机科学的一个分支,人工智能是一门融合了自然科学、社会科学和技术科学的交叉学科,它涉及的学科包括认知科学、神经生理学、哲学、数学、心理学、控制论、计算机科学、信息论、仿生学与社会结构学等。人工智能是一门极富挑战性的学科。

现阶段可以用谭铁牛院士的一段话来描述人工智能[①]:人工智能是研究开发能够模拟、延伸和扩展人类智能的理论、方法、技术及应用系统的一门新的技术科学,研究目的是促使智能机器会听(语音识别、机器翻译等),会看(图像识别、文字识别等),会说(语音合成、人机对话等),会思考(人机对弈、定理证明等),会学习(机器学习、知识表示等),会行动(机器人、自动驾驶汽车等)。

人工智能大致分为两大类:弱人工智能和强人工智能。弱人工智能(weak artificial intelligence)是能够完成某一特定领域中某种特定具体任务的人工智能。强人工智能(strong artificial intelligence)也称为通用人工智能,是具备与人类同等智慧,或超越人类的人工智能,能表现正常人类所具有的所有智能行为。人工智能在某些方面很容易超越人类,例如数学计算、博弈、知识记忆等,但它只能解决一两个特定问题,无法像人类一样能解决各种各样的问题。目前人工智能的研究及应用均聚焦于这类弱人工智能。

人工智能自诞生以来,其理论和技术日益成熟。20世纪70年代以来,世界公认的三大尖端技术(宇航空间技术、原子能技术、人工智能)以及21世纪公认的三大尖端技术(基因工程、纳米科学、人工智能)都包括人工智能,这说明近几十年来人工智能的基本理论、方法和技术都发展迅猛,在很多学科领域都获得了广泛应用,已经渗透到了人们日常生活的各个方面,并取得了丰硕成果,如无人驾驶汽车、无人超市、无人机、语音处理和图像识别等。但人工智能的发展并非一帆风顺,其间历经坎坷,起起伏伏。

1.3 人工智能发展简史

从达特茅斯会议至今的六十多年里,人工智能的发展历史可谓命运多舛,三起两落,经历了三次热潮,但也遇到了两次寒冬。

1.3.1 人工智能的黄金期(20世纪50年代中期—60年代中期)

达特茅斯会议后,人工智能进入了黄金期。由于早期的计算机只能进行数值计算,因此研究者主要着眼于一些特定的问题,人工智能的研究主要集中于定理证明、问题求解、专家系统、机器学习、模式识别、编程语言等方面。这些早期的人工智能研究做一些看起来稍微有智能的事情,就会让人们惊叹不已。举例如下。

---

① 谭铁牛.人工智能的历史、现状和未来[EB/OL].(2019-02-16)[2023-02-10].http://www.cac.gov.cn/2019-02/16/c_1124122584.htm.

(1) 在定理证明方面,1956 年,纽厄尔和西蒙等人研发了世界上最早的启发式程序"逻辑理论家",成为达特茅斯会议上唯一可以工作的人工智能软件。"逻辑理论家"能够证明《数学原理》第二章中的 38 条定理,又于 1963 年证明了该章中的全部 52 条定理,开创了机器定理证明(mechanical theorem proving)这一新的学科领域。1956 年 9 月,IBM 公司的物理学博士格伦特尔(Gelernter)开发了一个平面几何定理证明程序,可以证明一些学生感到棘手的几何定理。1958 年夏天,美籍华人数理逻辑学家王浩在自动定理证明中取得了重要进展。他编制的程序在 IBM-704 计算机上用不到 5 分钟的时间证明了罗素的《数学原理》中关于"命题演算"的全部 220 条定理。1959 年,王浩的改进程序用 8.4 分钟证明了上述 220 条定理及有关一阶谓词演算的绝大部分定理(全部定理 150 条中的 120 条)。1965 年,罗宾逊(Robinson)提出了归结原理,在定理的机器证明方面取得了突破性成就。

(2) 在机器学习方面,1957 年,弗兰克·罗森布拉特(Frank Rosenblatt)研制成功了著名的感知机(perceptron)模型。该模型是第一个完整的人工神经网络,它模仿人脑神经元的学习功能,将其用于识别,引起了人工智能学者的广泛兴趣,推动了连接主义流派的研究。1964 年,弗拉基米尔·万普尼克(Vladimir Vapnik)和切尔沃诺尼基斯(Chervonenkis)提出硬边距的线性支持向量机(support vector machines,SVM)。20 世纪 60 年代,剑桥大学的马斯特曼与其同事们还将语义网络用于机器翻译。

(3) 在模式识别方面,1959 年,奥利弗·塞尔夫里奇编制了字符识别程序,推出了一个模式识别程序;1965 年,罗伯特(Roberts)编制了可分辨积木构造的程序,以及结合了多项技术的"积木世界"系统。它可以使用一只每次能拿起一块积木的机械手,按照某种方式调整这些木块,开创了计算机视觉的新领域。

(4) 在计算机博弈方面,主要研究下棋程序。1952 年,IBM 公司的阿瑟·塞缪尔研制了具有自学习、自组织和自适应能力的西洋跳棋程序,并于 1956 年带到了达特茅斯会议上。该程序可以从棋谱中学习,也可以在下棋过程中积累经验,提高棋艺。通过不断学习,该程序于 1959 年和 1962 年分别打败了塞缪尔本人和美国康涅狄格州的跳棋冠军。1968 年,麻省理工学院的理查德·格林布拉特(Richard Greenblatt)研制了一套国际象棋程序,其水平可以获得国际象棋锦标赛 C 类评级,与国际象棋协会的资深会员相仿。

(5) 在问题求解方面,1960 年,纽厄尔和西蒙等人通过心理学试验总结了人们求解问题的思维规律,又一次合作开发了通用问题求解程序(general problem solver,GPS),可以求解 11 种不同类型的问题,如不定积分、三角函数、代数方程、猴子摘香蕉、梵塔、人—羊过河问题等。

(6) 在人工智能语言方面,1957 年,西蒙、纽厄尔和克里夫·肖(Cliff Shaw)合作开发了信息处理语言(information processing language,IPL)。1958 年,麦卡锡研制了 LISP 语言,它适用于符号处理、自动推理、硬件描述和超大规模集成电路设计等,其特点是使用表结构来表示非数值计算问题,实现技术简单。LISP 语言成为当时应用广泛的、最有影响的人工智能语言。

(7) 在专家系统方面,在美国国家航空航天局要求下,1965 年,美国斯坦福大学的爱德华·费根鲍姆(Edward Feigenbaum)研究团队开始研制第一套专家系统 DENDRAL,该初创工作使得人工智能研究者意识到:智能行为不仅依赖于推理方法,更依赖于其推理所用的知识。1968 年,其在美、英等国投入使用。该系统具有非常丰富的化学知识,能根据质谱

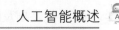

仪的实验数据帮助化学家分析、推断出化合物的分子结构,被广泛应用于世界各地的大学及工业界的化学实验室。这个系统的完成标志着专家系统的诞生,对人工智能的发展产生了深远的影响。

早期的研究者对这些人工智能项目寄予了巨大的热情和期望。1957,纽厄尔和西蒙甚至乐观地给出了 4 个预测:不出 10 年,人工智能将成为世界象棋冠军(实际上,1997 年 IBM 的"深蓝"才战胜人类棋手,成为国际象棋冠军,比预测整整晚了 30 年);证明有意义的数学定理;谱写优美的音乐;实现大多数的心理学理论。但研究者发现,人工智能发展的难度远远超过了当初的预料,人工智能第一次热潮很快褪去,进入了第一个寒冬期。

1.3.2　人工智能的第一个寒冬期(20 世纪 60 年代后期—70 年代初)

20 世纪 60 年代后期,由于研究方法和技术的局限性,人工智能研究者很快就遇到了困难和瓶颈。

人们发现:采用统计模型的机器翻译很容易产生歧义,经常出现令人啼笑皆非的场景。例如,在将英文翻译为俄文,再将俄文翻译为英文时,原文 The spirit is willing but the flesh is week(心有余而力不足)变成了 The vodka is good but the meat is rotten(伏特加酒是好的,但肉是腐烂的),其原因就是英文单词 spirit 有多个意思,一为"精神",二为"烈性酒"。所以,翻译的前提是必须理解,而理解需要知识。1966 年,美国咨询委员会的报告断言:尚不存在通用科学的文本机器翻译,近期也没有实现的前景。该报告结论导致了未来几年里支持自然语言研究的资金锐减,英国、美国中断了大部分机器翻译项目的资助。

寒冬的来临,不仅仅表现在采用统计模型的"机器翻译"不尽如人意。祸不单行,人们又发现了感知器的局限性。1969 年,麻省理工学院的明斯基与其同事西摩尔·派普特(Seymour Papert)教授合作出版的著名专著《感知机:计算几何导论》(*Perceptrons:An Introduction to Computational Geometry*)指出:感知机本质上是一种线性模型,只能处理线性分类问题,无法解决线性不可分问题,就连最简单的 XOR(异或)问题都无法正确解决。此后神经网络的研究也陷入第一次低潮。明斯基还提出,如果将感知机增加到两层(即隐藏层和输出层),计算量过大,而且感知机上的学习算法将失效。所以,他认为研究更深层的网络是没有价值的(当时硬件的计算能力太弱),这几乎宣判了人工神经网络死刑,导致此后长达十余年的神经网络发展低谷。1970 年,连接主义遭到遗弃,人工神经网络研究成为小众领域,即使哈佛大学博士研究生保罗·韦伯斯(Paul Werbos)于 1974 年在其博士论文《超越回归:行为科学中预测与分析的新工具》(*Beyond Regression:New Tools for Prediction and Analysis in the Behavioral Sciences*)中证明了利用误差反向传播(back-propagation,BP)算法来训练多层人工神经网络可以解决异或问题。该研究结论处在当时人工神经网络研究的低潮期,并未能引起重视。

接二连三的项目失败和预期目标的落空使得英、美政府对人工智能研究的投入也变得谨慎。1971—1975 年,美国国防部高级研究计划局(Defense Advanced Research Projects Agency,DARPA)对卡内基—梅隆大学的语音理解研究项目感到失望。1973 年,英国科学研究委员会委托英国著名应用数学家詹姆斯·莱特希尔(James Lighthill)客观地评价人工智能的研究现状,莱特希尔在其报告《人工智能:综合调查》中用"海市蜃楼"来表达对人工智能前景的悲观态度。受该报告结论的影响,英国大幅度缩减人工智能的研究。1973—

1974 年,DARPA 削减了一般性人工智能的学术研究经费。

1.3.3　人工智能的繁荣期(20 世纪 70 年代中期—80 年代后期)

人工智能在机器翻译和神经网络方面的研究陷入瓶颈后,学者们转而投入专家系统的研究。20 世纪 70 年中期,以专家系统为主的人工智能研究逐步进入了繁荣期。专家系统将某个领域一个或多个人类专家提供的专门知识和经验存储在系统里,然后应用人工智能技术,根据已存储的大量知识和经验进行推理和判断,模拟人类专家的决策过程,以解决那些需要专家决定的复杂问题。专家系统与传统计算机程序的本质区别在于,专家系统所要解决的问题一般没有算法解,并且经常要在不完全、不精确或不确定的信息基础上做出结论。

以费根鲍姆为代表的一批年轻科学家改变了人工智能研究的战略思想,从以基于推理为主的模型转向以基于知识为主的模型,开始进入专家系统与知识工程时代,其间研制出许多以知识为基础的专家系统,有代表性的应用成功的专家系统如下。

继 1965 年斯坦福大学成功研制了 DENDRAL 系统后,1971 年,麻省理工学院研制了MYCSYMA 系统,用于解决复杂微积分运算和数学推导问题。经过不断扩充,它能求解六百多种数学问题,包括微积分、矩阵运算、解方程和解方程组问题等。DENDRAL 和MYCSYMA 系统可以看作专家系统的第一代,这个时期,专家系统往往针对高度专业化问题而设计,在专业问题的求解方面很在行,但通用性不强。

同期,卡内基—梅隆大学开发了用于语音识别的专家系统 HEARSAY。该系统表明:计算机在理论上可按编制的程序与用户交谈。

1972 年,特里·维诺格拉德(Terry Winograd)研制了自然语言理解系统 SHRDLU,它是一个在"积木世界"中进行英语对话的自然语言理解系统,该系统模拟一个能操作桌子上一些玩具积木的机器人手臂,用户通过与计算机对话命令机器人操作积木,例如让它拿起或放下某个积木等。

1972 年,吴兹(Woods)研制成功了自然语言理解系统 LUNAR,它是一个用来协助地质学家查找、比较和评价阿波罗-11 飞船带回来的月球岩石和土壤标本化学分析数据的系统,是第一个实现了用普通英语与计算机对话的人机接口系统。

1972 年,法国马赛大学教授阿兰·考尔麦劳厄(Alain Colmerauer)的研究小组实现了一种逻辑编程语言 Prolog,它建立在逻辑学的理论基础之上,最初用于自然语言等研究领域。该语言与 LISP 语言一样,同为著名的人工智能语言。

1973 年,罗伯特·夏克(Robert Schank)研制了自然语言理解系统 MARGIE。它是夏克根据概念依赖理论建成的一个心理学模型,目的是研究自然语言理解的过程。

1974 年,匹兹堡大学的鲍波尔(Pople)和内科医生合作研制了第一个用于诊断内科疾病的医疗咨询系统 INTERNIST,并对其不断完善,使之发展成为专家系统 CADUCEUS。

1975 年,斯坦福大学的加拿大裔计算机科学家、医生爱德华·肖特利夫(Edward Shortliffe)等人开发了医学诊断专家系统 MYCIN,用于为细菌感染性疾病提供抗菌剂诊疗建议,能成功地对细菌性疾病作出专家水平的诊断和治疗。它是第一个结构较完整、功能较全面的专家系统。它第一次使用了知识库的概念,引入了可信度的方法,实现了不精确推理。它还可以用英语与用户进行交互,向用户解释推理过程。MYCIN 并未用于实践中,但研究报告显示该系统所给出的治疗方案可接受度约为 69%,比大部分使用同一参考标准给出的治疗方案好得多。

1976年,美国斯坦福研究所研制了PROSPECTOR,它是一个地矿勘探专家系统,能对勘探评价、区域资源估值、钻井井位选择提供建议。它首次实地分析了华盛顿某山区一带的地质资料,1978年发现了一个钼矿,成为第一个取得显著经济效益的专家系统。

1977年,费根鲍姆在第五届国际人工智能联合会议上提出了"知识工程"的概念,推动了以知识为中心的研究,人类从此进入了知识工程时代,知识表示与推理取得了突破进展。

1978年,拉特格尔大学开发了用于青光眼诊断与治疗的专家系统CASNET。

1980年,美国人工智能学会(American Association for Artificial Intelligence,AAAI)在斯坦福大学召开了第一届全国大会。

1980年,DEC公司与卡内基—梅隆大学合作开发了第一个成功的商用专家系统R1(也称为XCON系统),用于自动为用户订制计算机配置。它可以按照用户的需求,为VAX型计算机系统自动配置软硬件组件,从1980年投入使用到1986年,XCON一共处理了8万个订单,每年能节省2000万美元,创造了巨大的经济效益。

1981年,由斯坦福大学研制成功的专家系统AM能模拟人类进行概括、抽象和归纳推理,发现某些数论的概念和定理。

1981年,日本启动了第五代计算机系统(Fifth Generation Computer System,FGCS)项目,用于知识处理,计划在10年内建立可高效运行Prolog语言的智能计算系统。

同期,我国也开始开展了人工智能的研究工作,将"智能模拟"作为国家科学技术发展规划的主要研究课题,成立中国人工智能学会。在专家系统方面的代表性工作有:中国科学院合肥智能机械研究所的砂姜黑土小麦施肥专家咨询系统、南京大学的新构造找水专家系统、吉林大学的勘探专家系统及油气资源评价专家系统、浙江大学的服装剪裁专家系统及花布图案设计专家系统、北京中医学院的关幼波肝病诊疗专家系统等。

这一阶段,以符号表示人类知识的符号主义方法依然占据主导地位,无论是医学诊断专家系统MYCIN使用的LISP语言,还是日本第五代机使用的Prolog语言,核心都是基于符号的逻辑推理。专家系统实现了人工智能从理论研究走向实际应用、从一般推理策略探讨转向运用专门知识的重大突破,推动了人工智能应用发展的新高潮。虽然仍有部分科学家继续从事连接主义方法(如神经网络)的研究工作,但都没有找到突破性的方法和应用。

然而,研究者逐渐地发现:符号主义方法也存在着很多难以克服的困难。例如,符号的表示能力不足,且其逻辑不够简练,而且逻辑问题求解算法的时间复杂度极高等。所以,20世纪80年代末,专家系统的研发很快遭遇了严重的瓶颈,人工智能的研究又陷入了第二个寒冬期。

1.3.4 人工智能的第二个寒冬期(20世纪80年代末—90年代中期)

随着人工智能的应用规模不断扩大,专家系统存在的问题逐渐暴露出来,其局限性如下。

(1) 应用领域狭窄,缺乏常识性知识。

(2) 知识获取困难,因为领域专家人数少,而且,有限数量的专家的知识不足以涵盖所有领域知识。

(3) 知识发生冲突,不同专家对同一问题的理解不同,会导致结论不同。

(4) 当知识发生动态变化时,知识更新不及时,且知识库难以与已有的数据库兼容。

（5）推理方法单一，缺乏分布式功能。

（6）人工建设专家系统的效率低、成本高，效果逐渐跟不上需求。

至此，专家系统技术陷入瓶颈，抽象推理不再被继续关注，基于符号处理的模型（即符号主义）遭到反对。表现如下。

（1）1987年，LISP机的市场崩溃。

（2）1988年，美国政府的战略计算促进会取消了新的人工智能经费。

（3）1992年，日本的FGCS项目未能达到其初始目标，研制计划宣布失败，悄然退场。但随后启动RWC计划（real world computing project）。

（4）1993年，专家系统缓慢走向衰落。

与此同时，用BP算法训练深度神经网络的效果也不好，原因是出现了梯度消失或梯度爆炸的问题，人们对连接主义也再次失去信心。至此，无论是符号主义方法还是连接主义方法，都进入了研究的瓶颈期，致使人工智能的发展全面陷入第二次寒冬期。

这一时期，虽然仍有一些人工智能的科研成果问世，但都只是引起学术圈小范围的关注，未能再次掀起人工智能应用的热潮，举例如下。

1982年，加州理工学院生物物理学教授约翰·霍普菲尔德（John Hopfield）提出了一种新的神经网络，可以解决一大类模式识别问题，还可以给出一类组合优化问题的近似解，后被称为霍普菲尔德网络。

1984年，杰弗里·辛顿（Geoffrey Hinton）等人将模拟退火法引入人工神经网络中，提出了波尔兹曼（Boltzmann）机网络模型。

1985年，机器学习出现了，提出了决策树模型，并且以软件形式推出。该模型具有可视化、易解释的特点。

同年，多层人工神经网络（artificial neural network，ANN）被发明。一个ANN具有足够多的隐藏层，可以表达任意的功能，因此突破了感知机的局限性。

1986年，大卫·鲁梅尔哈特（David Rumelhart）、杰弗里·辛顿和罗纳德·威廉姆斯（Ronald Williams）重新提出了多层网络的误差反向传播（BP）算法，并成功用于训练多层感知机（multilayer perceptron，MLP），在非线性分类问题中大获成功，突破了人工神经元异或问题的瓶颈。

1986年，德国慕尼黑联邦国防军大学的恩斯特·迪克曼斯团队制成了能在空旷马路上以90km/h的速度行驶的无人驾驶汽车。

1987年，明斯基发表论文，将思维看作协同合作的集合代理。罗德尼·布鲁克斯（Rodney Brooks）以几乎一致的方法发展了机器人的包容体系结构。

1987年6月，第一届国际人工神经网络会议在美国召开，宣告了这一新学科的诞生。

1987年，美国神经计算机专家尼尔森（Nielsen）提出了对向传播神经网络（counter propagation network，CPN）。

1989年，杨乐昆（Yann LeCun）等人在贝尔实验室采用BP算法训练卷积神经网络，构建了LeNet模型的雏形，并将其用于识别手写体数字。

1993年，斯坦福大学的肖汉姆（Shoham）教授提出面向agent的程序设计（agent-oriented programming，AOP）。

1995年，万普尼克和科琳娜·科特（Corinna Cortes）在硬边距的线性支持向量机的基础上提出软边距的非线性支持向量机,并将其应用于手写字符识别问题,引起了诸多学者的关注,为 SVM 在各领域的应用提供了参考。

1997 年,威廉·麦克昆(William McCune)提出了定理证明系统,成功地证明了 1930 年提出的未被证明的数学难题——Robbins 问题。

即使在人工智能研究中最好的试验场——机器博弈(如下棋、打牌等)领域,人工智能也没能完胜人类。1991 年 8 月,IBM 的"深思"计算机系统与澳大利亚象棋冠军约翰森举行了人机对抗赛,结果以 1∶1 平局告终。1996 年,IBM 邀请国际象棋棋王卡斯帕罗夫与 IBM 研制的"深蓝"计算机系统进行了 6 局的人机大战,最终,卡斯帕罗夫以 4∶2 获胜。直到 1997 年 5 月,"深蓝"再次挑战卡斯帕罗夫,最终以 3.5∶2.5 的总比分战胜了这位卫冕国际象棋冠军,人工智能的研究开始进入了复苏期。自 1997 年之后的 10 年里,人类与计算机在国际象棋比赛中各有胜负。

1.3.5 人工智能的复苏期(1997 年—2011 年)

20 世纪 90 年代中期到 2011 年,大数据、网络技术的发展加速了人工智能的创新性研究,促使人工智能技术进一步走向实用化,人工智能研究经历了漫长的复苏期。主要标志性成果或事件如下。

1998 年,老虎电子公司推出了第一款用于家庭环境的人工智能玩具——菲比精灵(Furby)。1 年后,索尼公司推出了电子宠物狗 AIBO。

2000 年,麻省理工学院的辛西娅·布雷齐尔(Cynthia Breazeal)发表论文,介绍了拥有面部表情的机器人 Kismet。

2002 年,美国 iRobot 公司推出了智能真空吸尘器 Roomba。

2004 年,美国国家航空航天局探测车"勇气号"(Spirit)和"机遇号"(Opportunity)在火星着陆。由于无线电信号的长时延迟,两辆探测车必须根据地球传来的一般性指令进行自主操作。

2005 年,追踪网络和媒体活动的技术已经开始支持公司向消费者推荐他们可能感兴趣的产品。

2005 年,斯坦福大学研制的自主机器人车辆 Stanley 赢得了 DARPA 无人驾驶汽车挑战赛冠军。

2006 年,CMU 研制的无人驾驶汽车 Boss 赢得了城市挑战赛冠军,Boss 安全通过了邻近空军基地的街道,能遵守交通规则,并会避让行人和其他车辆。

2006 年,自从国际象棋冠军弗拉基米尔·克拉姆尼克(Vladimir Kramnik)被国际象棋软件"深弗里茨"(Deep Fritz)击败后,人类国际象棋棋手再也没有战胜过计算机。

2006,辛顿教授与其学生鲁斯兰·萨拉赫丁诺夫(Ruslan Salakhutdinov)在世界顶级学术期刊《科学》(Science)杂志上发表了著名的论文《用神经网络降低数据的维数》(Reducing the Dimen-Sionality of Data with Neural Networks)。业界公认:这篇论文引起了研究者对深度学习(多层大规模神经网络)的广泛关注,开启了深度学习发展的浪潮。

至此,沉寂几十年的人工神经网络方法再次出现在人们的视野中,并迅速点燃了认知智能浪潮,连接主义再度兴起。

自 2006 年以后,深度学习得到了快速发展。2009 年,微软公司人工智能首席科学家邓力利用深度学习大大降低了语音识别错误率,已达到商业应用的水平。此后的数年,语音识别迅速从实验室走向市场,衍生出巨大的商业价值。

2011 年,谷歌启动了深度学习项目——谷歌大脑,作为 Google X 项目之一。谷歌大脑是由 16000 台计算机连成的一个集群,致力于模仿人类大脑活动的某些方面。它通过 1000 万张数字图片的学习,已成功地学会识别一只猫。

2011 年,IBM 的 Watson 在美国智力竞赛节目《危险!》(*Jeopardy*!)中最终战胜了人类。这一事件又掀起了人工智能研究的热潮。

1.3.6 人工智能的蓬勃发展期（2012 年至今）

随着计算机在大数据、算力和算法等方面取得巨大进步,以及深度学习的提出,人工智能在图像分类、语音识别、知识问答、人机对弈、无人驾驶等具有广阔应用前景的领域中都取得了突破性进展。人工智能技术突破了从“不能用、不好用”到“可以用”的技术瓶颈,进入以深度学习为代表的大数据驱动的蓬勃发展期。

2012 年,苹果公司推出了一种智能个人助理和知识导航软件 Siri(speech interpretation & recognition interface,语音理解与识别接口),用户可以使用自然语言与 Siri 交互,并通过语音指令来完成发送信息、拨打电话、获取路线、播放音乐、日程安排、设置提醒事项、查找资料等多种操作。Siri 支持英语、法语、德语、日语、中文、韩文、意大利语、西班牙语。

2012 年,微软公司首席研究官瑞克·拉希德(Rick Rashid)演示了一款实时的英文—中文通用翻译系统,该软件不仅翻译非常准确,而且能够保持说话者的口音和语调。

2012 年,辛顿教授带领他的学生亚历山大·克里泽夫斯基(Alex Krizhevsky)和伊利亚·莎士科尔(Ilya Sutskever)参加了 ImageNet 大规模视觉识别比赛(ImageNet large scale visual recognition competition,ILSVRC),他们提出了一种新颖的深度神经网络——AlexNet,以绝对的优势成为当年 ILSVRC 比赛图像分类组的冠军,从此深度学习得到了业界的广泛关注。

2014 年,微软公司演示了“小娜”(Cortana),她是运行在 Windows Phone 上的智能个人助理。随后,微软中国又推出了聊天机器人小冰,微信用户可与“她”交谈。

2014 年,聊天机器人尤金·古斯特曼(Eugene Goostman)成为历史上第一个通过了图灵测试的人工智能软件。

2015 年,百度公司在 2015 百度世界大会上推出了一款机器人助理——度秘,可以为用户提供秘书化搜索服务。

2015 年中期,谷歌公司无人驾驶汽车的车队已经累计行驶超过 150 万千米,仅发生了 14 起轻微事故,且均不是由无人驾驶汽车本身造成的。

2016 年,谷歌 DeepMind 团队研制的基于深度学习的围棋程序 AlphaGo(阿尔法狗)以 4∶1 战胜了围棋世界冠军李世石,首次在围棋项目中战胜人类顶尖棋手,进一步推动了第三次热潮的发展,使得人工智能、机器学习、深度学习、神经网络这些词成为大众关注的焦点。

2017 年 5 月,围棋世界冠军柯洁与阿尔法狗展开终局对决,柯洁以 0∶3 的成绩完败。从此,在围棋游戏中,再无人类棋手能战胜人工智能软件。

2017 年 10 月 18 日,DeepMind 团队发布了阿尔法狗的升级版阿尔法元(AlphaGoZero)。它与阿尔法狗的区别在于:阿尔法狗是在学习了人类的 3000 万个棋局后才打败人类,而阿尔法元则是从零开始自学,在没有任何人类棋谱、只输入围棋规则的情况下,完全依靠强化学习,用 3 天时间自己互搏了 490 万个棋局,最终以百战百胜的成绩完胜 AlphaGo。

2017 年 12 月,DeepMind 团队又研制了 AlphaZero,它是从围棋向其他棋类游戏的拓展版,不仅可以下围棋,还可以下国际象棋、将棋等棋类。其核心思想是:用蒙特拉洛树搜索算法生成对弈的数据,将其作为神经网络的训练数据。在完全没有人类棋谱的情况下,仅经过若干小时的训练,AlphaZero 就表现出惊人的能力:以 28 胜、0 负、72 平的成绩战胜最强国际象棋人工智能系统 Stockish;以 90 胜、2 平、8 负的成绩战胜最强将棋人工智能系统 Elmo;以 60 胜、40 负的成绩战胜最强围棋人工智能系统阿尔法元。至此,半个多世纪以来,在游戏领域独占鳌头的博弈搜索方法被强化学习取代。

近几年里,随着数据集和模型规模的增长,深度神经网络的识别精度越来越高,人工智能更是以以往无法想象的速度迅猛发展,在语音识别、人脸识别、机器翻译等多个应用领域开花结果。

1.4 人工智能的研究流派

人工智能按研究流派主要分为 3 类,分别是符号主义(symbolicism)、连接主义(connectionism)和行为主义(behaviorism)。连接主义是当前业界关注的焦点。

1. 符号主义

符号主义又称为逻辑主义(logicism)、心理学派(psychologism)或计算机学派(computerism),该学派认为人工智能源于数理逻辑,其主要理论基础是物理符号系统假设。符号主义是基于符号逻辑的方法,用逻辑表示知识和求解问题。其基本思想是:用一种逻辑把各种知识都表示出来;当求解一个问题时,就将该问题转变为一个逻辑表达式,然后用已有知识的逻辑表达式的库进行推理来解决该问题。符号主义认为:只要在符号计算上实现了相应功能,那么在现实世界就实现了对应的功能,这是智能的充分必要条件。这一流派的代表人物是纽厄尔和西蒙,他们提出了物理符号系统假设,图灵测试就是符号主义流派的思想实验。

符号主义是达特茅斯会议上最受关注的方法。当时普遍认为符号主义是通向强人工智能的一条终极道路。20 世纪五六十年代,符号主义在人工智能研究中的主要成就体现在机器证明上,西蒙、纽厄尔、王浩、吴文俊等人是这一领域的杰出代表。20 世纪七八十年代,符号主义的主要成就体现在专家系统和知识工程上,研发了第一套专家系统的费根鲍姆是这一领域的杰出代表。1981 年,日本宣布的"第五代计算机系统研制计划"也是沿袭了知识工程的思路,但 10 年后宣告失败。

符号主义曾长期一枝独秀,经历了从启发式算法到专家系统,再到知识工程理论与技术的发展道路,为人工智能的发展作出了重要的贡献。但有三个本质问题制约了符号主义的发展。第一个是逻辑体系问题。从逻辑的角度看,难以找到一种简洁的符号逻辑体系,能表述出世间所有的知识。第二个是知识提取问题。人类在进行判断决策时,往往基于大量的知识。即使限定在某一特定领域,仍无法将该领域内的所有知识都提取出来,并全部用逻辑表达式记录下来。第三个是求解复杂度问题。在符号主义中,解决问题的关键环节是逻辑求解器。它负责根据已有的知识来判断一个新的结论是否成立。但逻辑求解器的时间复杂度很高,即使是最简单的命题逻辑,它的求解也依然是 NP 完全的。理论上不存在一种通用方法,能在有限时间内判定任意一个谓词逻辑表达式是否成立。

上述三个问题成为符号主义发展的瓶颈。因此,目前工业上应用成功的符号主义案例很少。从国际人工智能联合会议(International Joint Conference on Artificial Intelligence,IJCAI)收录的论文数量看,在人工智能学术界,符号主义流派的研究者数量不足10%。

2. 连接主义

连接主义又称为仿生学派(bionicsism)或生理学派(physiologism),其主要原理为神经网络及神经元间的连接机制与信息传播算法。连接主义认为人类大脑是最具智能的物体,试图发现大脑的结构及其处理信息的机制,借鉴人类智能的本质机理,在计算机上用人工神经网络来模拟人类大脑的神经元及其连接机制,进而实现机器的智能。

连接主义方法起始于1943年,美国神经生理学家沃伦·麦卡洛奇与数理逻辑学家沃尔特·皮茨模拟人类神经元细胞结构,建立了MP神经元模型,这是最早的人工神经网络。

事实上,连接主义方法并非完全照搬人类的大脑,人工神经网络对生物神经元细胞网络进行了大幅度的抽象简化,一个人工神经元可以将从外界得到 N 个输入进行加权汇总后,再通过一个非线性函数得到该神经元的输出。

此后六十余年里,经过罗森布拉特、鲁梅尔哈特、杨乐昆、约书亚·本吉奥(Yoshua Bengio)、辛顿等学者的不懈努力,连接主义逐渐成为人工智能领域的主流研究学派,其中深度学习又是该学派中目前应用最广泛、最有效的技术。

在博弈方面,采用了深度学习技术的阿尔法狗战胜了人类围棋冠军李世石和柯洁。在机器翻译方面,深度学习技术已经超过了人类翻译的水平。在语音识别和图像识别方面,深度学习也已达到了成熟应用的水平。客观地说,深度学习的研究成就已取得了产业级的进展。

但是,这并不意味着连接主义/深度学习就可以全面实现人类的智能。被誉为"贝叶斯网络之父"的2011年图灵奖获得者朱迪亚·伯尔(Judea Pearl)认为人工智能的第三次寒冬即将来临。2017年,在神经信息处理系统(Neural Information Processing Systems,NIPS)会议上,伯尔做了题为"机器学习的理论障碍"(*Theoretical Impediments to Machine Learning*)的报告。他认为,人工智能领域的理论研究已遇到瓶颈,深度学习技术在理论方面没有任何进步,只是在上一代模型的基础上提升了性能,即在大量数据中找到隐藏的规律。他表示,"深度学习所取得的所有令人印象深刻的成就都只是对数据的精确曲线拟合。"

深度学习也不一定是通向强人工智能的终极道路。现有的人工神经网络理论和深度学习技术与人脑真正的思维机制相去甚远,并非人脑的运行机制。深度学习技术已表现出局限性:泛化能力有限,缺乏推理能力,缺乏可解释性,鲁棒性不足。

3. 行为主义

行为主义又称为进化主义(evolutionism)或控制论学派(cyberneticsism)。该学派的理论基础是控制论,其核心思想是基于控制论构建感知—动作型控制系统。

行为主义学派认为:智能行为是在现实世界中与周围环境交互而获得并表现出来的,人工智能可以像人类的智能一样逐步进化,所以又称为进化主义。行为主义还认为智能取决于感知和动作,不需要知识、表示和推理,只需要表现出智能行为即可,强化学习就属于这一流派。

行为主义学派的学者对传统的人工智能提出了批评和挑战,否定智能行为来源于逻辑推理及其启发式的思想,认为 AI 研究的重点不应该是知识表示和编制推理规则,而应该是在复杂环境下对行为的控制。这种思想对早期占据主流的符号主义学派是一次冲击和挑战。

行为主义学派的代表人物是美国人工智能专家罗德尼·布鲁克斯,早期代表作是布鲁克斯等人研制的六足爬行机器人,它是一个基于"感知——动作"模式的模拟昆虫行为的控制系统。从比较直观的角度看,行为主义方法可以模拟出类似小脑这样的人工智能,通过反馈来实现机器人的行走、抓取、平衡,因此有很大的实用价值。但是,这类方法似乎并不是通向强人工智能的终极道路。因此,行为主义路线实现的人工智能也不等同于人的智能。

纵观人工智能发展的历史,符号主义流派在很长时间内都处于人工智能研究的主流地位。近年来,随着数据的大量积累和计算机算力的大幅提升,连接主义流派的深度学习在图像处理、自然语言处理、机器翻译等领域取得了突破性进展,使得连接主义流派占据了人工智能研究的主流地位。虽然深度学习在处理感知、识别和判断等方面表现突出,但在模拟人的思考过程、处理常识知识和推理,以及理解人的语言方面仍然举步维艰,而在这方面,从专家系统(符号主义)发展起来的知识图谱已表现出了发展的潜力和优势。

综上所述,仅遵循某单一学派的研究思路和方法,是不足以实现人工智能的,很多时候需要综合各个学派的技术。例如,围棋系统阿尔法狗综合使用了3种学习方法,即蒙特卡洛树搜索、深度学习和强化学习,其中蒙特卡洛树搜索属于符号主义,深度学习属于连接主义,强化学习属于行为主义。可见,阿尔法狗用到了3个人工智能流派的方法和技术。目前,人工智能的各个研究流派依然在发展,也都取得了很好的进展,但各个流派的融合发展已是大势所趋。

1.5 人工智能研究的基本内容

人工智能的研究目的是促使智能机器会听、会看、会说、会思考、会学习、会行动,人工智能的研究就应该涵盖上述几方面内容,包括知识表示,机器感知(听、说、看),机器思维,机器学习和机器行为。

1. 知识表示

知识是人类进行一切智能活动的基础。人工智能对问题的求解都是以知识为基础的,一个系统存储的知识越多,它求解问题的能力就越强,因此需要将所获取的知识以计算机能够处理的形式表示出来,才能存储到计算机中,并被有效地利用,所以知识表示是人工智能研究的一个基本内容。

目前学术界尚未彻底掌握人类知识的结构与机制,也未建立起知识表示的理论体系和统一规则。但学者们还是在研发人工智能系统的过程中总结出了一些知识表示的方法。常见的知识表示方法包括:一阶谓词逻辑表示法、产生式表示法、框架表示法、语义网络表示法、状态空间表示法、神经网络表示法、过程表示法等,这些知识表示方法在不同的专业领域和应用背景下发挥着各自的作用。

2. 机器感知

机器感知(machine cognition)是使计算机系统模拟人类通过其感官与周围世界联系的方式具有解释和理解外部信息的能力。人类感知外界信息主要通过听觉、视觉、味觉、嗅觉和触觉,机器感知外界信息需要通过很多常规的采集信息的设备和传感器,如照相机、摄像机、雷达、红外成像仪等,它研究如何使机器或计算机具有像人类一样的感知或认知能力,包括机器视觉、机器听觉、机器触觉、机器嗅觉等。

目前,人工智能研究领域中的机器感知主要聚焦于机器听觉和机器视觉,机器听觉是让机器能识别并理解语言、声音等,包括语言识别、语音识别、自然语言理解等;机器视觉是让机器能够识别并理解文字、图像、场景等,包括文字识别与理解、图像识别、图像理解、模式识别等。这些都是人工智能研究的内容,也是在机器感知或机器认知方面体现高智能的实际应用。

3. 机器思维

机器思维(machine thinking)又称为计算机思维(computer thinking),就是研究如何使机器或计算机能像人类一样进行思维活动,自主处理通过感知获得的外部信息和机器内部的各种工作信息,更通俗地说,就是要研制会自主思考的机器。

现有的机器做任何事情,都需要人发出指令、编写程序,否则,它什么也不会做。所以,现在的计算机是一种不会思维的机器,但它可以在人脑的指挥和控制下辅助人脑进行思维活动和脑力劳动,如医疗诊断、化学分析、知识推理、定理证明、产品设计、下棋、作曲、绘画、自动编程等,实现某些脑力劳动的自动化或半自动化。

从这个角度说,目前的计算机具有某些思维能力,但智能水平不高。所以,需要研究更聪明的、思维能力更强的智能机器。

正如人的智能来自于大脑的思维活动,机器智能也主要是通过机器思维实现的。一般认为,人工智能最关键的难题还是机器自主创造性思维能力的建立与提升。因此,机器思维是人工智能研究中最重要、最核心的内容。

4. 机器学习

人类是通过学习具有智能的,计算机若要具有真正的智能,也必须像人类那样学习。

机器学习专门研究如何使计算机模拟或实现人类的学习行为,使计算机能获取新知识和新技能,并在实践中不断地提升性能,实现自我完善。

机器学习是人工智能领域中最具智能特征、最前沿的研究热点,其理论和方法已被广泛应用于解决工程应用和科学领域的复杂问题。

机器学习是一个难度较大、涵盖范围较广的研究领域,它与概率论、数理统计学、认知科学、神经心理学、机器视觉、机器听觉等都有密切联系,依赖于这些学科的共同发展。

近年来,随着大数据、算法、算力的迅猛发展,机器学习研究已取得了长足进步,尤其是深度学习的研究成果在很多领域已有了成熟的应用,但并未从根本上解决问题。

5. 机器行为

机器行为(machine behavior)指机器具有人工智能的行为,或者说,机器能模拟、延伸与扩展人的行为。

人的行为能力很广泛,目前的机器智能还远远达不到人的水平。现阶段,机器行为仅局限于计算机的识别和表达能力,即听、说、读、写、画等能力,智能机器人还应具有人的四肢的功能,即能走路、抓取、踢球、肢体互动、操作工具等。

1.6 人工智能的主要研究领域

目前,随着智能科学与技术的发展和计算机网络技术的广泛应用,人工智能技术被应用到越来越多的领域。下面简要介绍与人工智能关系最密切、进展最快的6个研究领域,分别是深度学习、自然语言理解、计算机视觉、智能机器人、自动程序设计、数据挖掘与知识发现。

1. 深度学习

深度学习(deep learning)是机器学习中一个新的研究领域,含多个(一般大于 3 即可)隐藏层的人工神经网络称为深度神经网络,在这样的网络上进行学习的过程称为深度学习。事实上,深度学习的理论基础在 20 世纪 80 年代便已建立起来,即人工神经网络、卷积神经网络及 BP 算法,但囿于当时的算力和数据量,人工神经网络的应用效果不尽如人意。

21 世纪以来,计算机算力的迅猛提升以及互联网应用的普及催生了大数据。2006 年,辛顿教授与其学生在《科学》发表的论文正式提出"深度学习"的概念,在学术圈引起了巨大反响。

深度学习研究如何模拟人脑的机制,建立人工神经网络结构,从已有的数据(如图像、声音和文字)中总结样本数据的内在规律和表示层次,其最终目标是让机器能够像人一样具有分析和学习的能力,能够识别文字、图像和声音等数据。

深度学习在自然语言处理、语音识别、计算机视觉、推荐系统等应用领域取得了很多成果,其效果远远超过了以前的相关技术。它解决了很多复杂的模式识别难题,使得人工智能相关技术取得了很大进步。但多年来,深度学习在理论方面鲜有突破性进展。

2. 自然语言理解

目前,人们在与计算机交互时,大多只能采用计算机编程语言(如 C、Java 等)来告诉计算机"做什么"以及"怎么做",但并非所有人都会使用编程语言,如果能让计算机"听懂""看懂"人类语言,即自然语言,如汉语、英语等,将会使更多的人分享计算机带来的便利,并大大推动智能机器人的发展。因此,自然语言理解是人工智能中一个非常重要的研究领域,它研究如何让计算机理解人类自然语言,探索能够实现人类与机器之间用自然语言进行通信的理论、方法和技术。

计算机在实现了真正的自然语言理解后,便可代替人的部分脑力劳动,包括查询资料、解答问题、摘录文献、汇编资料以及一切有关自然语言信息的加工处理。

此外,还可以实现正确的机器翻译,使计算机能真正理解一个句子的意义,并进行释义,从而能较通顺地给出译文。早期,采用统计模型的机器翻译闹出了一些令人啼笑皆非的笑话,自 2006 年以来,机器翻译开始采用深度学习技术,无论是翻译速度还是翻译的准确度均大幅度提升,但目前机器翻译还无法全面取代人工翻译。

由于自然语言还涉及文化背景、传统习俗、俚语、行话、双关语、习语、上下文语境,以及根据这些知识进行推理的一些技术,所以使计算机能达到或接近人类对自然语言理解的程度仍是一个十分艰巨的任务。

3. 计算机视觉

随着信号处理理论与计算机的出现,人们试图用摄像机获取环境图像,并将其转换为数字信号,用计算机实现对视觉信息处理的全过程,这样就形成了一门新兴的学科——计算机视觉。

计算机视觉(computer vision)也称为机器视觉(machine vision),是一门研究如何使机器"看"的科学,即用照相机或摄影机等图像摄取设备代替人眼,对目标进行识别、跟踪和测量,并进一步做图形处理,使计算机处理后的图像更适合人眼观察或仪器检测。

计算机视觉用各种成像系统代替视觉器官,作为输入手段,用计算机代替大脑,对图像和视频进行分析、处理和解释,实现类似人类视觉感知、识别和理解的过程。计算机视觉的研究目标就是使计算机能像人类那样通过视觉来观察和理解世界,从而具有自主适应外界环境的能力。

目前,计算机视觉的应用已经很普及,主要集中在半导体及电子设备的自动检测、汽车导航、无人机驾驶、食品饮料等产品的质量检测、零配件装配及制造的过程控制、事件监控、救灾机器人等方面。

4. 智能机器人

智能机器人是人工智能研究中日益受到重视的一个研究领域。智能机器人主要是指机器人要具有多种传感器,能够将各种信息进行融合,根据环境的变化进行调整,具备很强的自适应和自学习能力。

如今,越来越多的智能机器人出现在人们的生活里,它们具备形形色色的内外部信息传感器,如视觉、听觉、触觉、嗅觉。除具有感受器外,它们还有效应器,作为作用于周围环境的手段。

研究智能机器人的目的有两个:一是技术上的考虑,用智能机器人代替人劳作,不仅可以提高工作质量和生产效率,降低成本,还可以代替人类在高温、高压、深水和带有放射性及有毒、有害物质的特殊环境中从事繁重或危险的工作。二是科学研究的需求,是基于当今人工智能研究已使计算机部分成为新一代机器人,能在一定程度上感知周围世界,进行记忆、推理、判断,会下棋、会写字绘画,能进行简单对话,会操作规定的工具,从而能模仿人的智力和行为。

显然,对机器人的研究,将为人工智能的研究提供一个理论、方法、技术的综合实验场,它包括计算机视觉、模式识别、博弈、智能控制、规划技术及这些技术的综合应用,能够全面地检验人工智能研究的各个领域技术的有效性。反过来,对智能机器人的研究又可大大地推动人工智能研究的发展。

5. 自动程序设计

自动程序设计是采用自动化手段进行程序设计的技术和过程,其任务是设计一个程序系统,给它输入所要实现程序的目标的原始描述,然后它便能自动生成一个可完成这个目标的具体程序。这个过程也可以称为软件自动化,其目的是提高软件生产率和软件产品质量。

自动程序设计主要包含程序综合和程序验证两方面内容。程序综合实现自动编程,即用户只需告诉计算机"做什么",无须说明"怎么做",由计算机自动完成"做"的过程;程序验证是程序自动验证其正确性,至今程序正确性的验证仍是一个比较棘手的问题,有待进一步深入研究。自动程序设计是软件工程和人工智能相结合的研究课题,该研究的重大贡献之一是把程序调试的概念作为问题求解的策略来使用。

6. 数据挖掘与知识发现

近年来,政企事务电子化与商贸电子化的快速普及产生了大规模的数据源;同时大规模的工业生产过程、日益增长的科学计算和蓬勃发展的自媒体业务也提供了海量的数据;此外,互联网应用的科技进步和规模增长为数据的传输和远程交互提供了必要的技术手段,这些都催生了大数据的兴起。

面对海量的数据,传统的数据检索机制和信息处理方法已远远无法满足需要,人们越来越难以快速地搜索到想要的信息,更难以提炼出有用的知识。因此,一门新兴的自动信息提取技术——数据挖掘和知识发现应运而生,且发展迅速。

知识发现就是利用各种学习方法自动处理大量的原始数据,揭示出蕴含在这些数据中的内在联系和本质规律,从而自动提炼和获取有用的知识。

数据挖掘就是利用算法,从海量数据中搜索出隐藏于其中的有意义的信息。它与计算机科学有关,通过统计、在线分析处理、情报检索、机器学习、专家系统(依靠过去的经验法则)和模式识别等方法来实现上述目标。这些有用信息可以是用规则、聚类决策树、神经网络或其他方式表示的知识。数据挖掘的任务有关联分析、聚类分析、分类分析、异常分析、特异群组分析和演变分析等。

知识发现是指从数据中发现知识的全过程,该过程包括 3 个阶段,即数据准备、数据挖掘、结果表达和解释。可见,数据挖掘只是这个全过程中一个特定的关键步骤。

数据挖掘和知识发现作为一门新兴的研究领域,涉及人工智能的许多分支,诸如机器学习、模式识别、海量信息搜索等众多学科,它已成为当前人工智能的研究热点之一,且已有了很多成功应用的案例。

1.7　本章小结

人工智能自从萌芽发展至今已有八九十年了,由于其涵盖的研究内容和学科门类众多,至今还没有公认的、确切的定义。人工智能的发展过程也并非一帆风顺,其间经历了三起两落。

根据不同的研究方法和技术,科学家们将人工智能分成了符号主义、连接主义和行为主义 3 个主要研究流派,它们各领风骚若干年,都在其各自的辉煌时期作出了巨大的贡献,极大地推动了人工智能在理论、技术和应用方面的进步。

人工智能研究的基本内容包括知识表示,机器感知(听、说、看),机器思维,机器学习和机器行为等方面。

人工智能的研究领域十分广泛,现阶段,其主要研究领域包括深度学习、自然语言理解、计算机视觉、智能机器人、自动程序设计、数据挖掘与知识发现等方面。

习题 1

1. 1956 年的达特茅斯会议上,学者们首次提出 artificial intelligence(人工智能)这个概念时,所确定的人工智能研究方向不包括(　　)。

　　A. 研究人类大脑的结构和智能起源　　　B. 研究如何用计算机表示人类知识

　　C. 研究如何用计算机来模拟人类智能　　D. 研究智能学习的机制

2. 现阶段,(　　)尚未成为人工智能研究的主要方向和目标。

　　A. 研究如何用计算机模拟人类智能的若干功能,如会听、会看、会说

　　B. 研究如何用计算机延伸和扩展人类智能

　　C. 研究机器智能与人类智能的本质差别

　　D. 研究如何用计算机模拟人类大脑的网络结构和部分功能

3. 下列关于人工智能的说法,不正确的是(　　)。

A. 人工智能是关于知识的学科——怎样表示知识以及怎样获得并使用知识的学科

B. 人工智能研究如何使计算机去做过去只有人才能做的智能工作

C. 自 1956 年人工智能学科诞生以来，经过多年的发展，它的理论已趋于成熟，得到了充分应用

D. 人工智能不是人的智能，但能像人那样思考，甚至也可能超过人的智能

4. 强人工智能强调人工智能的完整性。以下哪个不属于强人工智能？（　　　）

A. 类人机器的思考和推理就像人的思维一样

B. 非类人机器产生了和人完全不一样的知觉和意识

C. 智能机器看起来像是智能的，其实并不真正拥有智能，也不会有自主意识

D. 有可能制造出真正能推理和解决问题的智能机器

5. 从人工智能研究流派来看，纽厄尔和西蒙提出的"逻辑理论家"方法应该属于（　　　）。

　　A. 行为主义　　　　　B. 符号主义　　　　　C. 连接主义　　　　　D. 理性主义

6. 从人工智能研究流派来看，麦卡锡提出的"状态空间搜索法"应该属于（　　　）。

　　A. 行为主义　　　　　B. 符号主义　　　　　C. 连接主义　　　　　D. 理性主义

7. 下列关于人工智能未来发展趋势的描述，哪些是错误的？（　　　）

A. 人工智能目前仅适用于特定的、专用的问题

B. 人工智能受到越来越多的关注，许多国家出台了支持人工智能发展的战略计划

C. 通用人工智能的发展正处于起步阶段

D. 人工智能将脱离人类控制，并最终毁灭人类

8. 考察人工智能的一些应用，目前（　　　）任务可以通过人工智能来解决。

　　A. 在市场上购买一周的食品杂货　　　　B. 以竞技水平玩德州扑克游戏

　　C. 在 Web 上购买一周的食品杂货　　　　D. 将英文口语实时翻译为中文口语

9. （　　　）的本质就是用符号体系来描述知识，再对所得到的符号表示进行计算或推理，从而求解问题。

　　A. 行为主义　　　　　B. 符号主义　　　　　C. 连接主义　　　　　D. 主观主义

10. 以下说法中，错误的是（　　　）。

A. 智能，是"智慧"和"能力"的综合表现

B. 人工智能学科诞生于 1956 年的达特茅斯会议

C. 目前的人工智能研究是在有限条件下对人类智能的某种能力在某些具体问题上的模拟

D. 人工智能最开始的定义是研究或制造人类的智能

11. （　　　）属于人工智能的研究领域。

　　A. 图像理解　　　　B. 人脸识别　　　　C. 专家系统　　　　D. 机器学习

　　E. 以上都是

12. 达特茅斯会议上提出了人工智能研究的主要方法，包括（　　　）。

　　A. 西蒙和纽厄尔的"逻辑理论家"　　　　B. 麦卡锡的"状态空间搜索法"

　　C. 明斯基的"人工神经网络"　　　　　　D. 以上三种

第 2 章

知识表示与知识图谱

本章学习目标

- 了解知识的定义、特性、分类。
- 了解知识表示方法的分类。
- 了解知识的产生式表示法。
- 掌握状态空间表示法。
- 了解知识图谱的定义、表示、发展历史。
- 了解典型的知识图谱和知识图谱的应用。

人类在长期认识和改造客观世界的过程中积累了大量的知识,知识是人类所有智能活动的基础。为了使计算机模拟人类的智能行为,就必须使它像人类一样具有知识。一个软件系统具备的知识越多,它求解问题的能力就越强。在人工智能领域中,"知识就是力量"这句名言得到了很好的体现。但人类的知识需要用适当的形式表示出来,才能存储到计算机中,并被运用。因此,知识表示成为人工智能领域中一个十分重要的研究课题。

本章将首先介绍知识与知识表示的概念,然后介绍产生式、状态空间等当前人工智能中应用比较广泛的知识表示方法,并简要介绍近十年来兴起的知识图谱的定义、表示、发展简史、典型的知识图谱及其应用。

2.1　知识的基本概念

无论应用人工智能技术求解哪个领域的问题,首先要解决的问题就是如何将已获得的相关领域的人类知识在计算机内部以某种形式进行合理的表示和存储,以便有效地利用这些知识解决该领域的问题。这就需要首先了解知识的定义、特性和分类,以便设计适当的方法来表示知识。

2.1.1　知识的定义

知识的概念是哲学认识论领域的一个重要概念。两千多年前,古希腊伟大的哲学家柏拉图(Plato,公元前 427—公元前 347 年)曾在《泰阿泰德篇》中给出知识的定义:知识是被证实的、真实的和被相信的陈述,即著名的 JTB(justified true belief)理论。

1963 年,美国韦恩州立大学的哲学教授爱德蒙德·葛梯尔(Edmund Gettier)发表了《被证实的真信念是知识吗?》(*Is Justified True Belief Knowledge?*)的论文。在文章中,葛梯尔用一个反例说明:即使一个陈述符合 JTB 理论关于知识的三元标准,也不是知识。该反例被称为"葛梯尔问题"。

至今,对于知识还没有一个统一而明确的界定。比较有代表性的定义如下。

(1) 费根鲍姆说:知识是经过裁剪、塑造、解释、选择和转换了的信息。

(2) 伯恩斯坦(Bernstein)说:知识由特定领域的描述、关系和过程组成。

(3) 海叶斯—罗斯(Heyes-Roth)说:知识=事实+信念+启发式。

总之,知识是人类在长期的生活、社会实践及科学实验中经过总结、提升与凝练的对客观世界(包括人类自身)的认识和经验,也包括对事实和信息的描述或在教育和实践中获得的技能。

2.1.2 知识的特性

知识作为人类对客观世界认识的表达,具有如下主要特性。

(1) 相对正确性。

由于人类是在一定的条件和环境下认识世界的,所以随着条件和环境的改变,原本正确的知识在不同的条件和环境下可能就不正确了。这里,"一定的条件和环境"是必不可少的,它是知识正确性的前提。例如,我们平时说"水的沸点是 100℃",前提是在一个标准大气压强的环境下;若大气压强变了,则水的沸点就会发生变化,不再是 100℃,大气压强越高,水的沸点越高,反之就越低。

(2) 不确定性。

知识的不确定性是指知识有时不能被完全确定为"真"或"假",在"真"与"假"之间还存在许多中间可能性,即存在知识为"真"的程度问题,这一特性称为知识的不确定性。例如,有一个命题:若某人眼睛发黄,则他得肝炎了。对于此命题,我们并不能肯定它一定为"真",只能说"如果某人眼睛发黄,则他有可能得肝炎了"。另外,有些概念之间不存在明确的界限,人们无法严格地将它们区分开来,这也会导致知识的不确定性。例如,如果张力长得较高,那么他的腿就较长。问题是:多高算高呢? 多长算长呢? 没有明确的界限,此处的"较高"和"较长"都是模糊的、不确切的。因此,也产生了不确定性知识表示方法。可以用可能性、可信度、概率等概念来描述知识的不确定性。

2.1.3 知识的分类

人类的知识都是采用自然语言表示的,但这种知识表示方法显然不适合用计算机处理。这里仅讨论适用于计算机处理的知识,按知识的作用,可将知识大致分为以下两类。

1. 陈述性知识

陈述性知识(descriptive knowledge),或称为描述性知识,是表示对象及概念的特征及其相互关系的知识,也是表示问题求解状况的知识,它描述的是"做什么"的知识,即一般性事实,故亦称为事实性知识。陈述性知识是被显式地、直接地表示出来的。如果它是批量的、有规律的,则往往以表格、图册甚至数据库等形式表示。例如,人们在长期的生活中发现"煤是黑色的",这是一条陈述性知识,它反映了"煤"与"黑色"之间的一种关联。又如,"北京是中国的首都""凡是冷血动物都要冬眠""哺乳动物都是胎生繁殖后代"等,都是陈述性知识。采用符号表示陈述性知识中的概念、命题与原理。掌握陈述性知识的关键是理解符号所表征的意义。陈述性知识容易用语言表达清楚,其表示形式是相对静态的。

2. 过程性知识

过程性知识(procedural knowledge),或称为程序性知识,表示的是问题求解控制策略,描述的是"如何做"的知识,即做某件事的过程。过程性知识一般利用算法描述,用一段计算机程序来实现。这种知识是隐含在程序中的,计算机无法从程序的编码中直接抽取出这些知识。例如,矩阵求逆程序中描述了矩阵的逆和求解方法的知识。

标准程序库是常见的过程性知识,而且是系列化的、配套的。过程性知识不是直接给出的事实本身,而是给出求解某问题的行为及其过程,如构造某种数学模型的过程、求解微分方程的步骤、烹制法国大餐的方法等。过程性知识是对事实性知识的应用,其基本结构是动作或产生式。形成过程性知识的关键是对操作方法的熟练掌握。过程性知识不太容易用语言表达清楚,其表示形式是相对动态的。

对于不同性质的问题,需要采用不同类型的知识进行描述,而不同类型的知识又有不同的表示方法,适用于不同的应用领域。

2.2　知识表示的方法

知识表示(knowledge representation)就是将人类的知识符号化,并输入计算机的过程和方法。知识表示研究的是用计算机表示知识的方法和技术,它是数据结构与系统控制结构的统一。知识表示可看成一种描述事物的约定,是将人类的知识表示成计算机能处理的数据结构。知识表示的目的就是要解决人类知识在计算机中的表示与存储的问题。研究知识表示方法时,不仅要考虑知识的表示与存储,还要考虑知识的运用和管理。

针对知识的不同作用和用途,人们已经提出了许多种知识表示方法。知识表示可以是一种符号描述,是某种约定,也可以是某种数据结构。同一知识可以有不同的表示形式,但不同的表示形式会产生不同的应用效果。

在人工智能研究领域中,知识表示方法的种类繁多,分类的标准也不大相同。知识表示方法的分类与知识的分类是紧密相关的。在 2.1.3 节中,根据知识的作用,将知识分为两类:陈述性知识和过程性知识,所以从知识的运用角度,可以将知识表示方法粗略地分为陈述性知识表示方法和过程性知识表示方法两大类。

1. 陈述性知识表示方法

陈述性知识表示(descriptive knowledge representation)方法用于描述陈述性知识,即描述"是什么",而不用描述"怎么做"。这种知识表示方法往往注重对事物相关知识的静态描述,强调事物涉及的对象是什么,关注于事物的属性及其相互关系。该方法涉及的知识细节少,抽象程度高。陈述性知识表示方法是对知识的一种显式表达形式,对于知识的使用和推理,则是通过控制策略或推理机制来决定的。

在采用陈述性知识表示方法描述知识的系统中,知识的表示和知识的运用一般是分开的。所以,陈述性知识表示法的优点是:可理解性好,表示形式简洁、清晰、易懂;易于修改,一个小的改变不会影响全局,不会引起大的改变;可独立使用,陈述性方法表示的知识可用于不同的目的;易于扩充,陈述性方法表示的知识的模块化程度高,扩充后对原有模块没有影响。其缺点是:将知识与控制分开,求解问题的执行效率低。

2. 过程性知识表示方法

与陈述性知识表示方法相对应的是过程性知识表示方法。过程就是事实的一些客观规律,过程性知识表示(procedural knowledge representation)方法表达的是如何求解问题,知识的表示形式就是程序,所有信息均包含在程序之中,是对知识的一种隐式表达形式。在过程性知识表示方法中,既要描述表示某一问题领域中事物客观规律的知识,又要描述表示控制规则和控制结构的知识,告诉计算机"怎么做"。过程性知识表示方法着重于描述知识的动态过程,即描述如何运用这些知识推理和搜索相关事实的过程。

具体而言,过程性知识表示方法就是将运用知识求解问题的主要步骤表示为若干个过程,每一个过程就是一段程序。在求解具体问题过程中,当需要使用某个过程时,就调用相应的程序,并执行。这样,问题的求解与推理就转换成对一系列过程的组织和调用了。

在采用过程性知识表示方法描述知识的系统中,知识的表示和知识的运用一般是不分开的,表示就寓于运用之中,它适合于知识表示与求解结合得非常紧密的这一类问题。过程性知识表示依赖于具体的问题领域,所以它没有固定的表示形式。

过程性表示方法的优点是:执行效率高。知识是用程序表示的,知识库与推理机完全合为一体,即知识与控制融合在一起。另外,程序可明确地规定执行过程的先后顺序,直接使用启发性规则。因此,过程性表示的推理几乎不产生冗余知识,也不涉及不相关的指令,无须跟踪不必要的搜索路径,大大提高了系统的工作效率。

过程性表示方法的缺点是:可理解性较差,隐式表达形式比较复杂、不直观,不易理解;不易于扩充,过程式方法表示的知识的模块化程度低,难以添加新知识和扩充新的功能;不易于修改,想要修改现有的知识而不影响其他知识的完整性,比较困难,容易出错。

实际上,陈述性表示和过程性表示没有绝对的分界线。如果要使用任何陈述性知识,都必须有一个相应的过程去解释执行它。对于一个以使用陈述性知识表示为主的系统来说,这种过程往往是隐含在系统之中,而不是面向用户的。

目前,已经提出的知识表示方法有:逻辑表示法、产生式规则表示法、框架表示法、语义网络表示法、状态空间表示法等。每种表示方法都有针对性和局限性,构建一个具体的人工智能系统时,选择知识表示方法需要遵循以下原则:①能充分表示领域知识;②易于理解与实现;③便于对知识的利用(搜索、推理);④便于对知识的组织、维护与管理。

使用知识表示方法时,有时需要根据实际情况作适当的改变,甚至还需要将几种知识表示形式结合起来。目前还没有统一的知识表示标准,也不存在一个通用的知识表示模式。

下面分别介绍产生式规则表示法和状态空间表示法。

2.3　产生式规则表示法

在人工智能学科中,"产生式"(production)是一种常用的知识表示形式,意思是能够根据已知条件产生新知识的式子。这些式子往往以规则的形式描述知识,因此产生式也称作"产生式规则"(production rule),产生式表示法也称为产生式规则表示法,它属于符号主义流派的知识表示方法。

"产生式"这一术语最初是由波兰裔美国数理逻辑学家埃米尔·波斯特(Emil Post)于1943年提出的。他根据"符号串替代规则"设计出一种计算模型,命名为波斯特机,该模型中的每一条规则称为一个产生式,是形如 P→Q 的符号变换规则。1965 年,西蒙和纽厄尔对产生式进行了完善,并将其引入基于知识的系统中,又于 1972 年在研究人类的认知模型时开发了基于规则的产生式系统。

20 世纪 60 年代和 70 年代,产生式表示法被应用于许多领域,成为当时人工智能学科中使用最广泛的一种主流知识表示方法。尤其是在许多成功的专家系统中,都是采用产生式知识表示方法,一般将这种系统称为基于规则的系统。例如,前文提到的费根鲍姆等人研制的 DENDRAL 系统、肖特利夫等人研制的 MYCIN 系统,以及美国斯坦福研究所研制的 PROSPECTOR 系统,都是采用产生式规则进行知识表示和推理的专家系统。随后,产生式表示法被应用于更多领域,如形式语言学、计算语言学中的句法分析器、机器翻译等。

2.3.1 产生式

产生式又称为规则或产生式规则。产生式表示方法通常用于表示事实、规则以及它们的不确定性度量。它既有利于表示陈述性知识,又有利于表示过程性知识。产生式表示包括事实的表示和规则的表示。

1. 事实的产生式表示

有许多知识本身就是事实描述性的,事实可看成一个对象某属性的值或对多个对象之间关系的陈述。对象的某属性值或对象之间的关系可以是一个词,不一定是数字。事实又分为确定性事实和不确定性事实。

(1) 确定性事实的产生式表示。

确定性事实一般采用三元组表示,有属性型确定性事实和关系型确定性事实两种形式。

① 属性型确定性事实:描述一个对象的某种属性,形式为

(对象,属性,值)

例如,"李丽的年龄是 30 岁"表示为 (李丽,年龄,30),其中对象是"李丽",属性是"年龄",值是"30"。

② 关系型确定性事实:描述两个对象之间的关系,形式为

(对象 1,对象 2,关系)

例如,"李丽和王军是朋友"表示为(李丽,王军,朋友),其中对象 1 是"李丽",对象 2 是"王军",关系是"朋友"。此处,"关系"就是一个词,而不是数字。

(2) 不确定性事实的产生式表示。

不确定性事实可以用一个不确定度量值表示其不确定程度,称为置信度或可信度,取值区间为(0,1),若取值为 0 或 1,则变为确定性事实。一般采用四元组表示不确定性事实,有属性型不确定性事实和关系型不确定性事实两种形式。

① 属性型不确定性事实:描述一个对象的某种属性,形式为

（对象,属性,值,置信度）

例如,"李丽的年龄很可能是 30 岁"表示为（李丽,年龄,30,0.85）,其中对象是"李丽",属性是"年龄",值是"30"。此处的置信度 0.85 表示"非常可能"。

② 关系型不确定性事实：描述两个对象之间的关系,形式为

（对象 1,对象 2,关系,置信度）

例如,"李丽和王军不太可能是朋友"表示为(李丽,王军,朋友,0.15),其中对象 1 是"李丽",对象 2 是"王军",关系是"朋友",此处的置信度 0.15 表示"不太可能"。

2. 规则的产生式表示

除了描述事实,产生式还可以描述规则。规则用于表示有关问题领域中事物之间的因果关系,产生式表示法中将规则作为知识的单位。在人类的认知中,很多知识单元之间都存在着因果关系,这些因果关系可以转化为前提和结论,非常便于用产生式表示。规则可分为确定性规则和不确定性规则。

(1) 确定性规则的产生式表示。

确定性规则的产生式表示的基本形式是

IF condition THEN action

或者

condition → action

其中,condition 称为条件、前件或前提,action 称为动作、后件或结论。

确定性规则的语义含义是：如果 condition 表示的条件被满足,则可得到 action 表示的结论或者执行 action 表示的动作,即 action 是由 condition 触发的。例如,规则"如果下雨,则出门带伞",其中"下雨"是条件,"出门带伞"是动作。

condition 和 action 也可以是由"与""或""非"等逻辑运算符组合而成的表达式,这两部分都可以是某些事实的合取或析取。例如：

① 小刚很聪明 ∧ 小刚学习很勤奋 → 小刚的学习成绩很好。

该规则表示：如果小刚很聪明,并且小刚学习很勤奋,则可推理出"小刚的学习成绩很好"的结论。

② IF(天下雨 ∧ 外出) THEN (带伞 ∨ 带雨衣)。

该规则表示：如果天下雨了,并且要外出,则应该执行"带伞或带雨衣"的动作。

一个产生式生成的结论可以作为另一个产生式的条件,进一步可构成产生式系统。例如：

③ 小刚的学习成绩很好 → 小刚被重点大学录取。

规则①的结论可以作为规则③的条件,得到规则③的结论。

(2) 不确定性规则的产生式表示。

若规则是不确定的,则需要添加一个称为置信度的度量值。不确定性规则的产生式表示的基本形式是

```
IF  condition  THEN  action  （置信度）
```

或者

```
condition → action  （置信度）
```

例如,有一条产生式为

```
发烧呕吐∧出现黄疸→肝炎  （0.7）
```

在这条规则中,结论并非一定成立,而是带有 0.7 的置信度。它表示:若某人发烧呕吐且出现黄疸,则结论"这个人患肝炎"成立的可信度为 0.7。

2.3.2 产生式系统

有心理学家认为,人脑对知识的存储就是产生式形式的。产生式规则的表示具有固有的模块化特性,容易实现解释功能,其推理机制接近人类的思维方式,是以演绎推理为基础,将一组产生式放在一起,使它们互相配合、协同工作。一个产生式生成的结论可以作为另一个产生式的前提使用,以求得问题的解,这样的系统称为产生式系统。

目前,产生式系统与初期的系统相比已有了很大发展,广泛应用于基于知识的系统中,现在一般称为基于规则的系统。

一个产生式系统的基本结构如图 2.1 所示,由规则库(production rules base)、综合数据库(global database)和推理机(inference engine)3 部分组成,综合数据库和规则库共同组成了知识库,推理机又称为控制系统(control system),包括控制程序和推理程序两部分。

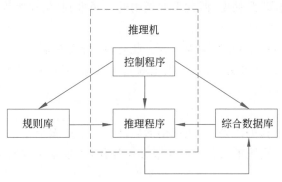

图 2.1 产生式系统的基本结构

1. 综合数据库

综合数据库又称为事实库,是产生式系统使用的主要数据结构,其中存放问题的初始状态、输入的已知事实、推理过程中得到的中间结果及最终结论等信息。数据的格式多种多样,可以是常量、变量、多元组、谓词、表格、图像等。在推理过程中,当规则库中某条产生式的前提可与综合数据库的某些已知事实匹配时,则该产生式被激活,由它推出的结论将被作为新的事实放入综合数据库,作为后续推理的已知事实。显然,综合数据库的内容是动态变化的。

2. 规则库

在产生式系统中,用产生式规则描述与所求解问题相关的领域知识,规则库就是所有这些产生式规则的集合,其中包含了将问题从初始状态转换成目标状态所需的所有规则。

系统运行时,通常采用匹配方法查看当前综合数据库中是否存在某条规则的前件,若匹配成功,则执行该规则后件所规定的动作或得到后件所描述的结论。所执行的动作是对数据库进行某种操作,如添加新知识、删除无用知识等。

显然,规则库是产生式系统进行问题求解的基础。因此,需要合理地组织和管理规则库中的知识,检测并排除相互矛盾的知识,使知识具有一致性。还需要采用合理的结构形式,以避免推理机访问那些与当前所求解问题无关的知识,从而提高求解问题的效率。

3. 推理机

推理机是一组规则解释程序,包括控制策略和推理方式。推理机协同规则库与综合数据库,控制问题求解过程的推理路线,负责整个产生式系统的运行,实现对问题的求解。

推理机的主要工作内容包括以下几项。

(1)选择推理规则。

按一定策略从规则库中选择一条规则,将其前件与综合数据库中的已知事实进行匹配,会产生 3 种情况。第 1 种,匹配成功,即两者一致或近似一致,且满足预先规定的条件,则将此条规则列入被激活候选集(即冲突集);第 2 种,匹配失败,即该规则的前件与综合数据库中的已知相关事实矛盾,例如某规则的前件为"红色果实",而综合数据库中的已知事实只有"黄色果实",匹配失败,则此规则被完全放弃,今后不予考虑;第 3 种,匹配无结果,即该条规则前件所描述的事实与综合数据库中的事实完全无关,则将该规则列入待测试规则集,将在下一轮匹配中再次使用。因为有可能某个推理中间结果与其前件相匹配,这其中含有一系列的策略,如匹配原则、匹配精度、匹配上的规则的选择准则、优先级等。

(2)消解冲突。

当有多条规则均匹配成功时,称为冲突。此时,控制系统需要从多条匹配规则中选出一条,即根据一定的策略消解冲突。例如,优先触发编号最小策略,即在多个被激活的规则中选取编号最小的那条规则。

(3)进行推理。

执行上一步中被选择的规则,若该规则的后件为一个或多个结论,则将这些结论全部加入综合数据库中。若该规则的后件是一个或多个操作,则根据一定的策略有选择、有顺序地执行这些操作。

(4)判断是否终止推理。

若当前被执行规则的后件中包含目标结论,则停止推理;否则返回第(1)步,继续运行系统。

推理机是产生式系统的核心,推理机性能的优劣决定了系统的性能。

2.3.3 产生式表示法的特点

下面分别分析产生式表示法的优缺点。

1. 产生式表示法的主要优点

(1)格式单一,计算简单。

产生式表示法的格式固定,形式单一,每一条产生式规则都由条件与结论(动作)两部分组成。推理时只是进行条件的匹配和动作的执行。条件匹配的结果只有成功与失败,且无递归匹配。推理方式单纯,没有复杂计算,便于设计规则,易于检测规则库中知识的一致性和完整性。

(2) 模块化程度高,便于知识的操作和管理。产生式规则是规则库中最基本的知识单元,知识库与推理机分离,且各规则之间相互独立,只通过综合数据库发生联系,不能相互调用。这种模块化便于对知识的操作(增加、删除和修改)和管理,例如,可增加新的规则适应新的情况,而不会破坏系统的其他部分。

(3) 形式自然,便于理解、推理和解释。

产生式表示法用"IF…THEN…"的形式表示知识,这种表示形式与人类表达因果关系的思维方式基本一致,格式直观、自然,易于理解,便于推理,且易于对系统的推理路径作出解释。

(4) 表达较全面,应用广泛。

产生式表示法既可以表示确定性知识,又可以表示不确定性知识,既有利于表示陈述性知识(包括事实与规则),又有利于表示过程性知识。因此,目前大多数已成功应用的基于知识的专家系统都采用产生式表示法。

2. 产生式表示法的主要缺点

(1) 求解效率不高。

在采用产生式系统求解问题的过程中,首先要用产生式(即规则)的前件部分与综合数据库中的已知事实匹配,从规则库中选出匹配成功的可用规则,此时可能有多条规则的前件都匹配成功,这就需要按一定的策略消除冲突,然后执行所选中的规则。可见,产生式系统求解问题的过程就是一个反复进行"匹配→消除冲突→执行"的过程。由于规则库中一般都包含数量庞大的产生式,而匹配操作又非常耗时,因此导致产生式系统工作效率不高。另外,大量的产生式规则还可能引起组合爆炸。

(2) 无法表示具有结构关系的知识。

产生式规则以固定格式表示知识,适合于表达具有因果关系的知识,是一种非结构化的知识表示方法,且规则之间不能直接调用,因此它无法表示具有结构关系或层次关系的知识。

2.4　状态空间表示法

状态空间(state space)表示法是人工智能中最基本的形式化方法,是其他形式化方法和问题求解技术的出发点。

状态(state)就是用来描述在问题求解过程中某一个时刻进展情况等陈述性知识的一组变量或数组,是某种结构的符号或数据。

一般地,状态是一组变量 $q_0, q_1, \cdots, q_n$ 的有序集合,其形式如下:

$$Q = \{q_0, q_1, \cdots, q_n\}$$

其中,每个元素 q_i 称为一个状态变量。

状态的表示还可以根据具体应用采取合适的数据结构,如符号、字符串、多维数组、树和图等。例如,编写一个下中国象棋的程序时,棋局的状态便可用一个二维数组表示,数组元素的值表示该位置所放置的棋子。如 0 表示无棋子,1 表示"白子",2 表示"黑子"。

状态的表示非常重要。其一,若未将求解问题所需要的全部信息都编入状态,则会直接导致问题无法求解;其二,用于表示状态的数据结构会直接影响操作的时间效率和存储的空间效率。因此,在选择表示状态的数据结构时,要综合考虑求解问题时所执行操作的时空效率等各种因素。

操作也称为运算,是用来表示引起状态变化的过程性知识的一组关系或函数,它会引起状态中的某些分量发生改变,从而使问题由一个具体状态转换到另一个具体状态。操作可以是一个动作(如棋子的移动)、过程、规则、数学算子等,表示状态之间存在的关系。用于表示操作的符号称为操作符(operator)或操作算子、运算符。

状态空间是采用状态变量和操作符号表示系统或问题的有关知识的符号体系。问题的状态空间是一个表示该问题全部可能状态及其相互关系的集合,常用一个四元组 (S, O, S_0, G) 来表示。其中,S 为问题的状态集合;O 为操作符的集合;S_0 是问题的初始状态,是 S 的一个非空真子集,即 $S_0 \subset S$;G 为问题的目标状态,它既可以是若干具体状态,也可以是满足某些性质的路径信息描述,$G \subset S$。

状态空间通常用有向图来表示。其中,节点表示问题的状态,节点之间的有向边表示引起状态变换的操作,有时边上还赋有权值,表示变换所需的代价。在状态空间中,求解一个问题就是从初始状态出发,不断运用可使用的操作,在满足约束的条件下达到目标状态。问题的解可能是图中的一个状态,也可能是从初始状态到某个目标状态的一条路径,还可能是达到目标所花费的代价。

如图 2.2 所示,问题的解便是一条从节点 S_0 到节点 G 的路径,它是一个从初始状态到目标状态的有限的操作算子序列 $\{O_1, O_2, \cdots, O_k\}$,称为求解路径。问题的解往往并不唯一。

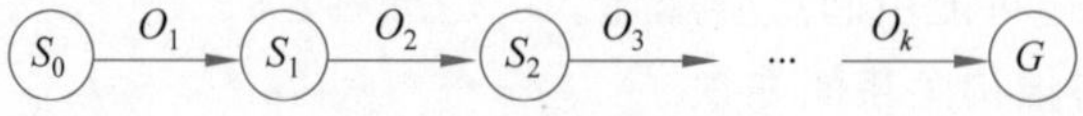

$$S_0 \xrightarrow{O_1} S_1 \xrightarrow{O_2} S_2 \xrightarrow{O_3} \cdots \xrightarrow{O_k} G$$

图 2.2　状态空间的解

下面以八数码问题为例介绍状态空间表示法。

例 2.1　八数码问题。

八数码问题又称为重排九宫问题。在一个有 3 行 3 列共 9 个格子的棋盘上,按任意次序摆放分别标有数字 1~8 的八块正方形数码牌,放牌时要求不能重叠,会有一个空白格。空白格四周(上、下、左、右)的数码方块可移到空白格中。游戏的玩法是:每次只能将空白格四周的一个数码方块移到空白格中去,要求找到一个数码移动序列,使棋盘从初始布局(状态)变为目标布局(状态)。假设给定一个初始状态和一个目标状态,如图 2.3 所示。该问题的目的就是要找到一个数码牌移动序列,使得棋盘从图 2.3(a)的初始状态转变为图 2.3(b)的目标状态。

采用状态空间表示八数码问题时,首先需要定义八数码问题的状态集合。显然,用一个 3×3 的矩阵描述八数码问题的一个状态比较合适。八个数码的任何一种摆法就是一个状态。例如,图 2.3(a)和图 2.3(b)就是其中的两个状态。八数码的所有摆法构成了状态集合 S,它们构成了一个状态空间,该空间中有 9! 个状态。图 2.3(a)是初始状态 S_0,图 2.3(b)

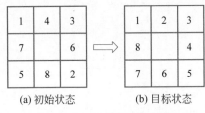

(a) 初始状态　　　　(b) 目标状态

图 2.3　八数码游戏的一个实例

是目标状态 G。

然后需要设计八数码问题的操作集合,有以下两种方法。

① 以移动数码方块作为操作。如此,操作算子共有 4(方向)×8(数码)=32 个,数量较多,使得操作符的设计烦琐。

② 将移动空白格作为操作,即在方格盘上移动数码方块等价于移动空白格。例如,在图 2.3(a)中将数码方块 7 向右移动,相当于将空白格向左移动。这样大大简化了操作的设计,因为空白格在方格盘上的移动只有上、下、左、右 4 个方向,如此,则操作算子共有 1(空白格)× 4(方向)= 4 个,数量明显减少。另外,移动空白格时,要确保空白格不会移出方格盘之外,故并不是在任何状态下都能调用这 4 个操作算子。例如,空白格在方格盘的最左上角时,就只能调用两个操作算子 right(向右移)和 down(向下移)。因此,4 个操作算子记为

up:将空白格向上移,当空白格不在最上一行。

down:将空白格向下移,当空白格不在最下一行。

left:将空白格向左移,当空白格不在最左一列。

right:将空白格向右移,当空白格不在最右一列。

定义了八数码问题的状态集合和操作集合之后,从图 2.3(a)的初始状态出发,可以用有向图表示八数码问题的状态空间,如图 2.4 所示。图中每个节点都是一个棋盘布局,代表一个状态;两个状态之间的有向边表示引起状态转移的操作算子,可在有向边上标明该空白格操作的名称,即空白格向上移(up)、向左移(left)、向下移(down)或向右移(right)。描述八数码问题状态空间的有向图中有回路,因为许多状态有多个父节点。

八数码问题的解就是一个使棋盘从图 2.3(a)中初始状态变化到图 2.3(b)中目标状态的数码牌移动序列。显然,八数码问题的解并不是唯一的,因此还可以附加一些约束条件。例如,要求找到一个移动数码牌次数最少的解。第 3 章将详细介绍该问题的求解方法和过程。

在某些问题中,还会为各种操作算子赋予不同的权重,代表执行这些操作的代价(cost),可以是距离或费用。例如,在旅行商问题中,两座城市之间的距离通常是不同的,那么,只需在有向图中为各边标注距离或费用即可。下面以旅行商问题为例,说明用带有权重的有向图描述的状态空间。

例 2.2　旅行商问题。

旅行商问题(traveling salesman problem,TSP),又称为旅行推销员问题。一个推销员要到 N 个城市去推销产品,他从一个城市出发,访问所有城市后回到出发地。除了出发地,要求每个城市仅经过一次。所要求解的问题是:已知每对城市之间的距离,应该如何设计一条旅行路线,才能使得推销员访问 N 个城市所经过的路径最短或者费用最少?

旅行商问题在交通运输、电路板线路设计、通信、物流配送、旅游等领域有着广泛的应

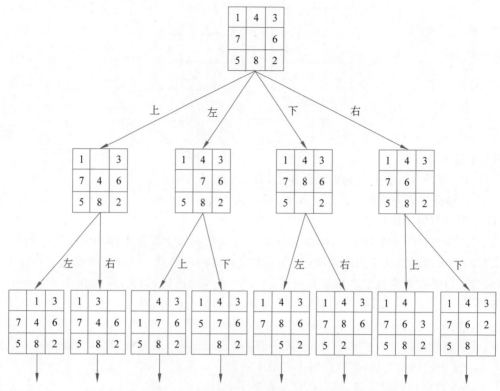

图 2.4 表示八数码问题状态空间的有向图

用。例如,对于一个物流配送公司而言,就是要将 N 个客户的货物沿最短路线或花费最少的时间全部送达。

从图论的角度来看,旅行商问题的实质是:在一个带有权重的、含有 N 个节点的完全无向图中,找一个权值最小的哈密尔顿(Hamilton)回路。此问题的一个可行解是采用穷举法,从 $(N-1)!$ 条路径中找出一条具有最小成本的遍历路线,显然,其时间复杂度为 $O(N!)$。随着城市数量的增加,搜索空间会急剧扩大,产生组合爆炸。

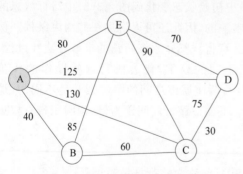

图 2.5 旅行商问题的一个实例

图 2.5 显示了旅行商问题的一个实例,其中节点表示城市,边上标注的数值表示经过该路径的费用(或距离)。假设推销员从城市 A 出发,遍历 B、C、D、E 后,再回到 A,这样的路径有很多。如图 2.6 所示,路径(ABCDEA)是一条可能的旅行路径,费用为 280;路径(ABECDA)也是一条可能的旅行路径,费用为 370。但目标是要找费用最少的路径。注意,这里对目标的约束是整个路径的费用,而不是某一条边的费用。其终止条件是:找到经过所有城市的最短路径时,搜索便结束。

上面两个例子只画出了问题的部分状态空间图。对于大规模问题,如旅行商问题中有

100个城市,要在有限时间内画出全部状态空间图是不可能的。而且,对于简单问题可以采用有向图直接画出状态空间,但对于大多数复杂的问题,根本无法完全画出其状态空间,此时只需清晰地定义状态变换的方式即可,如图2.6所示。

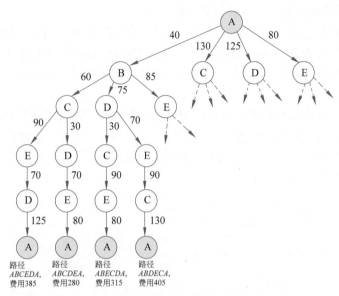

图2.6 旅行商问题的部分状态空间

2.5 知识图谱

　　随着互联网科技的飞速发展和信息技术的广泛应用,网络上的信息量正以几何级数的速度增长。互联网上的信息不仅内容繁杂、数量庞大,而且还具有异质多元、组织结构松散的特点。为了使人们能从互联网的海量数据中快速获取需要的信息和知识,就必须提供一种具有更强表达能力的知识表示方法,以便更好地组织、管理和理解互联网上的海量信息。符号主义知识表示方法经过历代人工智能科研人员的不断完善,演变为知识图谱这一符合互联网时代新需求的知识表示方法。

　　知识图谱是一种用图结构来描述知识及其之间关联关系的技术方法,它属于人工智能的重要分支——知识工程的研究范畴,旨在利用知识工程理论建立大规模知识资源,是语义Web技术在互联网大数据时代的成功应用。随着人工智能技术的发展和应用,知识图谱作为关键技术之一,已被广泛应用于智能搜索、智能问答、个性化推荐、内容分发等领域。本节主要介绍知识图谱的定义与表示、发展简史、典型的知识图谱和知识图谱的应用。

2.5.1 知识图谱的定义

　　知识图谱(knowledge graph)又称为科学知识图谱。"知识图谱"这一名词是谷歌公司于2012年5月17日首先提出的,其初衷是为了提高搜索引擎的能力,改善用户的搜索质量以及搜索体验,目标是构建一个可提供智能搜索服务的大型知识库。此后,经谷歌公司的大力推广,知识图谱很快在学术界和行业中迅速流行。

知识图谱利用数据挖掘、信息处理、知识计量等科学理论与方法来挖掘、分析、构建知识及它们之间的相互联系,揭示知识领域的动态发展规律,并以图形等信息可视化技术绘制和显示知识资源及其载体。知识图谱为互联网上的海量信息提供了一种更好的表示、组织和管理方式,使得所描述的信息能够被机器理解。

至今,知识图谱尚未有一个统一的定义。从本质上说,知识图谱是一种揭示客观世界中存在的实体(entity)、概念(concept)及其之间各种关系的大规模语义网络。它采用图结构表示知识,可理解为一种描述语义知识的形式化框架,知识图谱就是这样一类知识表示和应用技术的总称。

知识图谱是一种图结构的语义知识库,其基本组成单位是实体、属性和关系。在表示知识图谱的图中,节点表示实体、概念或属性值(attribute value),节点之间的边(edge)表示属性(attribute)或关系(relationship),边的方向表示关系的方向,边上的标记表示属性名称或关系类型。图 2.7 是一个知识图谱示例。

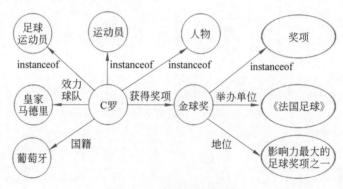

图 2.7　一个知识图谱示例

① 概念:也称为类别(type)或类(category 或 class),是某一领域内具有相同性质的对象构成的集合。如在描述大学领域的知识图谱中,教师、学生和课程是必要的概念,而体育比赛领域中的概念则可能包括运动员、裁判员、教练、奖项等。概念主要用于表示集合、类别、对象类型、事物的种类。

② 实体:有时也称为实例(instance)或对象(object)。实体是知识图谱中最基本的元素,是概念中的具体元素,它是独立存在且可相互区别的客观事物。例如,C 罗是概念“足球运动员”的一个实例,“金球奖”是概念“奖项”的一个实例。

③ 属性:描述实体或概念的特性或性质。属性值可能是一个实体、一个字符串或一个数值。例如,运动员的属性“国籍”的值是一个具体的国家(实例),属性“性别”的值是一个具体的字符串(male / female),而属性“身高”的值则是一个具体的数值。

④ 关系:指概念之间、实体之间、概念与实例之间的联系。如“运动员”与“足球运动员”两个概念之间有父类与子类(subclassof)的层次关系;“车轮”和“汽车”两个概念之间有部分与整体(partof)的关系;“中国”与“北京”两个实体之间是“首都”的关系;“国家”(概念)与“中国”(实例)之间是实例化(instanceof)的关系。

2.5.2　知识图谱的表示

在知识图谱中,每个实体或概念用一个全局唯一确定的 ID 标识,称为标识符(identifier)。

概念和实体都是通过若干属性来刻画其内在特性的。

概念之间常见的关系有父类与子类(subclassof)关系、部分与整体(partof)关系。

实体之间的关系多种多样,不同实体之间存在不同的关系。例如,"山东省"和"济南市"两个实体之间存在"省会是"的关系。而"中国"和"北京"两个实体之间存在"首都是"的关系,各自又分别有自己的属性,如图2.8所示。所有实体和概念相互关联,形成复杂的"图"。

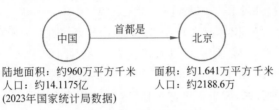

陆地面积:约960万平方千米　面积:约1.641万平方千米
人口:约14.1175亿　　　　　人口:约2188.6万
(2023年国家统计局数据)

图 2.8　两个实体之间的关系

知识图谱由多条知识组成,每条知识都表示为一个由主语(subject)、谓词(predicate)和宾语(object)组成的三元组,即 SPO 三元组(triples)。三元组是知识图谱的一种通用表示方式。与事实性知识的产生式表示方法类似,知识图谱也有**属性型联系**和**关系型联系**两种形式。

(1) 属性型联系。

属性型联系采用"属性—值"对(attribute-value pair,AVP)来描述一个实体具有某种内在属性,形式为(实体,属性,属性值)。例如,"北京的面积是 1.641 万平方千米"表示为(北京,面积,1.641 万平方千米),其中"北京"是一个实体,"面积"是一种属性,"1.641 万平方千米"是属性值。

(2) 关系型联系。

关系型联系描述两个实体之间的关系,形式为(实体 1,关系,实体 2)。例如,"中国的首都是北京"表示为(中国,首都是,北京),其中实体 1 是"中国",实体 2 是"北京",关系是"首都是"。再如,"人工智能基础的授课教师是李丽"可以表示为(人工智能基础,授课教师是,李丽)这个三元组。

2.5.3　知识图谱的发展简史

虽然知识图谱是近十年来才流行起来的新概念,但它并非凭空诞生的全新理论和技术,而是起源于人工智能的符号主义学派。从最初的语义网络,经历了一系列的演变,才形成了今天的知识图谱,其间经历了五十多年的发展时间,可谓研究历史悠久。下面按时间线介绍知识图谱技术发展的各个历史阶段。

1.语义网络知识表示(1960s)

知识图谱的起源最早可追溯到 20 世纪 60 年代末期。1968 年,认知科学家阿兰·科林斯(Allan Collins)和罗斯·奎利安(Ross Quillian)等在研究人类联想记忆时提出了一种名为语义网络(semantic network,不是翻译为"语义网")的心理学模型。随后,奎利安又将它用作人工智能中的一种知识表示方法。语义网络采用有向图的结构来表示知识,其中节点表示概念(事件、事物),边表示概念之间的语义关系。20 世纪 60 年代,剑桥大学的马斯特曼(Masterman)与同事们还将语义网络用于机器翻译。1972 年,西蒙在他的自然语言理解系统中采用了语义网络表示法。

语义网络可使人们较容易地理解概念及其之间的语义关系,其优点是表达形式简单、直观、自然,因此容易理解和展示,相关概念容易聚类。其缺点是:①没有定义节点与边的值的标准,完全由用户自己定义;②无法区分概念节点和实体节点;③无法定义节点和边的标签;④难以融合多源数据,不便于知识的共享。上述缺点导致语义网络难以应用于实践。

2. 本体知识表示(1980s)

20 世纪 80 年代,"知识本体"开始成为计算机科学的一个重要研究领域。本体(ontology)一词源于哲学领域,且一直以来存在着许多不同的用法。本体论是研究"存在"的科学,即试图解释"存在"是什么,世间所有"存在"的共同特征是什么,本体论的基本元素是概念以及概念之间的关系。1980 年,"本体"这一哲学概念被引入人工智能领域中,用于刻画知识,便产生了基于本体的知识表示方法,这种知识表示是一种形式化的、对于共享概念体系的明确且详细的说明。本体显式地定义了领域中的概念、关系和公理(总是为真的陈述)及其之间的联系。人工智能的研究人员认为,他们可以创建基于本体的表示模型,从而进行特定类型的自动推理。20 世纪 80 年代出现了一批基于本体概念的知识库,如 CYC 和WordNet 项目。

3. 语义万维网知识表示(1990—2006)

语义万维网(semantic web)也称为语义 Web 或语义网。虽然语义万维网与语义网络(semantic network)在字面上很相似,但两者的技术理念完全不同。最主要的区别在于:语义网络知识表示与互联网无关,但语义万维网知识表示却是构建在万维网(World Wide Web)上的。

1963 年,美国哲学家和电影工作者泰德•尼尔森(Ted Nelson)创造了"超文本"(hypertext)一词,其含义是用超链接的方法将各种不同空间的文字信息组织在一起的网状文本。1981 年,尼尔森在他的著作中使用"超文本"描述了"创建一个全球化的大文档,文档的各个部分分布在不同的服务器中"这一想法。

1969 年,因特网诞生于美国,它的前身"阿帕网"(ARPAnet)是一个军用研究系统,后来才逐渐成为连接各高校计算机的学术系统,现已发展为一个覆盖五大洲 150 多个国家的开放型全球计算机网络系统,也称为互联网。

1989 年,英国计算机科学家蒂姆•伯纳斯•李(Time Berners Lee)在欧洲核子研究所(European Organization for Nuclear Research)工作时创新性地提出了将超文本用于因特网上的构想,并于 1990 年与同事罗伯特•凯利奥(Robert Cailliau)合作发明了万维网技术。万维网用超文本标记语言(hypertext markup language,HTML)将信息组织成为图文并茂的超文本,用超文本传输协议(hypertext transfer protocol,HTTP)将不同的网页链接起来,并利用链接从一个站点跳到另一个站点,如此一来,彻底摆脱了以前查询工具只能按特定路径一步一步查找信息的限制。万维网成为了互联网上的最大应用,为人们提供了一个全球范围的信息开放共享平台。蒂姆•伯纳斯•李也因此被誉为万维网之父,并于 2016 年荣获计算机领域的最高奖——图灵奖。

万维网诞生后,随着互联网应用的不断扩展,互联网上的网页数量迅速增加,网页之间相互关联,形成了规模巨大的网络。实际上,这些网页中描述的都是现实世界中的实体和人脑中的概念,而实体或概念之间是有关联的,故网页之间的链接是蕴含着语义知识的。但这种基于超文本的知识设计思想是面向人类阅读和理解的,而计算机只负责解析和展示,却无法理解和推理其中蕴含的语义。例如,我们人类很容易知道两个网页内容是有关联的,但计算机却很难理解网页内容,更谈不上推理,获得新知识。

因此,蒂姆·伯纳斯·李又于 1998 年提出了"语义万维网(语义 Web)"的概念。语义 Web 旨在对互联网内容进行语义化表示。通过对网页内容进行语义定义,使计算机能够理解并自动存取互联网内容的语义信息,从而能进行推理、完成特定任务的智能服务,使计算机能协同人类更好地工作。语义 Web 采用图结构的组织方式,图中的节点不仅可以代表网页,还可以代表现实世界中客观存在的实体(如人、机构等),超链接也被增加了语义描述,用以标明实体之间的关系(如人的出生地是……、机构的创办人是……)。相对于传统的网页互联网(即万维网),语义 Web 的本质是知识的互联网或事物的互联网(web of things)。

显然,语义 Web 是个宏大的构想,仅靠采用可扩展标记语言(extensible markup language,XML)简单地标注 Web 页面的数据内容是远远不够的,而需要新的知识表示手段和方法。在这样的背景下,科研工作者相继提出了"资源描述框架"(resource description framework,RDF)和"网络本体语言"(web ontology language,OWL)等面向 Web 的知识表示框架。

1997 年,苹果公司的顾哈(Guha)提出了 RDF。1999 年,RDF 被万维网联盟(World Wide Web Consortium,W3C)定为行业推荐标准,成为语义 Web 的核心内容之一。在 RDF 框架中,资源可以是文档、人、物理对象和抽象概念等。每个 RDF 陈述都包含 3 个元素,即 SPO 三元组,其中主语(S)和宾语(O)分别表示两个资源,谓词(P)表示两个资源间的关系。如<Bob> <is a> <person>、<Bob> <is a friend of> <Alice>、<Bob> <is born on> <the 4th of July 1990>、<Bob> <is interested in> <the Mona Lisa>。

RDF 也有局限性,它无法描述某个领域里类别和属性的层级结构和包含关系,于是 W3C 又推出了 RDF 模式(RDF schema,RDFs),它是在 RDF 词汇的基础上扩展了一套数据建模词汇(如 class、subclassOf、type、Property、subPropertyOf 等)来描述数据的模式层,可以定义类的层次体系和属性体系,如父类与子类之间的继承关系等。

RDFs 的表达能力仍然不够强大,于是在 2001 年,W3C 的 Web 本体工作小组又开发了网络本体语言(web ontology language,OWL)。OWL 主要是在 RDFs 的基础上扩展了表示类和属性约束的表示能力,如复杂类表达(intersection、union 和 complement 等)和属性约束(existential quantification、universal quantification、hasValue 等),以构建更为复杂且完备的本体。2004 年,W3C 发布了 OWL1,作为推荐标准;2009 年又发布了 OWL2,是 OWL1 的扩展和修订版。OWL 除了拥有像 RDFs 一样灵活的数据建模能力之外,还有一套可以帮助计算机自动推理的、功能强大的词汇。OWL 比 RDFs 具有更强的表达能力和推理能力。例如,OWL 可以描述"中国所有湖泊""美国所有 4000 米以上的高山"这样的类。

相较于语义网络,语义 Web 更加注重描述万维网中的资源以及数据之间的语义关系。W3C 针对语义 Web 制定的标准解决了语义网络的不足:RDFs 为节点和边的取值提供了统一标准,为多源数据的融合提供了便利;RDFs/OWL 解决了概念和对象的区分问题,即定义了类和对象。这些标准从三个方面完善了语义 Web:一是保证了语义 Web 的内容有准确的含义;二是保证了语义 Web 的内容可以被计算机理解并处理;三是计算机可以从

Web 上整合各种网页中的内容信息。

从 2001 年到 2006 年,随着 RDFs 和 OWL 标准的提出,语义 Web 技术突飞猛进,各种标准不断升级和复杂化,技术栈层次不断加深,尤其是 OWL 的复杂程度很高,语义表达能力强大。其间,语义 Web 仍然沿袭着符号主义的核心理念,尝试建立完美的符号体系来涵盖所有知识。该阶段是从"弱语义"到"强语义"的探索。

4. 链接数据(2007 年起)

随着语义 Web 体系结构的日益复杂,工程实现的难度变大,构建知识库的成本越来越高,语义 Web 的发展遇到了瓶颈。另外,各个机构都独立开发了各自的语义 Web,但各机构的知识库规模有限,不利于知识的共享。

2006 年,蒂姆·伯纳斯·李提出了链接数据(linked data)的设想,呼吁各个机构公开发布自己的数据源,并遵循一定的原则将数据汇聚起来,形成开放的数据网络。其目的就是将互联网上庞大的数据资源链接起来,构建一个计算机能够理解的语义数据网络,在此基础之上构建更加智能的应用。目前,实现该设想的最大项目是"关联的开放数据"(linked open data,LOD),该项目最早是由克里斯·比泽(Chris Bizer)和理查德·塞加尼亚克(Richard Cyganiak)于 2007 年 5 月提出的。LOD 项目的云图中有 4 个大规模的知识库,即 Freebase、Wikidata、DBpedia 和 YAGO,它们处于 LOD 的绝对核心地位,是 LOD 的重要数据来源,其中包含了大量的半结构化和非结构化数据,且具有较高的领域覆盖面,与领域知识库存在大量的链接关系。至今,LOD 中已经包含了 1000 多个数据集。

自从实践数据链接开始,在技术层面,语义 Web 开始弱化"语义推理"的功能,而更强调 Web 的作用,即侧重数据的互联互通,因此链接数据可以看作是语义 Web 的一个简化集合。在实现层面,链接数据提倡使用 RDF 三元组形式描述知识,很少使用理论更完备的 OWL 系列方法,降低了实现的技术难度。

自此,语义 Web 开始进入"弱语义"的阶段,"弱语义"是指:只强调词与词之间存在的语义关系,而不再强调知识库整体的语义完整性。语义 Web 的体系结构开始向知识图谱过渡并发展。

5. 知识图谱的正式提出(2012 年)

随着互联网应用的高速发展,网络上的信息量爆炸式地增长。为了从浩如烟海的网络数据中找到需要的信息,人们希望搜索引擎能快速地给出精准的搜索结果。

2012 年 5 月 17 日,Google 正式提出了知识图谱的概念,发布了称为"知识图谱"的项目,其初衷是为了优化其搜索引擎返回的查询结果,增强其搜索引擎的信息检索能力,提高用户搜索质量及体验。

知识图谱项目旨在将互联网中所有不同类型、不同语言的信息连接在一起,从这些海量数据资源中提取实体、属性以及实体之间的关系,并利用这些信息构建知识的语义网络,即知识图谱,实现更加智能的存储、管理和检索知识功能,用以解决或优化个性化推荐、信息检索、智能问答等应用中出现的问题。

知识图谱吸收了语义 Web 和本体在知识组织和表达方面的理念,并进一步简化了基于 RDF 的知识表示形式,弱化了语义,仅保留了 RDF 三元组的基本形式,将知识表示为图结构的数据。这种简单的表示形式非常适合于知识的自动化生成,降低了工程实践的难度,促进了应用的推广。

仅经过短短几年的时间,知识图谱获得了几乎所有生产搜索引擎的企业的关注,并纷纷开展相关的研究和开发工作,形成了多种多样的技术和应用方案。知识图谱一经构建,便可被多个应用领域重复使用,这也是人们看好知识图谱技术发展前景的原因之一。现阶段,知识图谱正展现出蓬勃的生命力。

2.5.4 典型的知识图谱

从早期人工构建的知识库发展到如今自动构建的知识图谱,其间大致可以划分为"强语义"阶段和"弱语义"阶段,不同发展阶段有各自典型的代表项目。

1."强语义"阶段的典型知识库

这个阶段是从 20 世纪 60 年代到 2006 年,其间,人们重点研究如何建立语义表示体系,知识库的构建往往依赖于专家制定、人工添加、合作编辑的模式。该阶段典型的知识库应用有 CYC、WordNet、HowNet 和 ConceptNet。

(1) CYC 常识知识库。

CYC 是由道格拉斯·莱纳特(Douglas Lenat)于 1984 年开始创建的,并延续至今,是目前持续时间最长的知识库项目,其最初的目标是要建设人类最大的常识知识库。CYC 知识库中的知识主要是通过手工添加的,类似定理库,知识主要由"术语"(term,类似概念)和"断言"(assertion)组成,"术语"用于描述概念、关系和实体的定义,"断言"用来建立"术语"之间的关系。知识既包括事实(fact),又包括规则(rule)。典型的常识知识如"每棵树都是植物"(Every tree is a plant)、"植物最终都会死亡"(Plants die eventually),这些知识是以一阶谓词逻辑的形式存储的。CYC 不仅包括知识,还包括许多推理引擎,支持演绎推理和归纳推理。

CYC 的主要特点是采用形式化的知识表示方法来刻画知识,其优点是:推理效率很高,可以支持复杂推理。其缺点是:手工构建成本高,知识更新慢,形式化也导致知识库的可扩展性差、推理不灵活、适应性不强。

近几年,CYC 开始通过机器学习来自动获取知识。截至目前,该知识库仍在运行,其中已包含 50 万个术语和 700 万条人类定义的断言。其官网(https://www.cyc.com/)还提供了免费的版本 OpenCYC,其中包括 24 万个概念和约 240 万条常识知识。

(2) WordNet 词典知识库。

WordNet 是典型的语义网络,它是由普林斯顿大学认知科学实验室于 1985 年开始主持构建的,最初的目的是用于多义词的词义消歧。

WordNet 是目前知名度最高的词典知识库,但不同于通常意义的字典,它主要依靠语言学家定义名词、动词、形容词和副词之间的语义关系。例如,动词之间的蕴含关系,如"打鼾"蕴含着"睡眠";名词之间的上下位关系,如"猫科动物"是"猫"的上位词等。每个词(word)可能有多个不同的语义(sense),WordNet 将语义相近的词集中在一组,称为一个 synset(同义词集合),具有多个语义的词将出现在多个 synset 中。WordNet 为每一个 synset 提供了简短、概要的定义,并记录了不同 synset 之间的语义关系。

经过多年发展,WordNet 的规模不断增长,WordNet 3.0 中包括 15 万个词和 20 万条语义关系,已成为目前语义分析的重要工具,被广泛应用于语义消歧等自然语言处理领域。

早期的 WordNet 是利用相关领域专家提供的知识、由人工构建的,具有很高的准确率和利用价值,但其构建过程耗时耗力,且存在覆盖面较小的问题。WordNet 的另一个不足之处在于它没有考虑特定语境下相关概念之间的联系。例如,WordNet 中未将网球拍、网球、球网等词语联系到一起,这就是著名的"网球问题"(tennis problem)。网球问题涉及许多知识的描述和关联,也是目前通用人工智能亟待解决的问题之一。

(3) ConceptNet 常识知识库。

ConceptNet 知识库最早源于麻省理工学院媒体实验室的 Open Mind Common Sense (OMCS)项目,最初的目标是构建一个描述人类常识的大型语义 Web,该项目是由著名的人工智能专家明斯基于 1999 年建议创立的。彼时,RDF 技术已成熟,因此 ConceptNet 直接采用 RDF 三元组形式表示知识,而非谓词逻辑。

ConceptNet 不再完全由专家来制定知识的结构、层级和语义体系,而是引入了互联网众包和互联网挖掘的方式,属于半自动、半人工的构建方式。ConceptNet 中的所有概念均来自于真实文本,概念之间的关系可根据文本的统计数据确定。例如,若文本中多次出现"化妆……漂亮",则可推断"化妆"和"漂亮"之间存在"导致"(cause)的关系。这种从文本中自动抽取的关系并不是由专家事先制定好的,它只强调词与词之间存在的关系,而不再强调知识库整体的语义完整性。这表明 ConceptNet 已向"弱语义"知识库过渡。

经过多年的发展与完善,目前 ConceptNet 5.0 版本中已导入大量开放的结构化数据,定义了 21 种关系,包含约 2800 万三元组关系描述。

与 CYC 中形式化的谓词逻辑表示方式相比,ConceptNet 采用了非形式化、更接近自然语言的 RDF 三元组表示方式。ConceptNet 与 WordNet 一样,比较侧重词与词之间的关系,但比 WordNet 中包含的关系类型多。此外,ConceptNet 完全免费开放,并支持多种语言。

(4) 知网(HowNet)常识知识库。

前面三个知识库均以英文为主,近几年也开始扩展到中文,如 WordNet 和 ConceptNet 都已加入了中文词汇。知网,意为知识网络,则是一个以汉语和英语词语所代表的概念为描述对象,以揭示概念与概念之间以及概念所具有的属性之间的关系为基本内容的常识知识库。

知网最早的理念可追溯到 1988 年,知网的作者——中国科学院计算机语言信息工程研究中心的董振东先生曾在其几篇文章中提出如下观点:自然语言处理系统需要知识库的支持;知识库应包含概念、概念的属性以及概念之间、属性之间的关系;应先建立常识性知识库,描述通用概念;应由知识工程师来设计知识库的框架,并建立知识库的原型。

知网就是在上述观点的指导下、历经多年开发得到的中文知识系统。知网是一个网状结构的知识系统,采用自下而上的、归纳的建设方法。

在知网的知识体系中,最基本的、不易于再分割的最小语义单位称为义原(sememe)。义原是由人类专家通过大量阅读文本、逐步精练而人工得到的,进而再用义原标注、解释事件和概念,然后加入概念、属性之间的关系,构成网络。知网使用 2000 多个义原标注了约 10 万个中文/英文词或短语。

目前,HowNet 还在持续发展中,并且获得越来越多的关注。目前已发布了公开版本 OpenHowNet。知网被广泛应用于自然语言处理领域。

2. "弱语义"阶段的典型知识图谱

进入互联网时代后,随着知识库规模的不断增大,搜索引擎成为获取信息的主要手段,人们更多关注的是"是否存在某种知识,且能否找到某种知识",而不是"是否可以理解、推理某种知识"。显然,这种需求使得知识库越来越倾向于"弱语义、大规模"的发展趋势。

自 2006 年起,逻辑复杂的"强语义"知识表示方法开始向更易于实现的"弱语义"表示方法转变,不再强调语义推理,而是强调如何利用互联网知识自动构建大规模知识图谱。许多学者开始尝试利用机器学习、信息抽取等技术自动从互联网获取词汇知识。例如,华盛顿大学研发的开放信息抽取(open information extraction,OpenIE)系统的一系列版本(如 2007 年的 TextRunner 系统)、卡内基—梅隆大学的"永不停歇的语言学习者"系统(never-ending language learner,NELL)都属于这种类型的知识库。这些系统不需要手工标注,而是完全利用算法,以互联网网页上的文本为知识源,自动分析、发现其中的概念以及概念之间的关系。这种方法的优点是很容易获得大量知识;缺点是虽然互联网上信息量庞大,但知识密度却很低,且信息质量良莠不齐,获取知识的准确率和效率均比较低。可见,若想自动构建高质量的知识库,必须具有知识密集、格式统一、大规模的知识源。

2010 年前后,随着在线百科全书网站的兴起,这种知识源逐渐成熟,其中最著名的就是众所周知的维基百科(Wikipedia),它致力于向读者提供免费的百科全书知识。维基百科是由非营利组织维基媒体基金会负责运营的一个网络百科全书式的多语言知识库,其特点是可自由添加内容、自由编辑词条。它以互联网和 Wiki 技术(即支持社群协同写作的一种超文本技术,还包括一组支持这种写作方式的辅助工具)为媒介,由全球各地的志愿者们合作编撰而成。每个词条包含用相应语言描述的实体、概念及其属性、属性值信息。目前维基百科一共有 285 种语言版本,其中英语、德语、法语、荷兰语、意大利语、波兰语、西班牙语、俄语、日语版本已有超过 100 万篇条目,中文和葡萄牙语版本有超过 90 万篇条目。

维基百科等在线百科网站为知识图谱的自动构建奠定了基础。目前,大多数通用的知识图谱均是通过对维基百科进行自动分析构建的。下面将介绍几个采用此方法构建的常用知识图谱。

(1) 从 Freebase 到 Wikidata。

Freebase 是一个开放共享的、协同构建的大规模链接知识库,是美国 MetaWeb 公司于 2005 年启动的一个语义 Web 应用项目。其主要数据来源包括维基百科、世界名人数据库 NNDB、开放音乐数据库 MusicBrainz 以及社区成员的贡献等。

早期的 Freebase 由社区成员协作,人工提取知识源中的知识,将其构建为 Freebase 格式的三元组形式。Freebase 是典型的"弱语义"知识库,它对知识库中实体和关系的定义不作严格的控制,完全由用户创建、编辑。

2010 年,谷歌公司收购了 MetaWeb 公司,将 Freebase 作为其知识图谱的重要数据来源。截至 2014 年年底,Freebase 大约包含了 6800 万个实体、约 10 亿条关系信息、超过 24 亿条事实三元组信息。2015 年 5 月,谷歌公司将 Freebase 的数据和 API 服务整体迁移至 Wikidata,并于 2016 年 5 月正式关闭了 Freebase 服务。

Wikidata 是维基媒体基金会于 2012 年推出的一个项目,其目标是构建全世界规模最大的、免费开放的、多语言链接知识库。Wikidata 改进了 Freebase 的结构,以提高数据的质量,并与 Wikipedia 深度结合。Wikidata 继承了 Wikipedia 的众包协作机制,但与 Wikipedia

不同的是：Wikidata 支持以事实三元组为基础的知识条目编辑，例如，针对"地球"的条目，可以增加 ＜地球，地表面积是，五亿平方千米＞ 的三元组陈述。截至 2017 年年底，Wikidata 已包含超过 2500 万个知识条目。Wikidata 在免费许可下可自由使用，支持标准格式导出，并可链接到互联网的其他开放数据集上。

(2) DBpedia。

2007 年，德国柏林自由大学和莱比锡大学的研究者发起了一个名为 DBpedia 的语义 Web 应用项目，旨在从多语言的维基百科词条中抽取结构化知识，将 Wikipedia 中的知识系统化、规范化、结构化，以提升维基百科的搜索功能。DBpedia 可看成数据库版本的 Wikipedia，是从 Wikipedia 中抽取出来的链接数据集。

此外，DBpedia 还是开放链接数据(linked open data，LOD)的核心，且与 Freebase、OpenCYC、WordNet 等多个数据集都建立了数据链接，其直接数据来源覆盖范围广阔，包含了众多领域的实体信息。DBpedia 是目前已知的第一个大规模开放域链接数据。而且 DBpedia 还能自动与维基百科保持同步，覆盖多种语言。

与 Freebase 不同，DBpedia 定义了一套较为严格的语义体系，采用 RDF 三元组语义数据模型。2016 年 10 月发行的 DBpedia 版本包含了 660 万实体，其中 550 万被合理分类，包括人物 150 万、地点 84 万、音乐电影游戏等 49.6 万、组织机构 28.6 万、动物 30.6 万和植物 5.8 万。事实知识包含了约 130 亿条 RDF 三元组，其中 17 亿来源于英文版的维基百科，66 亿来自其他语言版本的维基，48 亿来自 Wikipedia Commons 和 Wikidata。

(3) YAGO。

YAGO 是由德国马普研究所(Max Planck Institute，MPI)的科研人员于 2007 年开始构建的多语言知识图谱，主要集成了 Wikipedia、WordNet 和 GeoNames 三个来源的数据。

YAGO 将 WordNet 的词汇定义与 Wikipedia 的分类体系进行了知识融合，构建了一个复杂的、丰富的实体分类层次体系。

YAGO 还考虑了时间和空间知识，为很多知识条目增加了时间和空间维度的属性描述。目前，YAGO 包含超过 1000 万个实体、超过 35 万种类别以及超过 1.2 亿条事实的三元组。值得一提的是，YAGO 是 IBM Watson 的后端知识库之一。

(4) BabelNet。

BabelNet 是由意大利罗马大学计算机科学系的计算语言学实验室于 2013 年开始创建的，其功能类似 WordNet，是一个多语言百科全书式的字典和大规模语义网络。BabelNet 的特点是：以自动映射的方式，将 WordNet 词典与 Wikipedia 多语言百科全书进行链接整合；而且针对资源匮乏的小语种语言所空缺的词汇，借助统计机器翻译来补充。

BabelNet 的核心思想是：Wikipedia 中的许多词条都具有多语言版本，因此，如果在 Wikipedia 中能找到与 WordNet 中的某词条相匹配的条目，则相当于为 WordNet 的该词条提供了多语言的版本。

BabelNet 4.0 版本包含 284 种语言、610 多万个概念、960 多万个实体、1500 多万个同义词组、13 亿多个词汇和语义关系，是目前最大规模的多语言词典知识库。BabelNet 仍在从诸如 Wikipedia、Wikidata 的不同数据源和用户输入中持续更新内容。

上面介绍的均为基于英语的知识图谱，即使是多语言知识图谱，也是以英文为主语言，其他语言知识则是利用跨语言知识链接(如语言间链接、三元组对齐)而得到的。

迄今为止,知识图谱的研究与应用在发达国家已逐步拓展并取得了较好的效果,但在我国仍处于起步阶段。因此,中国中文信息学会语言与知识计算专业委员会于 2015 年发起和倡导了开放知识图谱社区联盟(OpenKG.cn)项目。OpenKG.cn 是公益性中立项目,旨在推动中文知识图谱数据的开放、互联与众包,以及知识图谱算法、工具和平台的开源开放工作。

近些年,国内推出了许多以中文为主语言的知识图谱,它们主要是基于百度百科和维基百科的结构化信息构建起来的,如哈尔滨工业大学的"大词林"、上海交通大学的 zhishi.me、清华大学的 XLore 及复旦大学的 CN-pedia 等。

2.5.5　知识图谱的应用

知识图谱为互联网上海量、异构、动态的大数据提供了一种更为有效的表示、组织、管理及运用的方式,提高了网络应用的智能化水平,更加接近人类的认知思维。知识图谱已成为知识驱动的智能应用的基础设施,且已在许多领域有了较为成功的应用。下面主要介绍知识图谱在语义搜索、知识问答、社交网络方面的应用。

(1) 语义搜索。

在信息搜索方面,传统的方法是基于关键词的搜索。这种方式往往无法理解用户的意图,而是直接将包含用户输入的搜索关键词的若干页面作为搜索结果返回给用户,还需要用户自己再次甄选,获取有用的信息。

谷歌公司提出并构建知识图谱的最初目的就是为了提升搜索引擎的性能,优化搜索结果,改善用户的搜索体验,这就是"语义搜索"。语义搜索将知识图谱引入搜索引擎后,利用其有良好定义的结构化语义知识和推理技术,可以从用户输入的关键词中发现其深层含义,从而为用户返回更精确的搜索结果。利用知识图谱搜索,所返回结果的展现形式称为知识卡片,旨在为用户提供更多的与搜索内容相关的信息。

目前,谷歌、百度和搜狗等公司均建立了大规模的知识图谱,并利用知识图谱对搜索关键词和网页内容进行语义理解,为用户直接提供准确度很高的答案。

例如,在百度搜索引擎中输入"中国的首都",用户得到的第一个搜索结果就是"北京"的知识卡片,而不是给出包含"中国的首都"字样的若干网页,说明搜索引擎通过知识图谱中的知识理解了"中国的首都"的语义含义。语义搜索是目前知识图谱最典型的应用方式。

(2) 知识问答。

问答系统是指让计算机以准确、简洁的自然语言自动回答用户所提出的问题,是信息检索的一种高级形式。不同于现有的搜索引擎,问答系统返回给用户的不再是若干相关文档,而是精准的、单一的自然语言形式的答案,以满足人们快速、准确地获取信息的需求。另外,与语义搜索相比,知识问答的问句更长,描述的知识需求更确定。

2011 年,IBM 研发的智能机器人"沃森"(Watson)在智力竞赛节目《危险!》(*Jeopardy!*)中战胜了人类选手而夺冠,引起了巨大轰动。不过,在当时,问答系统的核心技术仍以"检索"为主,即在大规模知识库中直接搜索答案。近几年,随着知识图谱规模的扩大和技术的成熟,研究者开始利用知识图谱来回答问题,即"知识问答"。

知识问答的过程分为两步:①分析用户所提的问题:对问句进行语义分析,提取问句的语义单元,区分涉及的"实体"和要问的"关系",将用户问题解析为知识图谱中已定义好的实体、关系,即将非结构化的问句解析为可用三元组推理的结构化"查询";②推理出答案:

将该"查询"与知识图谱中的三元组进行匹配、检索或推理,返回正确的答案。

2011年以来,各大IT巨头相继推出以问答系统为核心技术的产品和服务,例如,苹果公司的智能语音助手Siri、微软公司的个人智能助理"小娜"(Cortana)和百度公司研发的"小度"机器人等,这些系统都采用了知识图谱技术为用户提供问答服务。目前,知识问答系统是人工智能的自然语言处理领域中一个备受关注且具有广泛应用前景的研究课题。

(3) 社交网络。

2013年1月,Facebook公司推出了一款社交搜索产品"图谱搜索"(Graph Search),它是基于10亿Facebook用户、2400亿张照片和1万亿次页面访问量研发的一种工具,其核心技术就是采用知识图谱将人、地点、事情等联系在一起,并以直观的方式支持精确的自然语言查询。

知识图谱会帮助用户在庞大的社交网络中找到与自己最具相关性的人、照片、地点和兴趣等。在传统的搜索中,搜索对象是网页,搜索引擎根据热门程度确定返回的若干相关网页的链接在搜索结果中的显示顺序。而"图谱搜索"搜索的对象不是网页,而是不断壮大的社交图谱,并以好友联系的频率、朋友们去过的地点、点赞次数及评价等数据作为依据,通过语义识别,直接为用户提供满足个性化需求的答案,这个答案可以是视频、图片、地点等一切和用户需求相关的结果,而不仅仅是冰冷的链接。例如,针对"旧金山的餐厅"的查询,谷歌搜索引擎找到的是旧金山的各家餐厅,而"图谱搜索"则显示用户好友所喜欢的旧金山的餐厅,或者进一步找出那些居住在旧金山的好友所喜欢的餐厅,而不是外地好友所喜欢的餐厅。

显然,不同的用户得到的搜索结果会截然不同,这对"图谱搜索"提出了极大的挑战。不仅要考虑搜索结果的精准度,还要考虑搜索内容的隐私问题。对此,Facebook公司表示:用户只能搜索到已公开的照片或被共享给搜索者的内容。

此外,知识图谱还被应用于大数据分析与决策、推荐系统以及一些垂直行业(教育、医疗、金融风险控制、公安刑侦、电子商务等)中,成为支撑这些应用发展的动力源泉。目前,基于知识图谱的服务与应用已成为当前的研究热点,知识图谱与大数据、深度学习相结合,也已成为推动互联网和人工智能发展的核心驱动力之一。

2.6 本章小结

1. 知识和知识表示

知识是人类在长期的生活、社会实践及科学实验中经过总结、提升与凝练的对客观世界(包括人类自身)的认识和经验,也包括对事实和信息的描述或在教育和实践中获得的技能。知识具有相对正确性和不确定性。根据知识的作用,将知识分为两类:陈述性知识和过程性知识。

知识表示研究的是用计算机表示知识的方法和技术。从知识的运用角度,可将知识表示方法粗略地分为两大类:陈述性知识表示方法和过程性知识表示方法。

2. 产生式表示

产生式通常用来表示事实、规则以及其不确定性度量。

产生式可以表示确定性规则、不确定性规则、确定性事实、不确定性事实。

一个产生式系统由规则库、综合数据库、推理机三部分组成。

产生式表示法的主要优点有：格式单一，计算简单；模块化程度高，便于知识的操作和管理；形式自然，便于理解、推理和解释；表达较全面，应用广泛。主要缺点有：求解效率不高；无法表示具有结构关系的知识。

3. 状态空间的知识表示法

状态空间是采用状态变量和操作符号表示系统或问题的有关知识的符号体系，常用一个四元组 (S, O, S_0, G) 来表示。

从初始节点 S_0 到目标节点 G 的路径被称为求解路径。状态空间的一个解是一个有限的操作算子序列，它使初始状态转换为目标状态。

状态空间通常用有向图来表示。其中，节点表示问题的状态，节点之间的有向边表示引起状态变换的操作。

4. 知识图谱

知识图谱是互联网环境下的一种知识表示方法。知识图谱是一种揭示客观世界中存在的实体、概念及其之间各种关系的大规模语义网络。

知识图谱是一种图结构的语义知识库，基本组成单位是实体、属性和关系。在表示知识图谱的图中，节点表示实体或概念或属性值，节点之间的边表示属性或关系，边的方向表示关系的方向。

知识图谱的三元组的基本形式主要分为两种形式：关系型联系（实体1，关系，实体2）和属性型联系（实体，属性，属性值）。

习题 2

1. 什么是知识？它有哪些特性？有哪几类知识表示方法？

2. 用产生式表示：如果一种微生物的染色斑是革兰氏阴性，其形状呈杆状，病人是中间宿主，那么该生物是绿杆菌的可能性有 6 成。

3. 请用状态空间表示法描述下列问题：有 5 个传教士和 5 个野人来到河边，准备从左岸渡河到右岸，河岸有一条船，每次至多可供 3 人乘渡，所有人都会划船。为安全起见，在河的两岸以及船上的野人数目总是不可以超过传教士的数目（但允许在河的某一岸只有野人而没有传教士）。

4. 使用 RDF 三元组表示事实知识：葡萄牙籍的 C 罗效力于西班牙皇家马德里足球队。

5. 产生式系统由哪几部分组成？分别简述各部分的用途，其中知识库是指什么？

第 3 章

搜 索 策 略

本章学习目标

- 理解搜索的基本概念。
- 掌握盲目搜索算法：深度优先搜索和宽度优先搜索。
- 掌握启发式搜索算法：A 搜索和 A* 搜索。
- 掌握局部搜索算法：爬山法、模拟退火法和遗传算法。

人们在求解许多问题时都采用试探的搜索方法，希望尽可能找到一个令人满意的解。例如，童年时代玩华容道游戏以及八数码问题等智力游戏，就是一个不断尝试和探索的搜索过程。当我们终于找到了一种解决办法，又会想：这个方案所用的步骤是否最少？即是不是最优方案。若不是，怎样才能找到最优方案？如何用计算机代替人类完成这样的搜索？为模拟这些试探性的问题求解过程而发展的一种技术就称为搜索技术。

搜索技术是人工智能中的一个核心技术，它直接关系到智能系统的性能和运行效率。以 2.4 节中介绍的状态空间表示法描述所求解的问题空间，已知智能体的初始状态和目标状态，搜索问题就是求解一个操作序列，使得智能体能从初始状态转移到目标状态，搜索问题的主要任务是找到正确的搜索策略。搜索策略是指在搜索过程中确定扩展状态顺序的规则。所求得的从初始状态转移到目标状态的一个操作序列就是问题的一个解，若某操作序列可以使总代价最低，则该方案称为最优解。

本章将首先介绍图搜索策略的概念，然后介绍盲目搜索的两种典型算法(深度优先搜索、宽度优先搜索)和启发式搜索的两种典型算法(A 搜索、A* 搜索)，最后介绍局部搜索的三种算法(爬山法、模拟退火法、遗传算法)。

3.1 图搜索策略

很多搜索问题都可以转化为图搜索问题，即在图结构中搜索该问题的解决方案。为了进行搜索，首先需要采用某种形式表示所要求解的问题，表示方法是否适当将直接影响搜索效率。一般常用状态空间表示法描述所求解的问题空间。然后在状态空间中搜索，以求得一个从初始状态到目标状态的操作算子序列，即问题的解。对于一个确定的问题，与求解有关的状态空间往往只是整个状态空间的一部分，只要能生成并存储这部分状态空间，就可求得问题的解。

在状态空间图中,求解一个问题就是从初始状态出发,不断运用可使用的操作,在满足约束的条件下达到目标状态,故搜索技术又称为"状态图搜索"方法。通过图搜索求解问题的基本过程如下。

(1) 采用状态空间表示法描述所有状态的一般表示,并给出问题的初始状态和目标状态。

(2) 规定一组操作(算子),每个操作(算子)都能够将一个状态转换到另一个状态。

(3) 选择一种搜索策略,用于遍历或搜索该问题的状态图空间。

(4) 将问题的初始状态(即初始节点)作为当前状态。

(5) 按已确定的搜索策略选择适用的操作(算子),对当前状态进行操作,生成一组后继状态(或称为后继节点、子节点)。

(6) 检查新生成的后继状态中是否包含目标状态。若包含,则搜索到了问题的解,从初始状态到达目标状态的操作序列即为解,算法结束;若不包含,则按已确定的搜索策略,从已生成的状态中选择一个状态作为当前状态,若已无可操作的状态,则未搜索到解,算法结束。

(7) 返回至第(5)步。

例如,2.4 节中介绍的八数码问题,八数码的所有摆法构成了状态集合 S,已知初始状态和目标状态,搜索一个从初始状态到达目标状态的操作序列,即为八数码问题的一个解。

在实现图搜索的算法中,需建立两个数据结构:OPEN 表和 CLOSED 表。OPEN 表用于存放待扩展的节点,CLOSED 表用于存放已扩展的节点。所谓扩展节点,是指用合适的操作(算子)对该节点进行操作,生成一组后继节点。一个节点经过一个算子操作后,一般只生成一个后继节点,但对于一个节点,适用的算子可能有多个,故此时会生成一组后继节点。需要注意的是:在这些后继节点中,可能包含当前节点的父节点、祖父节点,则这些祖先节点不能作为当前节点的子节点。图搜索不允许重复访问节点,即 OPEN 表和 CLOSED 表的交集为空。图搜索策略就是选择下一个被扩展节点的规则。

基于状态空间图的搜索算法的步骤如下。

(1) 初始化,将 OPEN 表和 CLOSED 表置空。

(2) 将初始节点 S 放入 OPEN 表中,并建立目前只包含 S 的搜索图 Graph。

(3) 检查 OPEN 表是否为空,若为空,则问题无解,算法结束;否则执行下一步。

(4) 将 OPEN 表的第一个节点(记为 n)取出,放入 CLODED 表中。

(5) 若节点 n 就是目标节点,则求得问题的解,此解可从目标节点追溯到初始节点的前驱指针链得到,算法结束;否则继续执行下一步。

(6) 扩展节点 n,若 n 没有后继节点,则转到步骤(3);否则生成 n 的一组子节点,将其中不是 n 祖先的那些子节点记作集合 $M=\{m_i\}$,并将所有 m_i 作为节点 n 的子节点加入图 Graph 中。

(7) M 中的节点 m_i 分为三类,需分别处理:第一类是既不包含于 OPEN 表,也不包含于 CLOSED 表中的节点,记为 $\{m_j\}$,设置其前驱指针指向节点 n(即令节点 n 成为 m_j 的父节点),并将 $\{m_j\}$ 放入 OPEN 表中;第二类是包含于 OPEN 表中的节点,记为 $\{m_k\}$,检查是否需要修改它指向父节点的前驱指针;第三类是包含在 CLOSED 表中的节点,记为 $\{m_l\}$,检查是否需要修改其后继节点指向父节点的前驱指针。

（8）按某种搜索策略对 OPEN 表中的节点进行排序。

（9）返回至第（3）步。

通常有两种方式的搜索策略：一种是在不具备任何与给定问题有关的知识或信息的情况下，系统按照某种固定的规则依次或随机地调用操作算子，这种搜索方法称为盲目搜索策略（blind search strategy），又称为无信息引导的搜索策略（uninformed search strategy）；另一种是可应用与给定问题有关的领域知识，动态地优先选择当前最合适的操作算子，这种搜索方法称为**启发式搜索策略**（heuristic search strategy）或**有信息引导的搜索策略**（informed search strategy）。

不同搜索策略的搜索性能也不同。搜索策略性能的评价标准包括完备性和最优性。当问题有解时，若搜索算法保证能找到一个解，则称该搜索算法具有完备性，否则称之为不完备。当问题有最优解时，若搜索算法保证能找到一个最优解（即最小代价路径），则称该搜索算法具有最优性，否则称之为不具有最优性。

3.2　盲目的图搜索策略

在盲目搜索的过程中，没有任何与问题有关的先验知识或者启发信息可以利用，算法只能判断当前状态是否为目标状态，而无法比较两个非目标状态的好坏。

深度优先搜索和宽度优先搜索是常用的两种盲目搜索算法，它们是采用同一种搜索策略的不同搜索算法，节点在 OPEN 表中的排列顺序是不同的，所以不同搜索算法的区别仅在于扩展节点的顺序不同。

3.2.1　深度优先搜索

深度优先搜索（depth-first search，DFS）的基本思想是：优先扩展深度最深的节点。在一个图中，初始节点的深度定义为 0，其他节点的深度定义为其父节点的深度加 1。

深度优先搜索总是选择深度最深的节点进行扩展，若有多个相同深度的节点，则按照指定的规则从中选择一个；若该节点没有子节点，则选择一个除了该节点之外的深度最深的节点进行扩展。依此类推，直到找到问题的解为止；或者直到找不到可扩展的节点，结束搜索，此种情况说明没有找到问题的解。

在编程实现深度优先搜索算法时，采用栈（即先进后出的线性表）作为 OPEN 表的数据结构。深度优先搜索算法将 OPEN 表中的节点按其深度的降序排序，深度最大的节点总是排在栈顶，深度相同的节点可按某种事先约定的规则排列。

深度优先搜索算法的过程如下。

（1）将初始节点 S 放入 OPEN 表的栈顶。

（2）若 OPEN 表为空，表示再也没有可扩展的节点，即未能找到问题的解，则算法结束。

（3）将 OPEN 表的栈顶元素（记为节点 n）取出，放入 CLOSED 表中。

（4）若节点 n 是目标节点，则已求得问题的解，算法结束。

（5）若节点 n 不可扩展，即 n 没有后继节点，则转至步骤（2）。

（6）扩展节点 n，将其所有未被访问过的子节点依次放入 OPEN 表的栈顶，并将这些子节点的前驱指针设为指向父节点 n,然后转至步骤(2)。

深度优先搜索一直选择深度最深的节点进行扩展,对于状态空间有限的问题,深度优先搜索是完备的,因为它最多扩展所有节点,直到找到一个解。但在无限状态空间中,若沿着一个"错误"的路径搜索下去而陷入"深渊",则会导致无法到达目标节点,在这种情况下,深度优先搜索是不完备的。为避免这样的情况,在深度优先搜索中往往会加上一个深度限制,称为深度受限的深度优先搜索,即在搜索过程中,若一个节点的深度达到了事先指定的深度阈值 k,无论该节点是否有子节点,都强制进行回溯,选择一个比它浅的节点进行扩展,而不是沿着当前节点继续扩展。深度受限的深度优先搜索相当于假定深度为 k 的节点没有后继节点,其余的操作与深度优先搜索相同。如此一来,又可能因为深度限制过浅而找不到解。例如,假设所求解问题的解在深度为 6 的层次,但将深度限制设为 4,就会找不到解。所以,应该根据具体问题合理地设定深度限制值,或在搜索过程中逐步加大深度限制值,反复搜索,直到找到解。

下面以八数码问题为例,介绍深度受限的深度优先搜索的过程。

例 3.1 假设有八数码问题的初始状态如图 3.1(a)所示,要求采用深度优先搜索算法找到图 3.1 (b)所示的目标状态。

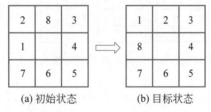

(a) 初始状态   (b) 目标状态

图 3.1 八数码问题的一个实例

假设规定空白格的操作依次按向左、向上、向右、向下的顺时针顺序进行深度优先搜索,深度限制为 4,则会形成图 3.2 所示的八数码问题的部分状态空间。其中圆圈里的数字编号表示访问节点的顺序,其间仅扩展了编号为 1、2、3、4、7、8、11、12、13 的节点。因为深度限制为 4,在深度为 4 的层上的节点 5、6、9、10 均不被扩展。当判断出其为非目标状态时,直接回溯到上一层,当搜索到节点 14 时,判断出其为目标状态,算法结束。

在深度优先搜索过程中,可能会遇到"死循环"情况,即在一个环路中重复搜索而跳不出来。为避免这种情况,可以在搜索过程中记录从初始节点到当前节点的路径上每个被扩展的节点;然后,每遇到一个节点,就先检测该节点是否已出现在这条路径上:若未出现,则扩展它;若已出现过,则采用其他合理操作形成节点,若无合理操作,则强制回溯到该节点的上一层。例如,在图 3.2 中节点 4 的状态时,按规定,空白格应先向左移动,则出现与节点 3 相同的状态,这时 DFS 算法检测出:节点 3 已出现在从节点 1 到节点 4 的路径上,就会换下一个合理的操作:向右移动,形成子节点 5。由于深度限制为 4,虽然节点 5 不是目标状态,也不再扩展它,而是强制回溯到上一层的节点 4,探索节点 4 的下一个合理的空白格操作:向下移动,形成子节点 6。基于同样的原因,不再扩展节点 6,回溯到节点 4,此时已尝试完成节点 4 所有合理的空白格操作,只能回溯到上一层节点 3,以此类推。

除初始节点外,每个节点的前驱指针均被设置为指向其父节点,当找到目标节点后,依次沿着路径上每个节点的前驱指针可反向追踪到初始节点,即得到问题的解。例如,在

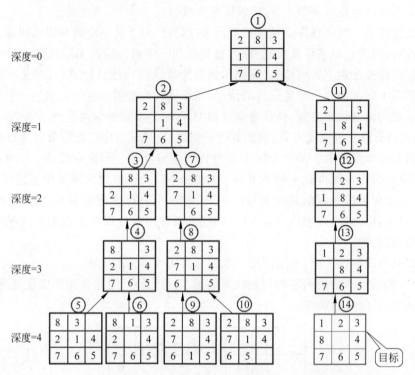

图 3.2　采用深度限制为 4 的深度优先搜索算法求解八数码问题的搜索图

图 3.2 中,从目标节点 14 开始,依次追溯各个节点的前驱指针,得到路径 14→13→12→11→1,将该路径反向输出,即可得到图 3.1 中八数码问题的解为 1→11→12→13→14。

深度优先搜索不具有最优性,因为它无法避免冗余路径。如图 3.2 所示,从节点 1 出发,扩展其左子树上的所有节点,都是冗余路径,事实上,从节点 1 出发,依次扩展其右子树上的节点 11、12、13,仅需 4 步即可找到目标节点 14。若不设置深度限制,则可能经过更多的冗余路径,而且还可能陷入"深渊",导致无法到达目标节点。

3.2.2　宽度优先搜索

宽度优先搜索也称为广度优先搜索(breadth-first search,BFS),其基本思想是:优先扩展深度最浅的节点。先扩展根节点,再扩展根节点的所有后继,然后再扩展它们的后继,以此类推。如果有多个节点深度是相同的,则按照事先约定的规则,从深度最浅的几个节点中选择一个,进行扩展。

在编程实现宽度优先搜索算法时,采用队列(先进先出的线性表)作为 OPEN 表的数据结构。宽度优先搜索将 OPEN 表中的节点按节点深度的增序排列,深度最浅的节点排在 OPEN 表的队头,新节点(深度比其父节点深)总是插入 OPEN 表的队尾,深度相同的节点可按某种事先约定的规则排列,这意味着浅层的老节点会在深层的新节点之前被扩展。宽度优先搜索算法的过程如下。

(1) 将初始节点 S 放入 OPEN 表的队头。

(2) 若 OPEN 表为空,表示再也没有可扩展的节点,即未能找到问题的解,则算法结束。

（3）将 OPEN 表的队头元素（记为节点 n）取出，放入 CLOSED 表中。

（4）若节点 n 是目标节点，则已求得问题的解，算法结束。

（5）若节点 n 不可扩展，即 n 没有后继节点，则转至步骤（2）。

（6）扩展节点 n，将其所有未被访问过的子节点依次放入 OPEN 表的队尾，并将这些子节点的前驱指针设为指向父节点 n，然后转至步骤（2）。

可见，宽度优先搜索与深度优先搜索的唯一区别是：宽度优先搜索是将节点 n 的子节点放入 OPEN 表的尾部，而深度优先搜索是将节点 n 的子节点放入 OPEN 表的首部。仅此一点不同，就使得搜索的路线完全不同。

例 3.2 采用宽度优先搜索算法求解图 3.1 中的八数码问题。假设规定空白格的操作依次按向上、向右、向下、向左的顺时针顺序进行宽度优先搜索，则搜索图如图 3.3 所示。圆圈里的数字编号表示访问节点的顺序，其间仅扩展了编号为 1～15 的节点。

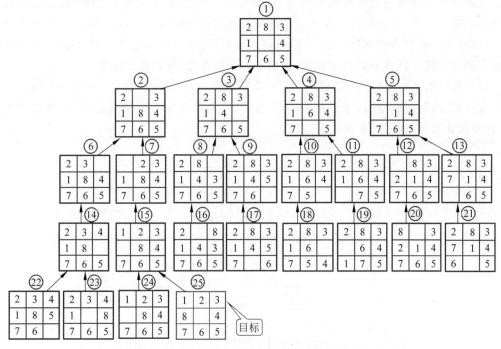

图 3.3 采用宽度优先搜索算法求解八数码问题的搜索图

宽度优先搜索是完备的。若路径代价是节点深度的非递减函数，或者每步代价都相等，那么宽度优先搜索还具有最优性。因为宽度优先搜索总是在扩展完第 k 层的所有节点后才去扩展第 $k+1$ 层的节点，所以，若问题有解，宽度优先搜索一定能找到最小代价的解，即最优解。例如，在八数码问题中，如果移动每个数码牌的代价都相同，假设代价都计为 1，则采用宽度优先搜索算法找到的解一定就是移动数码牌次数最少的最优解。但由于宽度优先搜索在搜索过程中需保存已访问的所有节点，则运行该算法需要占用较大的存储空间，而且随着搜索深度的加深，存储空间呈几何级数增加。

与宽度优先搜索相比，深度优先搜索算法所需的存储空间要小得多，因为它只需存储从初始节点到当前节点的一条路径即可，其所需存储空间与搜索深度呈线性关系。所以，深度优先搜索的优点是节省大量的时间和空间。

在不要求求解速度且目标节点的层次较深的情况下,BFS 优于 DFS,因为 BFS 一定能够求得问题的解,而 DFS 在一个扩展得很深但又没有解的分支上进行搜索,是一种无效搜索,降低了求解的效率,有时甚至还不一定能找到问题的解。在要求求解速度且目标节点的层次较浅的情况下,DFS 优于 BFS,因为 DFS 可快速深入较浅的分支,找到解。

3.3 启发式图搜索策略

3.2 节介绍的两种搜索算法都属于盲目搜索策略,它们采用固定的搜索模式,不针对具体问题。盲目搜索策略在选择要被扩展的节点时,没有利用所求解问题的任何先验信息,既不对待扩展的状态的优劣进行判断,也不考虑所求的解是否为最优解。但很多时候,人类对两个状态的优劣是要进行判断的。例如,在图 3.4 中,以节点①为初始状态,我们会优先选择节点⑤进行扩展,因为在节点⑤上仅需移动一次空白格即可到达目标节点;若先扩展节点②,目测看不出来是否能到达目标节点,即使能找到解,也一定不是最优解。可见,盲目搜索策略会导致所需扩展的节点数很多,产生很多无用的节点,搜索效率较低。

启发式搜索是将人类解决问题的"知识"告诉机器,即启发式信息(heuristic information),使搜索算法能够利用启发式信息更"聪明"地搜索,尽可能地缩小搜索范围,减少试探的次数,提高搜索效率,避免大海捞针。

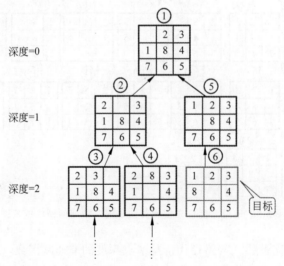

图 3.4　八数码问题中节点⑤比节点①的状态好

启发式搜索策略的基本思想是在搜索过程中利用与所求解问题有关的特征信息,指导搜索向最有希望到达目标节点的方向前进。启发式搜索的每一步都选择最优的操作,以最快速度找到问题的解。一般只需要知道问题的部分状态空间就可求解该问题,搜索效率较高。本节介绍两种常用的启发式搜索算法:A 搜索和 A* 搜索。

3.3.1 A 搜索

为了尽快找到从初始节点到目标节点的一条代价比较小的路径,在搜索的每一步,我们都希望选择在最佳路径(即代价最小的路径)上的节点进行扩展,但如何估算一个节点在最佳路径上的可能性呢? A 搜索采用评价函数来计算:

$$f(n) = g(n) + h(n)$$

其中,n 为待评价的节点,如图 3.5 所示,$g(n)$ 为从初始节点 S 到节点 n 的最佳路径上代价的实际值,$h(n)$ 为从节点 n 到目标节点 E 的最佳路径上代价的估计值,称为启发函数,$f(n)$ 为从初始节点 S 出发、经过节点 n 到达目标节点 E 的最佳路径上代价的估计值,称为评价函数。这里的路径代价,可以是路径长度、经历的时间或花费的费用等。当 $h(n) = 0$ 时,说明已到达目标节点。

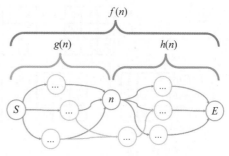

图 3.5 评价函数的组成

A 搜索是一种贪心算法,其核心思想是:每一步都选择距离目标最近的节点进行扩展。A 搜索的策略为:设计一个评价函数 $f(n)$,将所有待评价的节点按评价函数值 $f(n)$ 的升序排列,存放在 OPEN 表中(采用队列作为数据结构),然后选择评价函数 $f(n)$ 值最低的节点作为下一个将要被扩展的节点。由于最佳节点总是排在 OPEN 表的队首,因此 A 搜索又称为最佳优先搜索(best first search)。

在评价函数 $f(n) = g(n) + h(n)$ 中,当 $f(n) = g(n)$,即 $h(n) = 0$ 时,A 搜索就退化为盲目搜索。当 $f(n) = g(n) =$ 节点 n 在搜索树上的深度时,则 A 搜索成为宽度优先搜索。当 $f(n) = h(n)$,即 $g(n) = 0$ 时,称为贪婪最佳优先搜索(greedy best-first search,GBFS),简称贪婪搜索。贪婪最佳优先搜索是最佳优先搜索的特例,它的评价函数仅使用启发函数 $h(n)$ 对节点进行评价,其搜索策略是:在每一步,它总是优先扩展与目标最接近的节点。贪婪搜索策略不考虑整体最优,仅求取局部最优。贪婪搜索是不完备的,也不具有最优性,但其搜索速度非常快。

例 3.3 采用 A 搜索求解八数码问题。

首先,需要设计评价函数 $f(n)$,其中 $g(n)$ 一般定义为已移动数码牌的步数,即节点 n 在搜索树中的深度;启发函数 $h(n)$ 定义如下:

$$h(n) = 错位数码牌的个数$$

$h(n)$ 的含义是:将待评价的状态与目标状态进行比较,统计目前所在位置与目标位置不同的数码牌的个数,称为错位数码牌的个数,该数值基本上可以反映当前节点与目标节点的距离。

将图 3.6 中的初始状态与目标状态进行比较,发现 1、2、8 三个数码牌不在其应该在的位置上,则错位数码牌的个数为 3,即 $h(n) = 3$,初始状态的 $g(n)$ 值为 0,则 $f(n) = 3$。

然后,将空格块依次向左、向下、向右移动,按照上述方法计算各个状态的 h 值和 f 值。用 A 搜索求解八数码问题的搜索图如图 3.6 所示,其中 g 的值表示已移动数码牌的步数,从初始状态往下,g 值依次为 1～5,即表示该节点在搜索树上的深度。每个节点上面都标

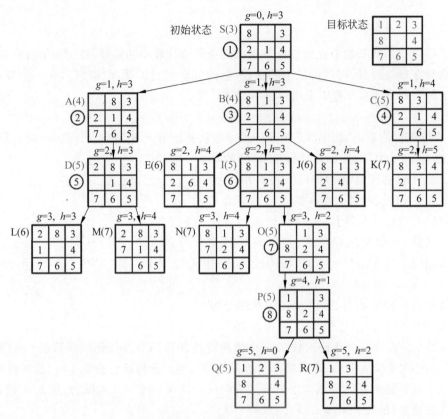

图 3.6　采用 A 搜索解决八数码问题示例

注了该状态的 g 值和 h 值,左边的"字母(数值)"表示"状态名称(f 值)",圆圈中的数字表示该节点被扩展的顺序,不带圆圈数字的状态表示该节点未被扩展。可见,在搜索的过程中,只有状态 S、A、B、C、D、I、O、P 被依次扩展了,因为它们的 f 值在当时情况下最小,而其他节点的 f 值不是最小,便没有被扩展的机会。直到找到目标节点 Q,算法结束,该解的路径代价为 5。

从图 3.6 的搜索过程可知:计算 $f(n)$ 是实现 A 搜索的关键,其中 $g(n)$ 是从初始节点 S 到当前节点 n 路径上的代价值,很容易通过已搜索过的路径计算得到。而启发函数 $h(n)$ 则需要根据所求解问题的定义设计。针对同一个待求解问题,可以定义不同的启发函数。因此,选取一个好的启发函数 $h(n)$ 是保证找到最优解的关键。如果选择不当,则有可能找不到问题的解,即使能找到解,也不一定是最优解。这时,A 搜索是不完备的,也不具有最优性。

3.3.2　A* 搜索

在 A 搜索中,由于对启发函数未做出任何限制,所以不好评价 A 搜索求得的结果。我们发现:当评价函数中只包含 $g(n)$ 时,属于盲目搜索;若在评价函数中加入"一点"启发信息 $h(n)$,搜索效率就会提高;但如果启发函数 $h(n)$ 过大,则会忽略 $g(n)$,导致脱离实际情况,反而不能保证总能找到最优解了。因此,需要对启发函数加以限制,这就是本节要介绍

的 A^* 搜索。

$h^*(n)$ 定义为从当前状态 n 到目标状态的最佳路径上的实际代价,即最小代价。可以证明:如果启发函数 $h(n)$ 满足条件 $h(n) \leqslant h^*(n)$,则当问题有解时,A 搜索一定能找到一个代价值最小的解,即最优解。满足该条件的 A 搜索称为 $\mathbf{A}^*$ 搜索。A^* 搜索是最佳优先搜索的最广为人知的形式,也称为最佳图搜索算法。

一般来说,$h^*(n)$ 是未知的,那么如何判断 $h(n) \leqslant h^*(n)$ 是否成立呢?这就要根据具体问题分析了。例如,所求问题是在地图上找到一条从地点 A 到地点 B 的距离最短的路径,可以采用当前节点到目标节点的欧氏距离作为启发函数 $h(n)$。虽然不知道 $h^*(n)$ 是什么,但由于两点之间直线距离最短,因此,无论怎样定义 $h^*(n)$,肯定有 $h(n) \leqslant h^*(n)$。只要满足此限定条件,就可以用 A^* 搜索找到该问题的一条最优路径。A^* 搜索与 A 搜索没有本质区别,只是规定了启发函数的上限。A^* 搜索既是完备的,也是最优的。

下面证明例 3.3 中的启发函数满足限定条件 $h(n) \leqslant h^*(n)$。假设 $h^*(n)$ 定义为:将当前状态中所有错位的数码牌移动到其正确位置所需的最少的实际步数。令

$$w(n) = 节点 n 所表示的状态中错位数码牌的个数$$

则若要将 $w(n)$ 个错位的数码牌放在其各自的目标位置上,至少需要移动 $w(n)$ 步,显然有 $w(n) \leqslant h^*(n)$。现在,选择 $w(n)$ 作为启发函数 $h(n)$,则有 $h(n) = w(n) \leqslant h^*(n)$,满足对 $h(n)$ 上界的要求。因此,当选择 $h(n) =$ "错位数码牌的个数"作为启发函数时,A 搜索就是 A^* 搜索。

例 3.4 传教士与野人渡河问题。在河的左岸有 K 个传教士、K 个野人和 1 条船,传教士们想用这条船将所有成员都从河左岸运到河右岸去,但有下面的条件和限制:

(1) 所有传教士和野人都会划船。

(2) 船的容量为 r,即一次最多运送 r 个人过河。

(3) 任何时刻,在河的两岸以及船上的野人数目不能超过传教士的数目,否则野人将吃掉传教士。

(4) 允许在河的某一岸或船上只有野人而没有传教士。

(5) 野人会服从传教士的任何过河安排。

请采用 A^* 搜索出一个确保全部成员安全过河的合理方案。

若想解决传教士与野人渡河的问题,首先需要确定问题的表示方法,仍然采用状态空间表示法;然后设计状态空间、操作算子集合、满足 A^* 搜索的启发函数;最后用定义好启发函数的 A^* 搜索搜索合理的过河方案。

第一步:设计状态空间表示。

此问题中包括 3 类对象:传教士、野人和船,采用三元组形式表示一个状态,令 $S = (m, c, b)$,其中:

- m 为未过河的传教士人数,$m \in [0, K]$,已过河的传教士人数为 $K - m$。
- c 为未过河的野人数,$c \in [0, K]$,已过河的野人数为 $K - c$。
- b 为未过河的船数,$b \in [0, 1]$,已过河的船数为 $1 - b$。

初始状态为 $S_0 = (K, K, 1)$,表示全部成员及船都在河的左岸,目标状态为 $S_g = (0, 0, 0)$,表示全部成员及船都已到达了河右岸。

第二步：设计操作集合。

根据题意，设计两类操作算子，令 L_{ij} 操作表示将船从左岸划向右岸，第一下标 i 表示船载的传教士人数，第二下标 j 表示船载的野人数；令 R_{ij} 操作表示将船从右岸划回左岸，下标的定义同前。这两类操作需满足如下限制：(1) $1 \leqslant i+j \leqslant r$；(2) $i \neq 0$ 时，$i \geqslant j$。

假设 $K=5$，$r=3$，则合理的操作共有 16 种，其中船从左岸到右岸的操作有：L_{01}、L_{02}、L_{03}、L_{10}、L_{11}、L_{20}、L_{21}、L_{30}；船从右岸到左岸的操作有：R_{01}、R_{02}、R_{03}、R_{10}、R_{11}、R_{20}、R_{21}、R_{30}。

第三步：设计满足 A^* 搜索的启发函数。

若不考虑"野人会吃传教士"的限制，每次 3 个人（不区分传教士和野人）从左岸到右岸摆渡过河，然后 1 个人将船从右岸划回左岸，则至少要单程摆渡 9 次，这相当于 1 个人固定作为船夫，每摆渡一次，只运送 1 个人过河（即往返一趟，运送 2 个人过河）。

定义启发函数为：将当前状态下未过河的 m 个传道士和 c 个野人全部运送到河右岸，至少需要摆渡的趟数。那么，是否可以令 $h(n)=m+c$ 呢？分析后发现：不可以。因为 $h(n)=m+c$ 不满足 $h(n) \leqslant h^*(n)$ 的条件。例如：对于状态 n $(1,1,1)$，$h(n)=m+c=2$，而此时最短路径上的实际代价 $h^*(n)=1$，即只需 1 趟摆渡即可完成。而此刻，$h^*(n)=1 < h(n)=2$，不满足 A^* 搜索的条件。实际上，$h^*(n)$ 应该有上限：$h^*(n) \leqslant m+c$，因为一共有 $2K$ 个人，摆渡次数不可能超过 $2K$ 次，取 $h^*(n)=m+c$。

下面分情况讨论启发函数的选取。

第一种情况：开始时，船与人都在河的左岸，$b=1$，初始状态为 $(m,c,1)$。不考虑"野人会吃传教士"的约束条件，当最后一次恰好 3 个人同船过河时，效率最高，单独算一次摆渡。其余 $m+c-3$ 个人过河，需要摆渡 $(m+c-3) \times 2/(r-1)=m+c-3$ 次 $(r=3)$，故一共需要单程摆渡 $m+c-2$ 次。

第二种情况：开始时，船在右岸，即船与人在河的不同侧，$b=0$，初始状态为 $(m,c,0)$。首先需要额外有 1 个人将船从右岸划回左岸，消耗 1 次，同时左岸人数增多 1，即总人数变为 $m+c+1$，转变成第一种情况，即 $(m+c,0) \leftrightarrow (m+c+1,1)$。根据前面的分析，第一种情况的初始状态为 $(m+c,1)$，一共需要摆渡 $m+c-2$ 次。现在，用 $m+c+1$ 代替 $(m+c,1)$ 中的 $m+c$，则一共需要摆渡 $m+c-1$ 次，再加上最开始"消耗 1 次"，则第二种情况共需要运送 $(m+c-1)+1=m+c$ 次。

上述两种情况相结合，得到

$$h(n)=\begin{cases} m+c-2, & b=1 \\ m+c, & b=0 \end{cases}$$

可写作 $h(n)=m+c-2b$。此时，$h(n)=m+c-2b \leqslant h^*(n)=m+c$，满足 A^* 搜索对 $h(n)$ 的限制条件。

第四步：用 A^* 搜索搜索合理的过河方案。

从初始状态 $(5,5,1)$ 出发，搜索合理过河方案的搜索图如图 3.7 所示，其中 g 的值表示已摆渡的次数，从初始状态往下，g 值依次为 1～11，每个节点上面都标注了该状态的 h 值和 f 值，状态左侧圆圈中的数字表示该节点被扩展的顺序。在搜索的过程中，只有 16 个状态被依次扩展了，即按照合理的摆渡操作得到它们的后继节点，因为它们的 f 值在当时情况下最小。而不带圆圈数字的状态表示该节点未被扩展，因为这些节点所表示的状态会出现"河右岸的野人数多于传教士人数"的现象，不符合要求，故停止此分支的扩展。直到找到目标状态(0,0,0),算法结束。该解是最优解,其最小代价为 11。

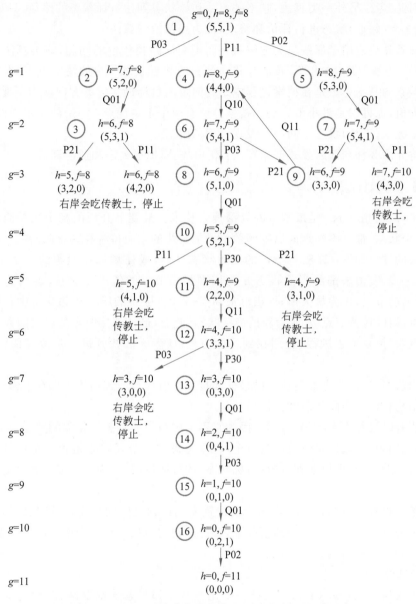

图 3.7　采用 A* 搜索解决传教士与野人渡河问题示例

3.4　局部搜索算法

前面介绍的搜索算法都在内存中保留一条或多条路径,记录路径中在每个节点处的扩展选择。当找到目标时,从初始节点到达目标节点的路径就是这个问题的一个解。但在许多问题中,人们并不关注到达目标的路径。例如,在八皇后问题中,人们关注的是最终八个皇后在棋盘上的布局,而不是摆放皇后的先后次序。许多应用都具有这样的性质,例如车辆寻径、电信网络优化、集成电路设计、自动程序设计、作业车间调度、工厂场地布局和文件夹管理等。因此,考虑另外一类算法,它不关心从初始状态到达目标状态的路径,只对一个(当前状态)或多个(邻近)状态进行评价和修改,称为局部搜索算法。

局部搜索算法适用于那些只关注解状态而不关注路径代价的问题,该类算法从单个当前节点(而不是多条路径)出发,通常只移动到它的邻近状态。一般情况下,不保留搜索路径。局部搜索的基本思想是在搜索过程中始终向着离目标最接近的方向搜索。搜索的目标可以是最大值,也可以是最小值。局部搜索算法有两个主要优点:一是使用很少的内存;二是在大的或无限(连续)状态空间中能发现合理的解。

本节将介绍 3 种局部启发式搜索算法:爬山法、模拟退火法和遗传算法。

3.4.1　爬山法

爬山法(hill-climbing)是最基本的局部搜索技术。最陡上升版的爬山法是简单的迭代过程,在每个状态,都是不断地向启发函数值增加最快的方向持续移动,即登高。

爬山法的过程如下:算法从指定的初始状态开始,或任意选择问题的一个初始状态。然后,在每一步,爬山法都将当前状态 n 与周围相邻节点的值进行比较,若当前节点值最大,则返回当前节点,作为最大值,即山峰最高点;否则,从 n 的所有相邻状态中找到 n 的最佳邻接节点,用以代替节点 n,成为新的当前状态(此处,最佳邻接节点是启发函数 h 值最低的相邻节点)。重复上述过程,直到找到目标为止;或者无法找到进一步改善的状态,算法结束。

在爬山法中,当前节点都会被它的最佳邻接节点所代替。爬山法不保存搜索树,当前节点的数据结构只记录当前状态和目标函数值。

爬山法有时被称为贪婪局部搜索,因为它不考虑与当前状态不相邻的状态,总是在相邻节点(局部范围内)中选择状态最好的一个,也不考虑这个最好状态是否是全局最优的。爬山法往往很有效,它能很快地朝着解(目标状态)的方向进展,因为它可以很容易地改善一个不良状态。

如果把山顶看作目标,h (n) 表示当前位置 n 与山顶之间的高度差,则爬山法相当于总是朝着山顶的方向前进。在单峰的情况下,必定能到达山顶。在多个山峰的情况下,爬山法经常会陷入如下 3 种困境。

(1) 局部极大值。

局部极大值(local maximum)是指一个比所有相邻状态值都要高、但却比全局最大值要小的状态。爬山法到达局部极大值附近,就会被拉向峰顶,然后就卡在局部极大值处,无处可走。贪婪算法很难处理陷入局部极(大、小)值的情况。

(2) 高原。

在状态空间地形图中,高原(plateau)是一块平坦区域,是平原的局部极大值,不存在上山的出口;或者是山肩,从山肩还有可能取得进展(见图 3.8)。爬山法在高原处可能会迷路。

(3) 山脊。

山脊(ridge)是由一系列局部极大值构成的,形成了一个不直接相连的局部极大值序列,如图 3.9 所示,其中的状态(黑色圆点)叠加在从左到右上升的山脊上。爬山法在这样的情况下非常难爬行,从每个局部极大值点出发,可选择的行动都只能是下山的方向。搜索可能会在山脊的两面来回震荡,前进步伐很小。

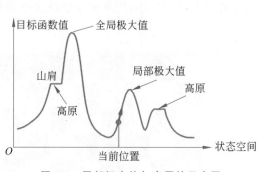

图 3.8 局部极大值与高原的示意图

图 3.9 山脊的示意图

在上述 3 种情况下,爬山法均无法再取得进展。

例 3.5 八皇后问题。

八皇后问题表述为:将八个皇后摆放在 8×8 的棋盘上,使得任意两个皇后不能互相攻击,即任意两个皇后都不在同一行、同一列或同一斜线上。

八皇后问题是国际象棋棋手马克斯·贝瑟尔(Max Bezzel)于 1848 年提出的问题,发表在德国国际象棋杂志 Schach 上。该问题吸引了当时杰出的德国数学家高斯(Gauss)的注意,他尝试枚举所有可能的解,最初找到了 72 个解,后来他发现正确答案是 92 个。实际上,纳克(Nauck)于 1850 年就发表了全部的 92 个解。若将经过 ±90 度、±180 度旋转和对角线对称变换的摆法看成一类,则共有 42 类解。后来,将该问题一般化为 N 皇后问题。

仍然采用状态空间表示法描述八皇后问题,每个状态就是在 8×8 棋盘上放置八个皇后的一个布局。设任意两个皇后的坐标分别是 (i,j) 和 (k,l),则为使得任意两个皇后不在同一行上,要求 $j\neq l$;为使得任意两个皇后不在同一列上,要求 $i\neq k$,也可以规定在 8×8 棋盘的每一列上只能放置一个皇后;任意两个皇后在同一斜线上的充要条件是 $|i-k|=|j-l|$,即两个皇后的行号之差与列号之差的绝对值相等,则为使得任意两皇后不在同一斜线上,只需要求 $|i-k|\neq|j-l|$。

采用爬山法解决八皇后问题,首先需定义启发函数,令 $h(n)$ 为“相互攻击的皇后对的数量”。该函数的全局最小值是 $h=0$,即没有任意两个皇后是互相攻击的,仅在找到解时,h 值才会等于零。如果有多个最佳后继,爬山法通常会从一组最佳后继中随机选择一个。

假设在初始状态中每列只摆放一个皇后。用爬山法求解八皇后问题的步骤如下。

(1)针对当前状态,计算启发函数 h 的值。

(2)若 $h=0$,即找到一个解,算法结束;否则,计算各个方格里的 h 值。

(3)若无法找到比当前状态的 h 值更小的相邻状态,说明已陷入局部极值,找不到解,则算法结束。否则,从若干个小于当前 h 值的最佳后继中随机挑选一个,将该列的皇后移到此位置,并转到步骤(2)。

以图 3.10 中所示的八皇后布局状态图为例,计算该状态的启发函数值 $h=17$,其中每个方格中显示的数字表示:将这一列中的皇后移到该方格后得到后继的 h 值。当前棋盘中

最小的 h 值为 12，一共有 8 个，均用方框圈起来了，表示是最佳移动。如果有多个最佳移动，即多个最小值，爬山法会从中随机选择一个后继进行扩展。

如图 3.11 所示，当前状态的 h 值为 1，其每个后继的 h 值均大于 1，说明八皇后问题陷入了一个局部极小值。在此情况下，爬山法被卡在局部极（大、小）值处而无法找到全局的最优解（即 $h=0$），爬山法是不完备的。

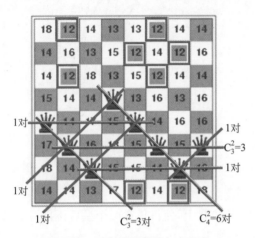

图 3.10 八皇后问题的一个状态

图 3.11 八皇后问题陷入局部极小值的示例

采用最陡上升版爬山法求解八皇后问题，从随机生成的初始状态开始搜索。有实验证明：在 86% 的情况下会被卡住，只有 14% 的问题实例能够被成功求解；算法求解速度快，成功找到解的平均步数是 4 步，被卡住的平均步数是 3 步。

为提高最陡上升版爬山法的求解成功率，提出了随机爬山（stochastic hill-climbing）法，它是最陡上升版爬山法的变种，是一种局部贪心的最优算法。该算法的主要思想是：在向上移动的过程中随机地选择下一步，每个状态被选中的概率可能随向上移动陡峭程度的不同而发生变化。与最陡上升版爬山法相比，随机爬山法不一定选择最陡的路径向上走，所以收敛速度通常较慢。随机爬山法仍然不完备，还会被局部极大值卡住。

为了进一步改善随机爬山法的性能，又提出了随机重启爬山（random-restart hill-climbing）法。随机重启爬山法的思想是：随机生成一个初始状态，开始搜索，执行一系列这样的爬山法，直到找到目标为止；若找不到目标，则再随机生成一个初始状态，开始新一轮搜索……虽然随机重启爬山法依然不完备，但它能以逼近 1 的概率接近完备，因为它最终会生成一个目标状态作为初始状态。如果每次爬山法成功的概率为 p，则重启需要的期望值是 $1/p$，即成功的概率越高，需要重启的概率越小。对于八皇后问题，随机重启爬山法实际上是有效的。即使有 300 万个皇后，采用这个方法找到解的时间也不超过 1 分钟。

爬山法成功与否严重依赖于状态空间地形图的形状：如果在图中几乎没有局部极大值和高原，随机重启爬山法会很快找到一个好的解。

3.4.2 模拟退火法

爬山法有一个特点，那就是它从来不"下山"，即不会向比当前节点差的（或代价高的）方向搜索，它是不完备的，因为可能会卡在局部极大值上。而纯粹的随机行走法（random walk)的特点是从后继集合中完全等概率地随机选取后继,即可能选择向比当前节点差的方向搜索。随机行走法是完备的,但是效率极低。因此,将爬山法和随机行走法以某种方式结合,希望兼顾高效率和完备性,模拟退火法就是这样的算法。

模拟退火法(simulated annealing,SA)最早的思想是由梅特罗波利斯(N. Metropolis)等人于 1953 年提出的。1983 年,柯克帕特里克(S. Kirkpatrick)等人成功地将退火思想引入组合优化领域,它是基于蒙特卡洛(Monte-Carlo)迭代求解策略的一种随机寻优算法。"模拟退火"一词来自冶金学的专有名词"退火"。退火是将材料加热后再经特定速率冷却,目的是增大晶粒的体积,并减少晶格中的缺陷。材料中的原子本来应该停留在使内能达到局部极小值之处,但加热使得原子能量变大,原子便会离开原来的位置,在其他位置随机移动。在退火冷却过程中,原子移动的速度较慢,有较大可能性找到内能比原先更低的位置。模拟退火法是受金属退火原理启发,将热力学的理论套用到统计学上,将状态空间中的每个点看作空气中的分子。开始时,算法以搜索空间中任一点作初始状态,每一步都先选择一个"邻居",然后再计算从现在的位置到达"邻居"位置的概率。

为了更好地理解模拟退火,有一个形象的比喻:在高低不平的平面上有个乒乓球,我们希望乒乓球掉到最深的凹陷处,但它现在却处于某一个浅凹陷处,相当于局部极小值点。如果只允许乒乓球滚动,那么它只能停留在该浅凹陷中,出不来。如果晃动平面,就可以使乒乓球弹出浅凹陷处。关键是晃动的力度要适当,既能使得乒乓球从局部极小值处弹出来,又不能将它从全局最小值处弹出来。模拟退火的解决方法就是开始使劲摇晃(即先高温加热),然后慢慢降低摇晃的力度(即逐渐降温)。

模拟退火法是一种逼近全局最优解的概率方法,它是允许"下山"的随机爬山法。模拟退火法的基本思路是:在退火初期,"下山"(即"变坏")移动容易被采纳,以便摆脱局部极值;但随着时间的推移,"下山"的次数越来越少,即逐渐减少向"坏"的方向移动的频率。模拟退火法本质也是一种贪心算法,只不过是以一定的概率来接受更差的状态,这种概率会随着时间的推移变得越来越小,其优点是可能会让算法跳出局部最优解,最终找到全局最优解。

模拟退火算法的过程如下。

```
function SIMULATED-ANNEALING(problem, schedule) returns a solution state
inputs: problem, a problem
        schedule, a mapping from time to "temperature"
current ← MAKE-NODE(problem.INITIAL-STATE)
FOR t = 1 TO ∞ DO
    T ← schedule(t)
    if T = 0 then return current
    next ← a randomly selected successor of current
    ΔE ← next.Value - current.Value
    if ΔE> 0 then current ← next
    else current ← next only with probability e^(ΔE/(rT))
```

图 3.12　模拟退火算法

其中,t 表示时刻,T 表示当前"温度",$schedule()$是将时间 t 映射到温度 T 的函数;$current$

表示当前状态，*next* 表示新状态，*r* 是温度下降的速率，ΔE 表示当前状态与新状态的能量的差值，其计算公式如下。

$$\Delta E = next.\text{Value} - current.\text{Value} \tag{3.1}$$

模拟退火法的内层循环(图 3.12)与爬山法类似，只是它不选择最佳移动，而是进行随机移动。若该移动可改善情况，即 $\Delta E > 0$，说明新状态比当前状态要好，则接受该移动，并用新状态代替当前状态；否则，若 $\Delta E \leqslant 0$，说明新状态比当前状态要差，模拟退火法并不会像爬山法一样丢弃这个新状态，而是以某个小于 1 的概率 $P = e^{\Delta E/(rT)}$ 接受"变坏"的新状态。直到温度 T 降至 0，返回当前状态作为一个解，算法结束。

在模拟退火法刚开始时，温度 T 较高，接受"变坏"的后继状态的概率较大，随着时间的推移，T 逐渐下降，算法接受一个"变坏"的后继状态的概率就越来越小。可见，接受"变坏"移动的概率是随着"温度"T 的降低而下降的。如果调度使温度 T 下降得足够慢，那么模拟退火法找到全局最优解的概率就可以接近 1。

采用模拟退火法求解八皇后问题，关键是设计启发函数。选择启发函数 $h(n)$ = 相互攻击的皇后对的数量，$h(n)$ 值越小，说明状态越好。用 $h(n)$ 代替公式(3.1)中的 Value 即可。

模拟退火法是一种通用的优化算法，理论上讲，该算法具有概率接近 1 的全局优化性能。模拟退火法在 20 世纪 80 年代早期被广泛用于求解大规模集成电路(very large scale integration circuit，VLSI)布局问题。目前它已经广泛地应用于 VLSI、生产调度、控制工程、机器学习、神经网络、信号处理等领域的最优化任务中。

3.4.3　遗传算法

20 世纪 60 年代末，美国密歇根大学的约翰·霍兰德(John Holland)教授受达尔文"物竞天择，适者生存"进化论思想的启发，提出了模拟自然选择和遗传学机理的生物进化过程的计算模型，通过模仿自然进化过程来搜索复杂问题的最优解，这就是求解优化问题的遗传算法(genetic algorithm，GA)。

遗传算法是一种启发式随机搜索算法，它通过数学的方式，利用计算机仿真运算，模仿生物遗传和进化过程中的染色体基因选择、交叉、变异机理，来完成自适应搜索问题最优解的过程。求解较为复杂的组合优化问题时，遗传算法通常能比一些常规优化算法更快地获得较好的优化结果。自从 20 世纪 80 年代起，遗传算法已成为研究热点，被人们广泛地应用于组合优化、机器学习、信号处理、生产调度问题、图像处理、自动控制和人工生命等领域。

3.4.3.1　遗传算法的基本概念

在遗传算法中，后继节点是由两个父辈状态组合生成的，而不是对单一状态修改而得到的。其处理过程是有性繁殖，而不是无性繁殖。

遗传算法借鉴生物进化中"适者生存"的理论，定义了如下一些术语。

(1) 个体(individual)：个体就是遗传算法要处理的染色体，组成染色体的元素称为基因。染色体中的每一位就是一个基因，基因的位置称为基因座，基因的取值称为等位基因。基因决定了染色体的特征，也决定了个体的性状，如眼睛的颜色是黑色、栗色或者蓝色等。

(2) 种群(population)：种群是由若干个个体(即染色体)组成的集合。一个种群中个体的个数称为该种群的规模。种群规模会影响遗传优化的结果和效率。大的种群中含有丰富的个体模式,可以改进遗传算法的搜索质量,防止早熟收敛(算法较早地收敛于局部最优解,称为早熟收敛)。但大的种群也增加了个体适应度函数的计算量,从而降低了收敛速度。一般种群规模选取在[20,100]的值。

(3) 适应度(fitness):适应度是指个体对环境的适应程度。在优化问题中,用一个估计函数来度量个体的适应度,这个函数称为适应度函数。适应度函数值是遗传算法实现优胜劣汰的主要依据。个体适应度的值越大,说明该个体的状态越好,竞争能力越强,被选择参与遗传操作来产生新个体的可能性就越大,以此体现生物遗传中适者生存的原理。

3.4.3.2　编码

对一个要应用遗传算法求解的具体问题,首先要考虑的问题就是如何编码,因为遗传算法不能直接处理问题空间的数据,必须通过编码将要求解的问题表示成遗传空间的染色体或个体。在计算机中,染色体被表示为一个用来描述基本遗传结构的数据结构。尚不存在一种针对所有问题都适合的通用编码方法,往往需要具体问题具体分析,选择最适合的方法。下面介绍 3 种常用的编码方法。

(1) 二进制编码。

二进制编码就是用一个二进制的字符串表示一个个体,其中每个 0 或 1 为等位基因。染色体上由若干个基因构成的一个有效信息段称为基因组。例如,11011 为一个染色体,每一位上的 0 或 1 表示基因,前 3 个基因就构成了一个基因组 110。

二进制编码使得交叉、变异等遗传操作易于实现,但在求解高维优化问题时,二进制编码串会很长,将导致遗传算法的搜索效率很低。

(2) 实数编码。

为了克服二进制编码的缺点,在问题变量是实向量的情况下,可直接采用十进制编码,即为实数编码。实数编码就是用一个十进制的字符串表示一个个体,然后在实数空间上进行遗传操作。采用实数编码,则不必进行数制转换,便于引入与问题领域相关的启发式信息来增加算法的搜索能力。近年来,遗传算法在求解高维或复杂优化问题时,一般都采用实数编码。

(3) 有序编码。

有序编码也叫序列编码、排列编码,是针对一些特殊问题的特定编码方式。该编码方式排列有限集合内的元素。若集合内包含 m 个元素,则存在 $m!$ 种排列方法,当 m 不大时,$m!$ 也不会太大,采用穷举法就可以解决问题。当 m 比较大时,$m!$ 就会非常大,穷举法失效,遗传算法在解决这类问题上具有优势。

针对很多组合优化问题,目标函数的值不仅与表示解的字符串中各字符的值有关,而且与其所在字符串中的位置有关。这样的问题称为有序问题。若目标函数的值只与表示解的字符串中各字符的位置有关,而与具体的字符值无关,则称为纯有序问题,如八皇后问题。

有序编码的优点是使问题简洁,易于理解,编码自然、合理。

3.4.3.3　种群设定

由于遗传算法是对种群进行操作的,因此需要为遗传操作构造一个由若干个个体组成的初始种群。初始种群中的个体一般是随机产生的。假设设定种群规模为 M，首先随机生成一定数目（通常为 $2M$）的个体，然后从中挑选较好的 M 个个体，构成初始种群。

3.4.3.4　适应度函数的设计

适应度函数的设计直接影响遗传算法的收敛速度以及能否找到最优解，因为遗传算法在进化搜索中基本不利用外部信息，仅根据适应度函数来评价种群中每个个体适应性的优劣。在遗传算法中，适应度函数值规定为非负，并且在任何情况下都希望其值越大越好。在具体应用中，适应度函数的设计要结合待求解问题本身的要求而定。一般而言，适应度函数是由待求解优化问题的目标函数变换得到的。

若问题的目标函数 $f(x)$ 为最大化问题，则适应度函数可以取为

$$\text{Fit}\,(f(x)) = f(x) \tag{3.2}$$

若问题的目标函数 $f(x)$ 为最小化问题，则适应度函数可以取为

$$\text{Fit}\,(f(x)) = 1/f(x) \tag{3.3}$$

3.4.3.5　遗传操作

遗传操作（genetic operator）可作用于种群，用于产生新的种群。标准的遗传操作一般包括以下 3 种基本形式：选择、交叉及变异。

（1）选择（selection）操作，也称为复制（reproduction），是从当前种群中按照一定概率选出的优良个体，使它们有机会作为父代繁殖下一代。选择操作的目的是使种群优胜劣汰、不断进化，并且提高种群的收敛速度和搜索效率。根据个体的适应度值来判断其优劣，适应度值越高，越具有优良性，该个体被选择的机会就越大，显然这一操作借鉴了达尔文"适者生存"的进化原则。优胜劣汰的选择机制使得适应度值大的个体具有较高的存活概率，这是遗传算法与一般搜索算法的主要区别之一。

实现选择操作的方法有很多，不同的选择策略对算法的性能也有较大的影响。最常用的选择方法称为"轮盘赌"方法，它按照适应度比例模型（也称为蒙特卡洛法）计算个体被选择的概率，设种群规模大小为 M，个体 i 的适应度值为 f_i，则这个个体被选择的概率为

$$P_i = \frac{f_i}{\sum\limits_{j=1}^{M} f_j} \tag{3.4}$$

每个个体被选择的概率与其适应度值成正比。如表 3.1 所示，第 2 行给出了 6 个个体的适应度值，第 3 行是根据公式（3.4）计算出的每个个体的选择概率，总和为 1，第 4 行是前 i 个个体的累计概率。在轮盘选择方法中，先按个体的选择概率产生一个轮盘，假设有表 3.1 中列出的 6 个个体，故轮盘分为 6 个区域，如图 3.13 所示，每个区域代表一个个体，其大小与该个体的选择概率成正比，即第 i 个扇形的中心角为 $2\pi P_i$；然后产生一个位于 $[0,1]$ 的随机数，它落入轮盘的哪个区域，就选择该区域所对应的个体，进行交叉。显然，选择概率大的个体所对应的区域面积也大，该个体被选中的可能性就大，获得交叉的机会也大。

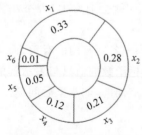

图 3.13　轮盘赌示意图

实现选择操作时,产生了一个随机数 r 后,若 $p_1+p_2+\cdots+p_{i-1}<r<p_1+p_2+\cdots+p_i$,则选择个体 i,即找到第一个累计概率大于 r 的个体,作为被选择的个体。以表 3.1 为例,假设第 1 轮产生的随机数为 0.7,由于个体 x_3 对应的累计概率 0.82 是第一个大于 0.7 的值,则个体 x_3 被选中;第 2 轮产生的随机数为 0.9,由于个体 x_4 对应的累计概率 0.94 是第一个大于 0.9 的值,则个体 x_4 被选中。选择操作确定了被选个体后,才能对所选中的个体进行交叉、变异等操作,产生的新个体。

表 3.1 个体适应度值、选择概率和累计概率

	个 体 编 号					
	x_1	x_2	x_3	x_4	x_5	x_6
适应度值	3.6	3.1	2.3	1.35	0.6	0.12
选择概率	0.33	0.28	0.21	0.12	0.05	0.01
累计概率	0.33	0.61	0.82	0.94	0.99	1.00

(2) 交叉(crossover)**操作**,也称为重组(recombination)操作,是遗传算法中的核心操作。交叉是分别用两个父代个体的部分基因片段重组为新的子代的操作,使父代的优良特征能传递给子代,并产生新的特性。由交叉操作得到的子代个体构成了新种群,其中个体适应度的平均值和最大值均比父代有明显提高。交叉是遗传算法中获得比父代更优秀的个体的最重要手段。

最简单、最常见的交叉操作是单点交叉,其具体做法是:假设父辈染色体位串长度为 L,随机选取 $[1, L-1]$ 中一个整数 k 作为交叉点,将两个父代个体在交叉点处截断,相互交换各自的染色体片段,从而形成一对新的子代个体。例如,假设采用二进制字符串表示染色体,对于 $x_1=10110011$ 和 $x_2=01100101$ 两个父代染色体,随机产生一个交配位,设为 3,则 x_1 和 x_2 分别在各自的第 3 位基因之后断开,进行交换,产生两个子代染色体,分别为 $y_1=10100101$ 和 $y_2=01110011$。

在进化过程中,交叉并非百分之百地发生,而是以某一概率发生,这个概率称为交叉概率。交叉概率 Pc 控制着交叉算子的应用频率,在每代种群中,都需要对 $M \times Pc$ 个个体的染色体结构进行交叉操作。交叉概率越大,在种群中引入新的染色体结构的速度就越快,但优良基因结构遭到破坏的可能性也相应增大;若交叉概率太低,则可能导致早熟收敛。一般 Pc 在 $[0.6, 1.00]$ 取值,实验表明 Pc 取 0.7 左右时,搜索结果比较理想。

当交叉操作产生的后代的适应度不再比其父代高、且未找到全局最优解时,算法会较早地收敛于局部最优解,称为早熟收敛。其根源是发生了有效等位基因的缺失,即缺失了最优解位串上的等位基因。若想要跳出局部最优,只有进行变异操作,即添加随机化特征或添加扰动等,才能改变这种情况。

(3) 变异(mutation)是随机改变个体编码中某些位的基因值的操作,从而产生新一代的个体。变异操作是按位进行的,即对某一位的内容进行变异。变异的主要目的是保持种群的多样性,对选择、交叉过程中可能丢失的某些遗传基因进行修复和补充。当发生早熟收敛时,可利用变异跳出局部最优解的陷阱。变异操作不仅可以保证实现搜索的目标,而且可以提高搜索的效率。

变异操作是在交叉操作后进行的,在子代某个个体中随机选择基因座,然后按变异概率进行变异。变异概率 P_m 是一个用来控制染色体中发生变异的重要参数。由于变异只是辅助性的搜索操作,它虽然能保持种群的多样性,但也有很强的破坏作用,因此,变异概率 P_m 不能取很大的值。若变异概率太大,则种群中重要的、单一的基因可能会丢失,且使遗传算法趋于纯粹的随机搜索。一般 P_m 在 $[0.001, 0.01]$ 取值。主要变异方法有如下 5 种。

(1) 位点变异。在个体位串中随机挑选一个或多个基因座,并对这些基因座的基因值按变异概率 P_m 作变动。对于以二进制位串表示的染色体而言,若某位原来的值为 1,变异操作就是将其值变为 0,反之亦然。对于实数编码,可将被选择的基因座的值变为按概率选择的其他基因值。为了消除非法性,再将其他基因所在的基因座上的基因变为被选择的基因。

(2) 互换变异。随机选择某个个体的两个基因进行简单互换。

(3) 插入变异。在某个个体中随机选择一个基因,然后将此基因插入随机选择的基因座。

(4) 移动变异。在某个个体中随机选择一个基因,向左或者向右移动随机的位数。

(5) 逆转变异。在某个个体中随机选择两点(称为逆转点),然后将两点之间的基因值以逆序插入原位置。

变异与选择、交叉结合在一起,保证了遗传算法的有效性,使遗传算法具有局部的随机搜索能力,同时使得遗传算法保持种群的多样性,以防止早熟收敛。

3.4.3.6 遗传算法的基本过程

遗传算法的流程图如图 3.14 所示,基本步骤如下。

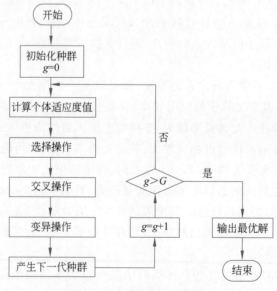

图 3.14 遗传算法流程图

(1) 编码:根据所要求解的具体问题确定合适的表示个体的编码方法。

(2) 生成初始种群:随机产生 M 个个体,构成一个初始种群 $P(0)$,其中每个个体被表示为一个串结构的数据。遗传算法从初始种群开始迭代,令 g 表示进化的代数,初始化 $g=0$,设置进化的最大代数为 G,进化后的各代种群表示为 $P(g),g\in[0,G]$。

(3) 若 $g>G$,则输出当前种群中具有最大适应度值的个体,作为最优解,算法结束。

(4) 计算适应度值:根据所要求解的具体问题设计合理的适应度函数,并计算当前种群 $P(g)$ 中每个个体的适应度。

(5) 选择操作:采用选定的选择策略计算每个个体被选择的概率,保留选择概率值大的个体。

(6) 交叉操作:根据交叉概率,将所选择的个体进行交叉操作。

(7) 变异操作:根据变异概率,对新一代的个体进行变异操作。

(8) 经过选择、交叉、变异运算后,由种群 $P(g)$ 得到下一代种群 $P(g+1)$,作为当前种群,令 $g=g+1$,转到步骤(3)。

一般地,最大进化代数 G 取值为 $100\sim500$。

3.4.3.7 采用遗传算法求解八皇后问题

采用遗传算法求解例 3.5 所描述的八皇后问题。首先需要选择编码方案,在 8×8 的棋盘格中摆放 8 个皇后,每列有 1 个皇后,其布局可用 8 个十进制数字表示,每个数字表示该列中皇后所在的行号,其值为 $1\sim8$。一个布局就是一个个体。显然,有序编码是表示棋盘上皇后排列顺序的一种很自然、合理的编码方案,具体描述如下。

用一维八元数组 $x[1..8]$ 来表示一个个体,其中 $x[i]\in\{1,2,\cdots,8\}$,$x[i]$ 表示棋盘第 i 列上的皇后 i 放在第 $x[i]$ 行上,即第 i 列第 $x[i]$ 行放置一个皇后。例如,$x[1]=8$ 表示棋盘的第 1 列第 8 行放一个皇后。数组第 i 个元素表示第 i 列皇后放置的位置,可以看作一个基因。这种编码可以满足"每一列只能放一个皇后"的约束,同时要求数组中任意两个元素不能取重复的值,即当 $i\neq j$ 时,有 $x[i]\neq x[j]$,可以看成 1 至 8 的一种排列,它满足了"每一行只能放一个皇后"的约束。如图 3.15 所示,这个棋盘布局所对应的个体的编码为 82417536,它表示 8 个皇后的位置分别为:第 1 列第 8 行,第 2 列第 2 行,第 3 列第 4 行,$\cdots\cdots$,第 8 列第 6 行。

在程序运行过程中,无论是在初始种群生成、选择、交叉、变异阶段,都需遵守这一编码准则。

采用遗传算法求解八皇后问题的基本思路如下:将许多棋盘布局的集合视为一个种群,每一个布局就是一个个体。采用选择算子挑选出适应度较高的两个个体,进行交叉操作,产生一个新个体,再根据规则进行变异操作,如此多次,构成新一代的种群,重复上述繁殖过程,直到产生目标个体为止。

用遗传算法求解八皇后问题的具体过程如下。

(1) 构造初始种群。根据 N 皇后问题的特点,初始种群大小一般设定为 $N\sim2N$。经多次实验发现:八皇后问题的初始种群大小 M 设定为 12 时,效果比较好。随机生成设定规模的无重复基因值的个体,形成初始种群。

(2) 计算适应度。采用八皇后棋盘中"不相互攻击的皇后对的数目"作为适应度函数 fitness。在八皇后问题中,两两皇后组对,则一共有 $8\times(8-1)/2=28$ 对皇后,若任意一对皇后都不相互攻击,则最多有 28 对不相互攻击的皇后,可知:八皇后问题的最大适应度值为 28。当一个个体(82417536)的适应度值为 28 时,说明该个体就是目标解,如图 3.15 所示。再观察图 3.16,其中有 3 对相互攻击的皇后,则图 3.16 所示个体的适应度值 fitness=28-3=25。同理,可计算当前种群中每个个体的适应度值,例如,图 3.17(a)中 4 个个体的适应度值分别为 25、24、20 和 10。

(3) 判断算法是否结束。若当前种群中某个个体的适应度=28,则返回该个体作为解,算法结束。

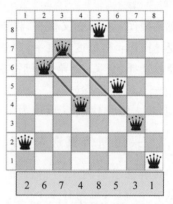

图 3.15　八皇后问题的一个解,fitness=28　　　图 3.16　八皇后问题的一个布局,fitness=25

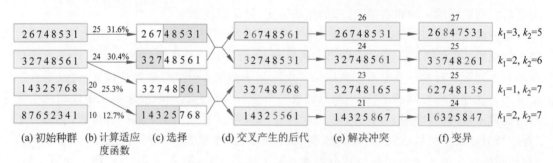

图 3.17　数字串表示八皇后的状态

(4) 选择。计算每个个体被选择的概率,然后按照事先设定的选择方法进行选择操作。假设采用轮盘赌方法,选出将要进行交叉操作的 M 个个体。如图 3.17(a)所示,给出了 4 个个体,其中第一个个体(26748531)被选择的概率为 25/(25+24+20+10)=31.6%,同理可计算得到第 2、3、4 个个体被选择的概率分别为 30.4%、25.3%和 12.7%,如图 3.17(b)所示;再根据选择概率随机地选择两个适应度较高的个体进行配对,如图 3.17(c)所示,选择(a)中第一个与第二个个体进行配对、第二个与第三个个体进行配对。可见,第二个个体被选中两次,而第四个个体一次也没被选中,因为第四个个体的适应度值太低。

(5) 交叉。按照事先设定的交叉方法,对已配对的每对个体进行交叉操作。在每对匹配的字符串中随机选择一个位置作为杂交点。例如,在图 3.17(c)中,第一对个体的杂交点在第三位数字之后,第二对个体的杂交点在第五位数字之后。两对父代个体分别进行交叉操作后,得到图 3.17(d)中的 4 个子代个体,其中第一对的第一个子代从第一个父串中得到了前三位数字,从第二个父串中得到了后五位数字;而第二个子代从第二个父串中得到了前三位数字,从第一个父串中得到了后五位数字。

由于子代个体中存在重复的基因,因此需要消除,即把子代中重复的基因按照某种映射关系(例如,1↔4↔7,3↔6,5↔8)处理成不含重复基因的个体,如图 3.17(e)所示。

(6) 变异。根据变异概率,按照事先设定的变异方法进行变异操作。在变异过程中,需要保证不造成任何基因的缺失和重复,即每个编码都是一个没有重复基因值的 8 位数字的排列。假设采用互换变异方法,选择某个个体,随机生成两个随机数 k_1 和 k_2($1 \leqslant k_1 < k_2 \leqslant 8$),交换该个体编码中第 k_1 位和 k_2 位上的值,完成变异。如图 3.17(e)所示,其中 4 个子代个体经过互换变异,得到图 3.17(f)中 4 个新个体,图 3.17(e)中第一个个体编码为 26748531,假设产生随机数 $k_1 = 3$ 和 $k_2 = 5$,变异后的个体编码为 26847531。

(7) 经过选择、交叉、变异后,形成新一代种群,转到第(2)步。

3.5 本章小结

1. 搜索的基本概念

搜索问题的主要任务是找到正确的搜索策略。

搜索策略是指在搜索过程中确定扩展状态顺序的规则。

求解搜索问题的技术称为搜索技术。

所求得的从初始状态转移到目标状态的一个操作序列就是问题的一个解,若某操作序列可以使总代价最低,则该方案称为最优解。

搜索策略性能的评价标准包括完备性和最优性。

2. 盲目搜索策略

如果在搜索过程中不利用任何与问题有关的先验知识或者启发信息,算法只能判断当前状态是否为目标状态,而无法比较两个非目标状态的好坏,称之为盲目搜索。深度优先搜索和宽度优先搜索是常用的两种盲目搜索算法。

深度优先搜索总是优先扩展深度最深的节点。在有限状态空间中,深度优先搜索是完备的;但在无限状态空间中,深度优先搜索是不完备的。深度优先搜索算法不具有最优性。

宽度优先搜索总是优先扩展深度最浅的节点。宽度优先搜索是完备的。若路径代价是节点深度的非递减函数,或者每步代价都相等,那么宽度优先搜索还具有最优性。

3. 启发式图搜索策略

启发式搜索策略的基本思想是在搜索过程中利用与所求解问题有关的特征信息,指导搜索向最有希望到达目标节点的方向前进。两种常用的启发式搜索算法是 A 搜索和 A* 搜索。

A 搜索按照评价函数 $f(n) = g(n) + h(n)$ 值的增序作为扩展节点的顺序,其中 $h(n)$ 为从节点 n 到目标节点 E 的最佳路径上代价的估计值,称为启发函数。A 搜索不是完备的,也不具有最优性。

当启发函数满足 $h(n) \leqslant h^*(n)$ 条件时,A 搜索称为 A* 搜索。A* 搜索是完备的,且具有最优性。

4. 局部搜索

当搜索算法不关心从初始状态到达目标的路径,只对一个或多个状态进行评价和修改,这样的搜索算法称为局部搜索算法。爬山法、模拟退火法和遗传算法是三种常用的局部启发式搜索算法。

(1) 爬山法。

爬山法是最基本的局部搜索技术。最陡上升版的爬山法是简单的迭代过程,在每个状态,都是不断地向启发函数值增加最快的方向持续移动,即登高。爬山法往往很有效,但又经常陷入局部极大值、高原和山脊三种困境中,走不出来。所以,爬山法是不完备的,也不具有最优性。

为提高最陡上升版爬山法的求解成功率,提出了随机爬山法和随机重启爬山法,它们是最陡上升版爬山法的变种。但随机爬山法仍然不完备,还会被局部极值卡住。虽然随机重启爬山法也不完备,但它能以逼近1的概率接近完备。爬山法成功与否严重依赖于状态空间地形图的形状:如果在图中几乎没有局部极大值和高原,随机重启爬山法会很快找到一个好的解。

(2) 模拟退火法。

模拟退火法是将爬山法和随机行走法以某种方式结合起来的搜索算法。模拟退火法是一种逼近全局最优解的概率方法,它是允许下山(即"变坏")的随机爬山法。随着时间的推移,模拟退火法接受一个"变坏"的后继状态的概率越来越小。

模拟退火法虽具有摆脱局部极值的能力,如果调度使温度下降得足够慢,该算法找到全局最优解的概率就可以接近于1。但由于模拟退火法对整个搜索空间的状况了解不多,不利于进入最有希望的搜索区域,导致运算效率不高。模拟退火法对参数(如初始温度)的依赖性较强,且进化速度慢。

(3) 遗传算法。

遗传算法是一种启发式随机搜索算法,是一种概率搜索技术。它借鉴了生物进化中"适者生存"的规律,模仿生物遗传和进化过程中的染色体基因选择、交叉、变异机理来完成自适应搜索问题最优解的过程。遗传算法的设计包括编码、适应度函数、控制参数以及选择、交叉与变异操作等。

遗传算法具有良好的全局搜索能力,可以快速地搜索出解空间中的全体解,且鲁棒性强。但遗传算法的局部搜索能力较差,导致在进化后期搜索效率较低。在实际应用中,遗传算法容易产生早熟收敛的问题。

习题 3

1. 名词解释

搜索策略、盲目搜索策略、启发式搜索策略、启发信息、最优解、算法的完备性、算法的最优性

2. 盲目搜索策略和启发式搜索策略的区别是什么? 有哪几种常用的盲目搜索算法? 有哪几种常用的启发式搜索算法?

3. 深度优先搜索与宽度优先搜索的区别是什么? 分析两个算法的优缺点。

4. A 搜索与 A* 搜索的区别是什么?

5. 请用 A* 算法求解图 3.18 中的八数码问题:

8	3	4
2		5
7	1	6

⟹

1	2	3
8		4
7	6	5

(a) 初始状态 s　　　　(b) 目标状态 g

图 3.18　八数码问题

(1)说明所采用的启发函数,并证明其满足 A* 搜索的条件;(2)给出移动数码牌的过程,并在每一步都标出此状态的 f、g、h 值。

6. 针对同一待求解问题,我们可以定义不同的启发函数。例如,在八数码问题中,还可以选择启发函数如下:

$$h_2(n) = \text{所有错位数码牌与其目标位置的距离之和}$$

此处的距离采用曼哈顿距离,曼哈顿距离就是计算两点之间横纵坐标的距离之和。在此定义下,图 3.6 所示初始状态中 $h = 5$,则 $f = 5$。读者可以自己证明:采用 $h_2(n)$ 作为启发函数,仍满足 A* 算法的要求,并用它解决八数码问题。

7. 爬山法的基本思路和主要特点是什么?有哪些变种的爬山法?其特点是什么?

8. 模拟退火法的基本思路和主要特点是什么?

9. 遗传算法的基本思路和主要特点是什么?

10. 适应度函数在遗传算法中的作用是什么?试举例说明如何设计适应度函数。

11. 说明选择、交叉、变异操作的作用是什么。

12. 遗传算法中避免局部最优解的关键技术是什么?

第 4 章

机 器 学 习

本章学习目标

- 理解机器学习的定义、基本术语及三个视角。
- 掌握监督学习、无监督学习的基础知识和典型算法。
- 了解弱监督学习的三种方法和应用场景。

机器学习(machine learning)是研究怎样使用计算机模拟或实现人类学习活动的科学,是人工智能的一个重要研究领域,也是最前沿的研究热点之一,其理论和方法已被广泛应用于解决工程应用和科学领域的复杂问题。纵观近些年来人工智能在计算机视觉、语音识别、自然语言处理等诸多领域的突破性进展,这些成就在很大程度上得益于机器学习理论和技术的发展与进步。

机器学习可以分为传统机器学习方法和基于人工神经网络的深度学习方法。本章主要介绍传统机器学习的相关内容,包括机器学习概述以及监督学习、无监督学习与弱监督学习三种学习范式的基本概念和方法。

4.1 机器学习概述

4.1.1 机器学习的定义

机器学习主要有以下几种定义。

(1) 机器学习主要研究如何在经验学习中改善计算机算法的性能。

(2) 机器学习是研究用数据或以往的经验来优化计算机程序性能的科学。

(3) 机器学习是一门研究机器获取新知识和新技能,并识别现有知识的学问。

(4) 机器学习研究算法和数学模型,用以逐步提高计算机系统在特定任务上的性能。

目前为止,尚未有一个公认的机器学习定义。而作者认为,机器学习是研究如何使机器模拟或实现人类的学习行为,以获取知识和技能,并不断改善系统自身性能的学科。机器学习是一门多领域交叉学科,涵盖概率论、统计学、逼近论、凸分析、算法复杂度理论等多门学科的知识、理论和方法。它的根本任务是数据的智能分析与建模,并从数据中挖掘出有价值的信息。其目标是要构建可以从数据中学习、并对数据进行预测的系统。

机器学习是人工智能的一个分支,是其中最具智能特征、最前沿的研究领域之一,是人工智能的核心和研究热点。自 20 世纪 80 年代以来,机器学习作为实现人工智能的关键和重要途径,在人工智能界引起了广泛的研究热潮,特别是近十几年来,机器学习领域的研究工作发展很快,已成为人工智能的重要课题之一。机器学习理论和方法已被广泛应用于解决工程应用和科学领域的复杂问题。机器学习不仅在基于知识的系统中得到应用,而且在自然语言理解、语音识别、计算机视觉、机器人、模式识别、生物信息学等许多领域也得到了广泛应用。一个系统是否具有学习能力已成为评判其是否具有"智能"的一个标准。

机器学习的研究主要分为两大类:第一类是基于统计学的传统机器学习,主要研究学习机制,注重探索模拟人的学习机制,研究方向主要包括支持向量机、决策树、随机森林、贝叶斯学习等。第二类是基于大数据和人工神经网络的深度学习,主要研究如何充分利用大数据时代下的海量数据,采用深度学习技术构建深度神经网络,从中获取隐藏的、有效的、可理解的知识。

4.1.2 机器学习的基本术语

机器学习的根本任务是对数据进行分析与建模,以便从数据样本中学习隐藏的知识,并建立相应的模型。为了更好地理解机器学习的建模,给出下列术语的定义。

1. 数据集(dataset)

数据集是指数据的集合。假定收集了一批关于学生的数据,学生的属性包括学号、姓名、身高、体重。每个学生用一个记录表示,例如(20301001,张三,175cm,70kg),一条记录代表一个学生,这些学生所对应的记录的集合即为一个"数据集"。

2. 样本(sample)

样本也称为实例(instance),指待研究对象的个体,包括属性已知或未知的个体。例如,每个学生所对应的一条记录就是一个"样本"。数据集即为若干样本的集合。

3. 标签(label)

标签是为样本指定的数值或类别。在分类问题中,标签是样本被指定的特定类别;在回归问题中,标签是样本所对应的实数值。已知样本是指标签已知的样本,未知样本是指标签未知的样本。

4. 特征(feature)

特征是指样本的一个独立可观测的属性或特性。它反映样本在某方面的表现或性质,例如"姓名""身高""体重",称为"特征"或"属性"。特征的取值,例如"张三""175cm",称为"特征值"或"属性值"。

5. 特征向量(feature vector)

特征向量是由样本的 n 个属性组成的 n 维向量,通常用数学方式表达,例如,第 i 个样本 $\boldsymbol{X}_i$ 的特征向量表示为 $(x_{i1}, x_{i2}, \cdots, x_{in})$。

特征分为手工式特征(handcrafted features)和学习式特征(learned features)。手工式特征是指由学者构思或设计出来的特征,也称为设计式特征。例如,图像的尺度不变特征变换(scale-invariant feature transform,SIFT,它对旋转、缩放、亮度变化保持不变性),方向梯度直方图(histogram of oriented gradient,HOG),加速稳健特征(speeded up robust features,SURF,类似于 SIFT 特征,但它比 SIFT 效率高),梯度位置方向直方图(gradient location-orientation histogram,GLOH)都属于手工式特征。学习式特征是指由机器从原始数据中自动生成的特征。例如,通过卷积神经网络获得的特征就属于学习式特征。

6. 特征空间(feature space)

特征空间是指特征向量所在的 p 维空间,每一个样本是该空间中的一个点。特征空间也称为样本空间。例如,将"身高""体重"作为两个坐标轴,它们就形成了用于描述学生体态的二维空间,每个学生在此特征空间中都能找到自己的位置坐标。

通常将数据集分成训练集、验证集和测试集,需要保证这三个集合是不相交的。

(1) 训练集(training dataset):训练过程中使用的数据称为"训练数据",其中每个训练数据称为一个"训练样本",每个训练样本都有一个已知标签,由所有训练样本及其标签组成的集合称为"训练集",即训练集中包括一个样本集和一个对应的标签集,用于学习得到拟合样本的模型。一般地,训练集中的标签都是正确的,称为真实标签(ground-truth)。例如,完成图像分类任务时,用到的训练集就包括一个由特定图像组成的样本集合和一组由语义概念(如山、水、车、楼等)组成的标签集合,标签即为 ground-truth。

(2) 验证集(validation dataset):在实际训练中,有时模型在训练集上的结果很好,但对于训练集之外的数据的结果并不好。此时,可单独留出一部分样本,不参加训练,而是用于调整模型的超参数,并对模型的能力进行初步评估,这部分数据称为验证集。超参数(hyperparameter)是指模型中人为设定的、无法通过训练得到的参数,一般都是先验知识。如神经网络的层数、卷积的尺寸、滤波器的个数、学习率、KNN 算法和 K-Means 算法中的 K 值等。

(3) 测试集(test dataset):测试过程中使用的数据称为"测试数据",被预测的样本称为"测试样本",测试样本的集合称为"测试集"。测试集不参与模型的训练过程,仅用于评估最终模型的泛化能力。

7. 泛化能力(generalization ability)

泛化能力是指训练得到的模型对未知样本正确处理的能力,即模型对新样本的适应能力,亦称为推广能力或预测能力。

8. 模型参数

给定训练集,希望能够拟合一个函数 $f(x,\theta)$ 来完成从输入的特征向量到标签的映射。对于连续的标签或非概率模型,通常会采用以下拟合函数来表示从输入空间(样本集 X)到输出空间(标签集 Y)的映射:

$$Y' = f(x,\theta) \tag{4.1}$$

其中,Y' 是样本 x 的预测标签,θ 为模型中可训练得到的参数,即模型参数,也称为学习参数,并非是由人为设置的超参数。

9. 学习算法(learning algorithm)

我们希望为每个样本 x 预测的标签与其所对应的真实标签都相同,这就需要有一组好的模型参数 θ。为了获得这样的参数 θ,则需要有一套学习算法来优化函数 f,此优化过程称为学习(learning)或者训练(training),拟合函数 f 称为模型(model)。

10. 假设空间(hypothesis space)

从输入空间至输出空间的映射可以有多个,它们组成的映射集合称为假设空间。学习的目的则为在此假设空间中选取最好的映射,即最优的模型。用训练好的最优模型对测试样本进行预测的过程称为测试。

11. 损失函数(loss function)

损失函数也称为代价函数(cost function),用于衡量模型输出的预测值 $f(X)$ 和样本的真实值 Y 之间的差值或损失。损失函数是一个非负的实值函数,记作 $L(Y, f(X))$。常用的损失函数有:0-1损失函数、平方损失函数、绝对损失函数、对数损失函数、交叉熵损失函数等,其公式分别如下。

0-1损失函数公式为:
$$L(Y, f(X)) = \begin{cases} 0, & \text{if } Y = f(X) \\ 1, & \text{if } Y \neq f(X) \end{cases}$$

平方损失函数公式为:$L(Y, f(X)) = \dfrac{1}{2}(Y - f(X))^2$

绝对损失函数公式为:$L(Y, f(X)) = -|Y - f(X)|$

对数损失函数公式为:$L(Y, f(X)) = -\log P(Y \mid X)$

交叉熵损失函数公式为:$L(Y, f(X)) = -\sum\limits_{c=1}^{C} Y_c \log f(X_c)$

12. 风险函数(risk function)

风险函数又称期望损失(expected loss)或期望风险(expected risk),是所有数据集(包括训练集和预测集)上损失函数的期望值,用于度量平均意义下模型预测的好坏。机器学习的目标是选择风险函数最小的模型。

13. 优化算法

在获得了数据集、确定了假设空间以及选定了损失函数之后,最后需要解决最优化(optimization)问题。机器学习的训练和学习的过程,即为求解最优化问题的过程。

若最优化问题存在显式的解析解,则可以很容易求得它的解;但通常不存在解析解,则只能通过数值计算的方法来不断逼近它的解。在机器学习中,很多优化函数不是凸函数,因此如何寻找全局最优解就成为一个很重要的问题。

最简单也最常用的优化算法是梯度下降法(gradient descent,GD)。梯度下降法通过不断迭代的方式来降低风险函数的值,公式如下:

$$\theta_{t+1} = \theta_t - \eta \frac{\partial R(\theta)}{\partial \theta}$$

其中,θ_t 为第 t 次迭代时的参数值,$R(\theta)$ 为风险函数,η 表示优化的步长,又称为学习率。学习率过小,会导致学习速度太慢,还可能导致陷入局部最优;学习率过大,又会出现震荡,严重时会导致发散。

14. 机器学习的基本流程

机器学习的基本流程是:数据预处理→模型学习→模型评估→新样本预测。

① 数据预处理:收集并处理数据,有时还需要完成数据增强、裁剪等工作,划分训练集、验证集、测试集。

② 模型学习:即模型训练,在训练集上运行学习算法,利用损失函数和优化算法求解一组模型参数,得到风险函数最小的最优模型。一般在训练集上会反复训练多轮,即训练样本被多次利用。

③ 模型评估:将验证集样本输入到学习获得的模型中,用以评估模型性能,还可以进一步调节模型的超参数,找到最合适的模型配置。常用的模型评估方法为 K 折交叉验证

（K-folder cross validation），即将数据集划分为大小相同的 K 个子集，留出一个子集 $i(i \in [1,K])$，在其余 $K-1$ 个子集上训练模型，然后在子集 i 上评估模型；最后计算 K 次结果的均值，作为对模型性能的评估。通常所说的"模型调参"一般指的是调节超参数，而不是模型参数。

④ 新样本预测：将测试集中的样本输入到训练好的模型中，对比预测的结果与真实值，计算出各种评价指标，例如，图像分类任务有精确率（precision）和召回率（recall）等。可以以此来评价模型的泛化能力。

从机器学习的基本流程可知，学习算法有 3 个基本要素：模型；学习策略（即如何选出最优模型，选择损失函数来衡量错误的代价）和优化算法。这 3 个要素都需要学者根据经验人为确定。

4.1.3　机器学习的三个视角

众所周知，机器学习的算法大概有数千种，每年全世界的研究者又会发表数百种。同时，机器学习算法的应用也很广泛，可完成很多任务，比如图像分类、某一地区的房价预测、图像分割、推荐排名等。显然，针对每一种任务，都有多个学习算法可供选择。例如，对图像进行分类，可供选择的就有支持向量机、K-近邻（K-nearest neighbor，KNN）、AdaBoost、朴素贝叶斯分类、决策树、随机森林等多种分类方法。再如，预测某一地区的房价，也有多种方法可供选择：多元线性回归、多项式回归、灰色理论预测模型、马尔可夫预测模型、BP 神经网络等。面对如此众多的方法，应该如何选择一个机器学习算法？

这就需要对机器学习算法进行全面的了解，从多个视角来观察。下面从学习任务、学习范式和学习模型等三个视角来介绍机器学习。

1. 学习任务

学习任务（learning tasks）是指可以用机器学习方法解决的通用问题。机器学习中的典型任务包括分类、回归、聚类、排名、降维等，简单描述如下。

（1）分类（classification）是将输入数据划分成两个或多个类别。输出值是离散的。具体应用有垃圾邮件过滤、人脸识别、银行用户信用评级、情感分析、手写体字符和数字识别、反欺诈等。解决此类任务的典型算法有支持向量机、K-近邻、朴素贝叶斯、决策树、逻辑回归（logistic regression）算法等。

（2）回归（regression）是确定某些变量之间定量关系的一种统计分析方法，即建立数学模型并估计未知参数。简单来说，回归就是找到一个函数，给定一个输入特征值 X，便能输出一个与之相对应的连续数值（不是离散的）。常用于预测股票行情、二手车价格、身高、体重、医学诊断等。与分类问题不同，回归预测的是数值而不是类别。例如，按行驶里程预测二手汽车的价格、按时间预测交通的流量等。解决此类任务的典型算法有多元线性回归、贝叶斯线性回归（bayesian linear regression）、多项式回归等算法。

（3）聚类（clustering）是指将具体的或抽象的对象的集合分成由相似对象组成的多个不知名称的组（group）或簇（cluster）的过程。需要说明的是：此处，不用"类别"一词代替"组"或"簇"，以示与"分类"任务的区别。聚类也称为聚类分析，在日常生活和工作中已有广泛的应用。例如，可以采用聚类方法，根据用户行为、销售渠道、商品等原始数据，将相似的市场和用户聚集在一起，以便找准潜在的目标客户和市场。解决此类任务的典型算法有 K 均值聚类(K-means clustering,也有人将其称为 c 均值聚类);层次聚类;模糊 c 均值聚类;基于密度的聚类等。

(4) 排名(ranking)是指依据某个准则对项目进行排序。主要应用场景就是各大搜索引擎对基于关键词的查询结果的条目进行排序。解决此类任务的典型算法有网页排名(PageRank)算法,它是一种利用网页(节点)之间的超链接数据进行计算的技术,用于对搜索到的结果列表进行评估和排名,以体现网页与特定查询的相关性和重要性。

(5) 降维(dimensionality reduction)是指通过将输入数据从高维特征空间映射到低维特征空间,去除很多无用的、冗余的特征,以达到降低学习的时间复杂度和空间复杂度的目的。具体应用有特征工程中的特征选择(选择最有效的特征子集)、数据可视化(低维数据易于可视化)。解决此类任务的典型算法有主成分分析法(principal component analysis,PCA);线性判别分析(linear discriminant analysis,LDA,又称为 Fisher 线性判别,FDA);多维缩放(multiple dimensional scaling,MDS)等。

可见,机器学习的任务有多种,每种任务又有很多应用场景,而不同的应用场景产生的数据具有不同的特点、特征和先验知识。目前尚不存在一种能适用于所有场景的机器学习算法,这就需要我们了解每种任务的特点及其能解决的问题。

2. 学习范式

学习范式(learning paradigms)是指机器学习的场景或模式。根据机器学习模型训练时所使用的数据集的完整性和质量,通常将机器学习分成监督学习、无监督学习与弱监督学习。这三种学习范式的具体描述如下。

(1) 监督学习(supervised learning)。

监督学习是指采用一组有标注的数据样本对模型进行训练,再用训练好的模型对未知样本做出预测。也可以理解为:利用有标注的数据学习到一个模型,用以建立从输入到输出的一种映射关系,再用该模型对测试数据集中的样本进行预测。监督学习的训练数据由两部分组成,即描述事件/对象的特征向量(x)和真实标签(y),有训练模型的过程。

需要采用监督学习方法完成的学习任务主要包括分类、回归和排名。典型的监督学习方法有支持向量机;KNN;线性回归;决策树;隐马尔可夫模型(hidden markov model,HMM);条件随机场(conditional random field,CRF)等。

(2) 无监督学习(unsupervised learning)。

在实际应用中,常常会出现如下情况:由于缺乏足够的先验知识,因此难以人工标注数据类别,或者人工标注的成本太高,导致数据缺少标注信息,即缺少真实标签。在此情况下,利用未标记(类别未知)的数据样本解决模式识别中的各种问题,称为无监督学习。相比于监督学习的训练数据,无监督学习的数据只是其中的一个部分,即只有描述事件/对象的特征向量(x),但是没有标签(y),且没有训练模型的过程。无监督学习的效果一般比较差。

需要采用无监督学习方法完成的学习任务主要包括聚类和降维。典型的无监督学习方法有 K-Means 聚类、主成分分析法等。

(3) 弱监督学习(weakly supervised learning)。

弱监督学习介于监督学习和无监督学习之间,它利用带有弱标签的训练数据集进行监督学习,同时利用大量无标签数据进行无监督学习。弱标签是指标注质量不高的标签,即标签信息可能不完全、不确切、不准确。

根据训练时所使用数据的质量,弱监督学习分为不完全监督学习、不确切监督学习和不准确监督学习。虽然将弱监督学习分为了上述三种类别,但在实际操作中,它们经常同时发生。其中,不完全监督学习[①]又包括主动学习、半监督学习、迁移学习、强化学习。

一般情况下,弱监督学习的效果比无监督学习好,但不如监督学习。以上各个学习范式的分类并不是严格互斥的。

弱监督学习涵盖的范围十分广泛,只要训练数据的标签信息不完全、不确切或不准确,都可以采用弱监督学习方法。

3. 学习模型

学习模型(learning models)用于表示可以完成一个学习任务的方法。机器学习的效果在很大程度上取决于解决该学习任务时所选用的方法。

(1) 几何模型。

可以采用线、面或距离等几何图形模型来构建学习算法。用于学习线性模型的典型算法有线性回归,用于学习二维平面模型的典型算法有支持向量机,用于学习距离模型的典型算法有 KNN。

(2) 逻辑模型。

用逻辑模型来构建学习算法,其典型算法包括归纳逻辑编程和关联规则算法。

(3) 概率模型。

采用概率模型来表示随机变量之间的条件相关性,典型算法包括贝叶斯网络、概率规划和线性回归等方法。

(4) 网络模型。

采用网络模型构建机器学习算法,典型的浅层网络有感知机(perceptron),典型的深层网络有各种深度卷积神经网络。

4.2　监督学习

监督学习是在机器学习算法中占据绝大部分的一种十分重要的方法。监督学习是在已知标签(即监督信息)的训练集上学习出一个模型,当向此模型输入新的样本(也称为未知数据,即测试集中的样本)时,可以预测出其所对应的输出值。

4.2.1　监督学习的步骤

已知训练集中包含 N 个数据样本,记为 $X=\{X_1, X_2, \cdots, X_N\}$,同时包含 M 个标签的结果集,记为 $Y=\{y_1, y_2, \cdots, y_M\}$,且已知 X 集合中每个样本 X_i($i\in[1,N]$)所对应的标签为 $y_i(y_i\in Y)$。假设指定一个学习模型 model,当为其输入样本 X_i 的 n 维特征向量 $(x_{i1}, x_{i2}, \cdots, x_{in})$ 时,运行学习算法,可得到一个实际输出的预测结果,记为 y_i';预期输出的正确结果为 y_i,称为期望结果。若 $y_i'=y_i$,说明实际输出的预测结果正确,与期望结果 y_i 一致,无须修正模型;若 $y_i'\neq y_i$,说明实际输出的预测结果不正确,需要改进模型。

---

① 本书将迁移学习、强化学习归入不完全监督学习一类,是因为迁移学习、强化学习都有一些监督信息,只是量少、不完全,而并非监督信息不确切、不准确。

采用监督学习建立学习模型的过程如下。

(1) 采用指定的初始模型 model,初始化 $i=1$。

(2) 若 $i>N$,学习过程结束,得到最终模型;否则,向学习模型 model 输入样本 X_i 的 n 维特征向量 $(x_{i1}, x_{i2}, \cdots, x_{in})$,计算输出结果,记为 y_i'。

(3) 若 $y_i' \neq y_i$,则将错误结果 y_i' 与期望结果 y_i 之间的误差作为纠正信号,传回到模型 model,用以更新 model 的参数,改进模型。

(4) 令 $i=i+1$,返回第(2)步。

可见,监督学习的过程就是利用已知标签的训练样本指导算法不断改进模型的学习过程,最终学习得到的模型就是从输入变量到输出变量之间的映射。此映射越准确,说明学习得到的模型对训练集的拟合越好,这种拟合能力称为学习能力、训练能力或逼近能力。我们希望:在将新的样本(即测试集中的样本)输入到训练好的模型时,也能够输出正确的结果。这种对新样本的适应能力称为预测能力、泛化能力或推广能力。

若构造的模型不能很好地拟合(逼近)训练数据,称为"欠拟合"。若模型能比较好地拟合(逼近)训练数据,称为"良拟合"。一般情况下,随着训练能力的提高,预测能力也会提高。但这种趋势并不是固定的,有时当达到某个极限时,随着训练能力的提高,预测能力反而会下降,这种现象称为"过拟合",即训练误差变小,测试误差也会随之减小,然而减小到某个值后,测试误差却反而开始增大。通常,在训练数据规模小或模型过于复杂时,会导致模型在训练集上过拟合。模型越复杂,越容易出现过拟合的现象。

总之,监督学习的目的是希望从带有监督信息的训练样本中总结规律,使所学习到的模型可以对测试集中的新样本进行正确的预测和判断,预测正确的样本越多,则模型的性能越好。类似于学生采用有标准答案的练习题进行训练,然后去参加考试,考试题不包含在练习题集中,答对的题越多,得分越高。

4.2.2 监督学习的主要任务

监督学习可以完成的主要任务包括分类和回归。

1. 分类

分类任务可分为二分类和多分类,输出均为离散值。例如,电子邮件中的垃圾邮件过滤就是一个二分类任务,需要利用以往用户收到的邮件和标记为垃圾的电子邮件训练一个邮件分类器,分类结果只有两个:垃圾邮件和非垃圾邮件。若一封新邮件被分类为垃圾邮件,则将其发送到指定的垃圾文件夹中。

手写体数字识别则是一个多分类任务,确切地说,是 10 分类任务。因为一共有 10 个阿拉伯数字,只需要利用手写体数字图像集合训练一个 10 分类模型,分类结果是 10 个 $[0,1]$ 的实数,分别表示属于 10 个数字类别的概率。将一张新的手写体数字图像输入到分类模型后,将其归类于最大概率值所对应的类别。

2. 回归

回归是确定两种或两种以上变量之间相互依赖的定量关系的一种数理统计分析方法。回归主要用于预测数值型数据,它输出的是连续值,而非离散值。回归被广泛应用于各个领域的预测和预报,例如,传染病学中的发病趋势、金融分析与量化投资的系统性风险以及在经济领域中预测消费支出、固定资产投资支出、持有流动资产需求等。回归又分为线性回归

(linear regression)和逻辑回归(logistic regression)。

（1）线性回归。

线性回归是指采用线性函数来建模，根据已知数据来估计未知的模型参数，这样的模型称为线性模型。线性回归模型的表达式为 $y = w^T x + e$，其中 x 是自变量向量，y 是因变量，w^T 是模型参数向量的转置，e 表示偏置。

研究一个因变量与一个或多个自变量间多项式的回归分析方法，称为多项式回归(polynomial regression)。如果自变量只有一个时，称为一元多项式回归；如果自变量有两个或两个以上时，称为多元多项式回归。若一个因变量与一个或多个自变量间是非线性关系，例如，$y(x) = w_2 x^2 + w_1 x + e$，则称为非线性回归。

在一元多项式回归分析中，若一个自变量和一个因变量的关系可用一条直线近似表示，这种回归称为一元线性回归，即找一条直线来拟合数据。如果在多元多项式回归分析中，一个因变量和多个自变量之间是线性关系，则称为多元线性回归。

线性回归的应用十分广泛。例如，根据波士顿房屋的多种特征，对房价进行线性回归预测。波士顿房价数据集来自 UCI Machine Learning Repository，该数据集由 506 个样本组成，包含了 1978 年美国马萨诸塞州波士顿不同郊区住宅的价格中位数及 13 个特征变量（即每个城镇的人均犯罪率、住宅用地占比、非商用地占比、是否靠近查尔斯河、氮氧化物浓度、住宅平均房间数、1940 年前建成的自住单位占比、与 5 个就业中心的加权距离、高速公路便捷指数、每万元资产税率、师生比、黑人比例指数、低收入阶层比例）。需要建立一个多元线性回归模型，如公式(4.2)所示，用以拟合波士顿房价数据集中的样本，求解最优参数向量。当向训练好的回归模型输入一套新房屋的特征时，将输出预测的房价值。

$$y(X) = w_1 x_1 + \cdots + w_n x_n + e, \quad X = \{x_1, x_2, \cdots, x_n\}, n = 13 \tag{4.2}$$

（2）逻辑回归。

逻辑回归又称为逻辑回归分析，是通过历史数据的表现对未来结果发生的概率进行预测。例如，令用户的属性（性别、年龄、注册时间等）为自变量，购买产品概率（买/不买）为因变量，根据用户属性值，用逻辑回归模型预测该用户购买产品的概率 p，若 $p > 0.5$，判断该用户"会买"，否则判断该用户"不会买"。可见，尽管逻辑回归输出的是实数值，但本质上它是一种分类方法，而不是回归方法。

逻辑回归的自变量可以有一个，也可以有多个。有一个自变量的，称为一元回归分析；有两个或两个以上自变量的，称为多元回归分析。

逻辑回归的因变量可以是二分类，也可以是多分类。二分类更为常用，也更容易解释。若采用 sigmoid 函数（见公式(4.3)）计算概率，则逻辑回归可完成二分类任务。令阈值为0.5，输出值大于 0.5 的是一类，小于等于 0.5 的是另一类。若采用 softmax 函数（见公式(4.4)）计算概率，则逻辑回归可完成多分类任务。

$$f(x) = \frac{1}{1 + e^{-x}} \tag{4.3}$$

$$f(x_i) = \frac{e^{x_i}}{\sum_{k=1}^{M} e^{x_k}} \quad i = 1, 2, \cdots, M; M \text{ 为类别数} \tag{4.4}$$

线性回归与逻辑回归的区别在于：线性回归用于预测连续值，其输出的值域是实数集，其模型是线性的;逻辑回归主要用于解决分类问题,其输出的值域为$[0,1]$,其模型是非线性的。线性回归与逻辑回归的共同点在于:两者的输入数据既可以是连续的值,也可以是离散的值。

回归与分类的相似性在于:两者都需要训练过程。回归与分类的差别在于:分类输出的是离散值,回归输出的是连续值;分类用于预测文本类别,回归用于预测实数值。

4.2.3　监督学习的典型算法

监督学习是机器学习中应用非常广泛的方法,已经发展出数以百计的不同方法,在很多应用领域都取得了巨大的成功。本节主要介绍易于理解且应用广泛的代表性算法:K-近邻算法和支持向量机算法。

4.2.3.1　K-近邻算法

K-近邻算法(KNN)最初是由科弗(Cover)和哈特(Hart)于1968年提出的。它是一个理论上比较成熟的方法,也是最简单的机器学习算法之一。KNN算法既可用于分类问题,也可用于回归问题。

KNN算法的设计思想非常简单、直观,可用"近朱者赤,近墨者黑"来说明。通过观察与某人"甲"相近之人所处的状态来判断"甲"所处的状态。具体做法是:给定数据集D和待分类的样本x,在D中找出与x距离最近的K个"邻居",看其中属于哪一类的"邻居"最多,则将x分到哪一类。

(1)采用KNN算法完成分类任务时的流程。

对数据集中每个未知类别的样本依次执行以下操作。

① 准备好已知类别标签的训练数据集D,对数据进行预处理,假设D中共有N个数据样本。

② 计算测试样本x(即待分类样本)到D中每个样本的距离,存入数组Dist$[1..N]$。

③ 对Dist$[1..N]$中元素进行增序排序,找出其中距离最小的K个样本。

④ 统计这K个样本所属类别出现的频率。

⑤ 找出出现频率最高的类别,记为c,作为测试样本x的预测类别。

KNN算法比较适用于样本量较大的分类,而样本量较小时较容易产生误分类。

(2)采用KNN算法完成回归任务时的流程。

对数据集中每个未知属性值的样本依次执行以下操作。

① 准备好已知属性值的训练数据集D,对数据进行预处理,假设D中共有N个数据样本。

② 计算测试样本x(即待预测样本)到D中每个样本的距离,存入Dist$[1..N]$。

③ 对Dist$[1..N]$中元素进行增序排序,找出其中距离最小的K个样本。

④ 计算这K个样本的属性的平均值Y。

⑤ 将Y赋予测试样本x,作为其属性值。

(3)KNN算法的优缺点。

KNN算法的优点有:思路简单,易于理解,易于实现,不需要训练过程,不必估计参数,可直接用训练数据来实现分类。只需人为确定两个参数,即K的值和距离函数。KNN算法支持多分类。

KNN 算法的不足有以下 4 点。

① 对超参数 K 的选择十分敏感,针对同一个数据集和同一个待测样本选择不同 K 值,会导致得到完全不同的分类结果。

② 当样本不平衡时,例如一个类中样本数很多,而其他类中样本数很少,有可能导致总是将新样本归入大容量类别中,产生错误分类。

③ 当不同类别的样本数接近时或有噪声时,会增加决策失误的风险。

④ 当样本的特征维度很高或训练数据量很大时,计算量较大,KNN 算法效率会降低,因为对每一个待分类样本都要计算它与全体已知样本之间的距离,才能找到它的 K 个最近邻点。目前常用的解决方法是事先对已知样本进行剪枝,去除对分类作用不大的样本;另外,可以对训练数据进行快速 K-近邻搜索。

4.2.3.2 支持向量机

支持向量机在 20 世纪 90 年代得到快速发展,并衍生出一系列改进和扩展的算法,应用于人像识别、文本分类等模式识别问题中。

SVM 是机器学习中的一个经典算法,具有严格的理论基础,在很多分类任务中都展现了卓越的性能,尤其是在样本量小的情况下表现出色。SVM 既可用于分类问题,也可用于回归问题。

(1) SVM 的设计思路。

给定训练数据集,支持向量机将每个训练样本的特征向量表示为空间中的点,支持向量机想要求解一个分类超平面,使得不同类别的样本被尽可能大间隔(margin)地分开。然后将新的样本映射到同一空间,根据它落在分类超平面的哪一侧来预测其所属的类别。支持向量机是一种二分类模型,其基本模型定义为特征空间上间隔最大的线性分类器,即支持向量机的学习策略就是使间隔最大化,最终可转化为一个凸二次规划问题的求解。

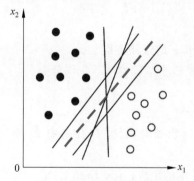

图 4.1 完全分隔两类的超平面可能有多个

下面通过一个简单的例子来解释支持向量机。如图 4.1 所示,给定训练样本集 T,其中有两类样本,分别用"●"和"○"表示。SVM 的目标是找到一个超平面,将不同类别的样本分开。从图 4.1 可见,能将"●"和"○"完全分开的超平面有多个,应该选择哪个超平面作为分类器更好呢?

一般而言,一个样本点距离超平面的远近可以表示分类预测的置信度或准确程度。当一个样本点距离超平面越远时,分类的置信度越大。对于一个包含 n 个样本点的数据集,自然认为:其分类间隔是 n 个点中离超平面最近的距离。为了提高分类的准确程度,希望所选择的超平面能够最大化该间隔。此为 SVM 算法最朴素的思路,即最大间隔(max-margin)准则。在图 4.1 中,显然虚线表示的超平面是最佳的,因为它距离最近的"●"和"○"比其他超平面都要远。

怎么才能找到间隔最大的超平面呢?现在想象一下:在图 4.2 中,假设已找到一个最佳分类超平面,即中间的实线。做两条与该实线平行的虚线,将这两条虚线从实线的位置开始,分别平行着向两边推开,直到碰到样本点才停下,虚线上的 3 个训练样本为当前 SVM 的"支持向量"。两条平行虚线之间的距离为最大间隔,且实线恰恰位于两条虚线的正中间。

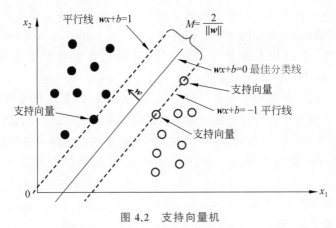

图 4.2 支持向量机

严格地讲:距离超平面最近的若干训练样本被称为"支持向量",两个异类支持向量到超平面的距离之和称为"间隔"。支持向量机的目标就是找到具有"最大间隔"的超平面,即图 4.2 中的实线。

为简单起见,先考虑如何求解线性可分问题的最佳分类线。在二维样本空间中,分类线可用公式(4.5)的线性方程来描述:

$$wx + b = 0 \tag{4.5}$$

其中,w 和 b 都是待优化的参数,w 的方向是分类线的法向量方向(w 与分类线垂直);b 决定了分类线与原点之间的距离。分类线 $wx + b = 0$ 应该将所有训练样本都正确分类,则有如下表达式:

$$\begin{cases} wx_i + b \geqslant +1, & \text{if } y_i = +1 \\ wx_i + b \leqslant -1, & \text{if } y_i = -1 \end{cases} \tag{4.6}$$

上述两个公式可合并,写为:

$$y_i(wx_i + b) - 1 \geqslant 0 \tag{4.7}$$

两条与分类线平行的虚线的方程分别为:

$$wx + b = 1 \text{ 和 } wx + b = -1 \tag{4.8}$$

这两条平行虚线之间的距离称为"间隔",其计算公式如下:

$$M = \frac{2}{\|w\|} \tag{4.9}$$

希望间隔 M 取最大值,即有:

$$\max M = \frac{2}{\|w\|} \Rightarrow \min_{w,b} \frac{1}{2} \|w\|^2 \tag{4.10}$$

$$\text{s.t. } y_i(wx_i + b) \geqslant 1, \quad i = 1, 2, \cdots, N; \ N \text{ 为样本数}$$

于是,欲找到具有"最大间隔"的分类线问题,转化为求解二次优化问题,求解能满足公式(4.10)中约束的参数 w 和 b,使得 M 最大。

需要指出的是,以上是针对线性可分问题的支持向量机模型。在很多现实问题中,情况往往很复杂。例如,样本是线性不可分,但却是非线性可分的,则上述版本的支持向量机就无能为力了,无法找到一个线性分类面将不同类别的样本分开。

为了解决这类问题,有研究者提出了核方法,通过选择一个核函数,将训练数据映射到高维空间,使得样本在新空间中有可能被超平面分开,以此来解决在原始空间中线性不可分的问题。至于如何做映射,现有的研究工作表明:有一些常用的、固定的核函数适用于多数应用场景和数据集,能将样本从低维特征空间映射到高维特征空间中。例如高斯核(Gaussian kernel),也称为径向基核函数(radial basis function,RBF)。核函数具有良好的性能,计算量只与支持向量的数量有关,与空间的维数无关;而且在从低维空间映射到高维空间时,这种非线性映射在计算量上较之原来并没有显著的增加。因此,核方法在目前机器学习的任务中应用十分广泛。但需注意的是,并非总能正确地选择合适的核函数,因此,"核函数选择"成为支持向量机的最大变数。若选择不当,则很可能导致 SVM 模型的性能不佳。

(2) SVM 的优缺点。

SVM 的优点如下。

① 解决高维特征的分类问题和回归问题很有效,在特征维度大于样本数时,依然有很好的效果。

② 仅仅利用为数不多的支持向量便可确定超平面,无须依赖全部数据,因此适用于小样本集的应用。

③ 有大量的核函数可以使用,从而可灵活地解决各种非线性的分类和回归问题。

④ 在样本量不是海量数据时,分类准确率高,泛化能力强。

SVM 的缺点如下。

① 如果特征维度远远大于样本数,则 SVM 表现一般。

② 在样本量巨大、核函数映射维度非常高时,SVM 的计算量过大。

③ 针对非线性问题的"核函数选择"问题,没有通用标准,难以选择一个合适的核函数。

④ SVM 对缺失数据敏感。

在集成学习和深度学习未表现出其优越性能之前,SVM 基本占据了分类模型的统治地位。目前,在大数据背景下,由于 SVM 在处理大量数据时会产生巨大的计算量,研究热度有所下降,但 SVM 仍是一个常用的机器学习算法。

4.3 无监督学习

无监督学习,顾名思义,即没有监督的学习。与监督学习的不同之处在于:无监督学习方法在学习时,没有事先指定的标签,也不需要人类提供标注数据,更不接收监督式信息(即告诉它何种操作是正确的)。无监督学习是通过模型不断地自我认知、自我巩固、自我归纳来实现其学习过程。

4.3.1 无监督学习的基本原理

无监督学习算法仅接收环境提供的未标注数据,从中学习数据的统计规律或者内在结构,调节自身的参数或结构,以发现外部输入的某种固有特性。例如,将特征相似的样本聚类在一起或发现某种统计上的分布特征;然后再对所有未知数据做出预测,其目的是发现未标注数据本身固有的、隐含的知识和规律。无监督学习没有训练过程,其学习的基本原理如下。

已知无标注数据集中包含 N 个数据样本,记为 $X = \{X_1, X_2, \cdots, X_N\}$,其中,第 i 个样本 $X_i (i = 1, 2, \cdots, N)$ 的 n 维特征向量表示为 $(x_{i1}, x_{i2}, \cdots, x_{in})$,将无标注的特征向量输入到一个指定的学习模型中,学习得到用于聚类、降维或概率估计的决策函数 $f_\theta(x)$ 或条件概率分布 $P_\theta(y|x)$ 或者 $P_\theta(x|y)$,继而可以使用决策函数或条件概率分布式对未知数据进行预测和概率估计。

无监督学习的任务主要包括聚类、降维、概率估计,无监督的学习模型则为一组描述聚类、降维或概率估计的计算方法。无监督学习的过程就是从模型集合中选择出最优预测模型的过程,预测过程是获取聚类、降维或概率估计结果的过程。

上述描述的无监督学习过程,可类比如下场景:给一个幼儿一堆包含方形和三角形的积木,家长要求孩子根据不同的形状将积木分成两堆,但不告诉他"方形"和"三角形"的名称。幼儿通过自己的观察,不断地自我学习,调整自己对形状的认识,尝试着分辨两类积木,并将形状相同的积木聚在一起,形成两堆积木,无须家长指导。然后再给幼儿一块方形积木,让孩子根据积木的形状来决定将其放入哪一堆。若孩子将这块新积木放入了方形堆中,则预测正确,否则预测错误。在学习过程中,孩子并不知道"方形"和"三角形"的概念,只是根据观察找到了其中的规律。

我们希望人工智能无监督学习算法的性能也能达到人类的这种自学水平,但显然目前还远远达不到。谷歌大脑(由 16000 台计算机连成的一个集群,致力于模仿人类大脑活动)学习了 1000 万张数字图片,才成功地学会了识别一只猫。

无监督学习,类似于学生在做一本没有标准答案的习题册上的习题。他们无法知道自己做得正确与否,只能在做题过程中摸索相似类型的习题的大致规律和答案,即自学。

4.3.2 无监督学习的主要任务

无监督学习可以完成的主要任务包括聚类和降维。

1. 聚类

聚类是无监督学习中最重要的一类算法。聚类是研究样本分组问题的一种统计分析方法。聚类起源于分类学,但却不等于分类。聚类与分类的不同在于:聚类所划分的组是未知的,是从样本中通过学习自动发现的,各个组的标签是未知的,但组的个数需要事先人为给定。

给定一个由无标注样本组成的数据集,聚类是根据数据特征的差异将样本划分为若干个组(簇),使得同组内的样本非常相似,不同组的样本不相似。聚类的目的是将相似的对象聚在一起,却不知道组中的对象是什么,更不知道组的名称。因此,只需要确定样本相似度的计算方法,便可执行一个聚类算法了。

通俗来讲,聚类是将样本集分为若干互不相交的子集,即样本组。聚类算法划分组的原则为:使划分在同一组的样本尽可能地彼此相似,即类内的相似度(intra-cluster similarity)

高；同时使划分在不同组的样本尽可能地不同，即组间的相似度(inter-cluster similarity)低。

聚类的典型应用如下。

(1) 商业营销。能帮助市场分析人员从客户基本信息中发现不同的客户群，并且用购买模式来刻画不同客户群的特征，然后针对不同购买模式的客户群设计不同的营销方案。

(2) 图像分割。即利用图像的灰度、颜色、纹理、形状等特征，将图像分成若干个互不重叠的区域，使得这些特征在同一区域内呈现相似性，在不同的区域之间存在明显的差异性，然后将其中具有独特性质的区域提取出来，用于不同的研究。例如，在机车检验领域，可采用聚类算法发现轮毂裂纹区域，及时发出警报，保证行车安全；在生物医学工程领域，可采用聚类算法对肝脏 CT 图像进行分割，为临床治疗和病理学研究提供帮助。

(3) 经济区域分类。即根据经济发展的相关指标，通过聚类分析对不同经济发展水平的区域进行划分，从而进一步研究经济发展与教育投入、城乡居民收入等因素的关系，以便做出正确的商业或民生决策。

传统的聚类分析计算方法主要有如下几类：(1)划分方法；(2)层次聚类方法或基于连接的聚类方法；(3)基于密度的聚类方法；(4)基于网格的方法；(5)基于模型的方法。

2. 降维

通过某种数学变换，将原始高维特征空间转变为一个低维子空间的过程，称为降维。降维也称为维数约简，即降低特征的维度，得到一组冗余度很低的特征。若原特征空间是 D 维的，现在希望降至 $D-1$ 维甚至更低维的。例如，假设每个样本的特征维数是 1000 维，通过降维，可以用其中最具代表性的 100 维特征来代替原来 1000 维的特征。

在从高维空间转换到低维空间的过程中，低维空间不是事先给定的，而是从样本数据中自动发现的，但低维空间的维度通常是事先给定的，类似于聚类中事先需要给定组(簇)的个数。降维后，新产生的特征的物理含义也需由学者自己去发现和总结。

需要对数据进行降维的原因在于：在原始高维数据空间中，样本特征可能包含冗余信息及噪声信息，在实际应用中会造成存储空间的浪费、计算量过大、维度灾难、无法获取本质特征等问题。

降维主要应用于 3 方面：(1)数据压缩，压缩后的图像、视频、音频数据不仅减少了占用计算机内存或磁盘的空间，还加速了各种算法的运行；(2)数据可视化，通过降维可以得到更直观的数据视图。例如，将四维甚至更高维的数据降至二维或三维空间上，使得对数据的结构有更直观的理解与认识；(3)特征工程，高维数据中的冗余特征和噪声会对模式识别造成误差，降低模型的准确率，增加模型的复杂度，导致模型出现过拟合现象。通过特征降维，可以去除部分不相关或冗余的特征，确保特征之间是相互独立的，以达到提高模型精确度、降低算法时间复杂度、提升模型泛化能力的目的。

重点介绍应用于特征工程中的降维技术，特征工程中的降维通常有两种策略，分别是特征选择和特征提取。

(1) 特征选择。

特征选择(feature selection)也称为特征子集选择(feature subset selection, FSS)，或属性选择(attribute selection)、变量选择或变量子集选择，它是指从原始特征集(n 维特征)中

选择出 k 维($k<n$)最有效的、最具代表性的特征子集,舍弃冗余或无关的 $n-k$ 个特征,使得系统的特定指标最优化。特征选择的目的是去除原始特征集中与目标无关的特征,保留与目标相关的特征。

特征选择是一种基本的且非常有效的降维技术,也是模式识别中数据预处理的关键步骤。对于一个学习算法而言,好的学习样本是构建性能良好的学习模型的关键,好的特征对提高模型的泛化能力也有着至关重要的影响。使用特征选择技术,可以简化模型,使之更易于被研究人员或用户理解;可以缩短模型的学习时间;可以改善模型的通用性、降低过拟合,提高泛化能力。

特征选择的输出可能是原始特征集的一个子集,也可能是原始特征的加权子集,保留了原始特征的物理含义。

常用的特征选择方法包括高相关性滤波(high correlation filter)、随机森林(random forest)、过滤方法(filter method)等。其中,过滤方法主要探究特征本身特点、特征之间的相关性、特征和目标值之间关联,根据相关或相互信息等统计测量来选择特征。例如,低方差滤波(low variance filter)法就是计算每一维特征的方差,将 n 维的特征按方差的降序排序,若某维特征的方差小于事先设定的阈值,则舍弃该维特征,因为特征方差小说明样本在该维特征上的值比较相近,该维特征就不具有区分度,去除后不会影响特征向量的表征能力。该阈值默认取 0,则删除所有样本中具有相同值的特征。

(2) 特征提取。

图像处理、自然语言处理、计算机视觉领域中的特征提取是指将机器学习算法不能识别的原始数据(如图像、视频、音频、文本)转化为算法可以识别的数值特征的过程。例如,图像是由一系列像素点(原始数据)构成的,这些像素点本身无法被机器学习算法直接使用,但若将这些像素点转化成 RGB 颜色矩阵的形式(数值特征),机器学习算法则可以使用了,RGB 颜色值则为提取出的颜色特征,此过程就是特征提取。这与降维中的特征提取是完全不同的概念。

降维中的特征提取(feature extraction)是指通过数学变换方法,将高维特征向量空间映射到低维特征向量空间。实际上,特征提取就是一个对已有特征进行某种变换,以获取约简特征的过程。其思路是:将原始高维特征空间中的数据点向一个低维空间做投影(例如,从 3D 向 2D 做投影),以减少维数。在此映射过程中,特征发生了根本性变化,原始特征消失了,取而代之的是尽可能多地保留了相关特性的新特征,这些新特征不在原始特征集中。特征提取的主要经典方法包括主成分分析法和线性判别分析法等。

特征选择与特征提取既有共同之处,也有不同之处。两者的共同点如下。

(1) 两者都是在尽可能多地保留原始特征集中有用信息的情况下降低特征向量的维度。

(2) 两者都能提高模型的学习性能,降低计算开销,并提升模型的泛化能力。

特征选择与特征提取的区别如下。

(1) 特征选择是从原始特征集中选择出子集,两个特征集之间是包含关系;而特征提取则是将特征向量从原始空间映射到新的低维空间,创建了新特征,两个特征集之间是一种映射关系。

(2) 特征选择的子集未改变原始的特征空间,且保留了原始特征的物理意义和数值;而特征提取获得的新特征没有了物理含义,其值也发生了改变。故特征选择获得的特征具有更好的可读性和可解释性。

(3) 两种降维策略所采用的方法不同。特征选择常用的方法包括高相关性滤波、随机森林、过滤方法等;特征提取常用的方法包括主成分分析(principal component analysis, PCA)法和线性判别分析法等。

4.3.3　无监督学习的典型算法

无监督学习的方法很多,本节介绍两个易于理解且具代表性的算法,分别为 K-Means 聚类算法和主成分分析算法。

4.3.3.1　K-Means 聚类

研究者针对不同的问题提出了多种聚类方法,其中 K-Means(即 K-均值)聚类是无监督学习中使用最广泛的聚类算法。K-Means 算法无论是思想还是实现都比较简单。

K-Means 聚类算法的基本思想是:针对给定的样本集合 D,通过迭代寻找 K 个簇的一种划分方案,其目标是使事先定义的损失函数最小。损失函数往往定义为各簇内各个样本与所属簇中心点的距离平方之和,如公式(4.11)所示。

$$E = \sum_{i=1}^{K} \sum_{\boldsymbol{X} \in c_i} \| \boldsymbol{X} - \mu_i \|_2^2 \tag{4.11}$$

其中,K 是人为设定的簇的个数,μ_i 是簇 c_i 的中心点,即第 i 簇中所有样本点的均值;$\boldsymbol{X}$ 是簇 c_i 中某个样本的特征向量。此损失函数刻画了簇内样本围绕簇中心点 μ_i 的紧密程度,E 值越小,表示簇内样本相似度越高。

K-Means 算法的实现过程如下。

(1) 从数据集 D 中随机选择 K 个样本作为初始簇的中心。

(2) 计算每个样本与 K 个簇中心的距离,并将该样本划分到距离其最近的簇中。

(3) 重新计算 K 个新簇的中心(即该簇内所有数据点的平均值)。

(4) 重复执行第(2)、(3)步,直到 E 值不再变小,即所有簇中的样本不再发生变化。

从上述过程可见,K-Means 算法时间复杂度近于线性,适合于大规模数据集上的聚类。

K-Means 聚类算法的问题主要有两点:①K-Means 算法对参数的选择比较敏感,不同的初始位置或簇个数 K 的选择往往会导致完全不同的结果,当选取的 K 个初始簇中心点不合适时,不仅会增加聚类的迭代次数与时间复杂度,甚至有可能造成错误的聚类结果;②由于损失函数是非凸函数,则不能保证计算出来的 E 的最小值是全局最小值。在实际应用中,K-Means 达到的局部最优已经可以满足需求。如果局部最优无法满足实际需要,可以重新选择不同的初始值,再次执行 K-Means 算法,直到达到满意的效果为止。

4.3.3.2　主成分分析

PCA 法是由英国数理统计学家卡尔·皮尔逊(Karl Pearson)于 1901 年提出的一种数据分析方法,是一种常用于特征提取的线性降维方法。

PCA 的主要原理是通过某种线性投影,将高维的数据映射到低维的空间中,并期望在所投影的维度上的数据方差最大,方差的计算公式如公式(4.12)所示。

$$D(\boldsymbol{X}) = \frac{1}{m} \sum_{i=1}^{m} (x_i - \bar{x}_i)^2 \tag{4.12}$$

其中，$\boldsymbol{X} = (x_1, x_2, \cdots, x_m)$，为 m 个样本在某个维度上特征分量的集合，$\bar{x}_i$ 为 $(x_1, x_2, \cdots, x_m)$ 的平均值。

方差大表示样本点在此超平面上的投影尽可能地被分开了，以此达到使用较少的数据维度来保留较多的原始样本点的特性的效果。通过 PCA 还可以将一组可能存在相关性的特征分量（属性）转换为一组线性不相关的特征分量，转换后的这组特征分量叫主成分。简单来说，PCA 是设法将原来众多的具有一定相关性的特征分量重新组合成一组新的线性无关的特征分量，用以代替原来的特征，这组新的特征分量必须尽可能多地保留原始样本的信息。

假设原始数据集中有 m 个 n 维的样本，采用投影矩阵 $\boldsymbol{W}$ 将特征空间从 n 维降到 k 维（$n > k$）。在降维过程中，信息损失是不可避免的。所有 m 个样本点 x_i（$i=1,2,\cdots,m$）在低维空间中超平面上的投影是 $\boldsymbol{W}^{\mathrm{T}} x_i$，被变换为 m 个 k 维的特征向量。希望所有样本点的投影尽可能地被分开，例如在图 4.3 中，二维空间中的样本被投影到直线 ab 上后的样本点方差为 0.206，而投影到直线 cd 上的样本点方差为 0.045，显然应该选择直线 ab 作为降维空间。

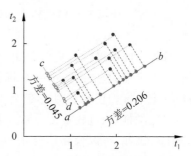

图 4.3 所有样本点被投影到直线 ab 上后被尽可能地分开了

PCA 法的过程如下所示。

输入：

（1）数据集 D，其中包含 m 个特征维数为 n 的样本，记为 $D = \{X_1, X_2, \cdots, X_m\}$，被表示为矩阵 $\boldsymbol{X}^s$。

$$\boldsymbol{X}^s = \begin{bmatrix} x_{11} & x_{12} & \cdots & x_{1n} \\ x_{21} & x_{22} & \cdots & x_{2n} \\ \cdots & \cdots & \cdots & \cdots \\ x_{m1} & x_{m2} & \cdots & x_{mn} \end{bmatrix}_{m \times n}$$

其中每一行代表一个样本，每一列代表一个特征分量（或属性），列号表示特征的维度编号，共 n 维。

（2）降维后的空间维度 k。

输出：

（1）投影矩阵 $\boldsymbol{W}$。

（2）降维后的样本数据集 $Y = \{Y_1, Y_2, \cdots, Y_m\}$，即维度为 k 的 m 个样本。

执行步骤如下。

第一步：对矩阵 $\boldsymbol{X}^s$ 去中心化，也称为零均值化，即每一列减去这一列的均值 $\bar{x}_i = \frac{1}{m} \sum_{j=1}^{m} x_{ji}$，$(i=1,2,\cdots,n)$，得到新矩阵 $\boldsymbol{X}$，$\boldsymbol{X}$ 仍为 $m \times n$ 矩阵。

$$X = \begin{bmatrix} x_{11}-\bar{x}_1 & x_{12}-\bar{x}_2 & \cdots & x_{1n}-\bar{x}_n \\ x_{21}-\bar{x}_1 & x_{22}-\bar{x}_2 & \cdots & x_{2n}-\bar{x}_n \\ \vdots & \vdots & & \vdots \\ x_{m1}-\bar{x}_1 & x_{m2}-\bar{x}_2 & \cdots & x_{mn}-\bar{x}_n \end{bmatrix}_{m\times n}$$

第二步：计算去中心化后的矩阵 X 的协方差矩阵 $C = \dfrac{1}{m-1}X^{\mathrm{T}}X$，$C$ 为 $n\times n$ 矩阵。

第三步：对协方差矩阵 C 进行特征分解，求出 C 的特征值 λ_d 及其对应的特征向量 v_d，有 $Cv_d = \lambda_d v_d\,(d=1,2,\cdots,n)$。

第四步：将特征值从左到右按降序排列，将前 k 个特征值对应的特征向量按同样的顺序从左到右排列成矩阵，组成 $n\times k$ 的矩阵 W，即为投影矩阵。

第五步：计算 $Y = XW$，Y 表示降维到 k 维特征空间后的 m 个样本的数据集，Y 为 $m\times k$ 矩阵。

低维空间的维数 k 通常是由用户事先根据实际情况人为指定的。数据从原来的坐标系转换到了新的坐标系，第一个新坐标轴是原始数据中方差最大的方向，第二个新坐标轴是与第一个坐标轴正交且具有最大方差的方向（除已被选择的坐标轴外，方差最大的方向）……以此类推，该过程重复 n 次。我们会发现，大的方差值主要聚集在最前面的 k 个新坐标轴上。因此，可以舍弃其余 $n-k$ 个坐标轴，即对数据进行了降维的操作。

PCA 法的优点如下。

（1）仅用方差衡量信息量，不受数据集以外的因素影响。

（2）各主成分之间正交，可消除原始特征分量之间相互影响的因素。

（3）计算方法简单，主要运算是矩阵的特征值分解，易于实现。

目前，无监督学习的效果不如监督学习，在实际应用中的性能往往存在很大的局限性，因此其应用也不如监督学习广泛，但它代表了机器学习的未来发展方向，正在引起越来越多学者的关注。也正是因为无监督学习不需要大量标注数据，使其蕴含了巨大的潜力与价值。杨乐昆有一个非常著名的比喻：假设机器学习是一个蛋糕，强化学习是蛋糕上的一粒樱桃，监督学习是外面的一层糖衣，那么无监督学习才是蛋糕的糕体。

4.4 弱监督学习

在所有机器学习的范式中，监督学习的性能最好，这得益于它有大量的标注数据可用于训练。但数据标注需要耗费巨大的人力和财力，而且在实际任务中也很难获得所需的全部高质量的标签。而无监督学习虽然不需要标注数据，但由于其学习效果不尽如人意，故发展缓慢，很难在真实场景中有成熟的应用。在现实场景中，人们能收集到的数据并非要么都有标注，要么都没有标注，而是小部分有标注，大部分没标注，即使有标注，也可能质量不高、有噪声。例如，训练数据集的标签不完整、不全面、不准确、不确切，甚至在负样本中还有没被发现的正样本。针对这种情况，研究者提出了弱监督学习的概念。

弱监督学习是指已知数据及其弱标签（即标签质量不高，包含不完整、不确切、不准确的标签），训练一个智能算法，将输入数据映射到一组更强的标签的过程。而标签的强弱是指标签蕴含的正确信息量的多少。例如，相对于图像分割的标签而言，图像分类的标签就是弱标签。假设有一幅图像,其中有一只"狗",然后需要你将"狗"在图像中的位置标出来,并且将"狗"从背景中分离出来,这就是已知弱标签("狗"),要去学习强标签(狗的位置、狗的轮廓)的弱监督学习问题。

与监督学习相比,弱监督学习中的数据标签是不完全的,即训练集中只有一小部分数据有标签,其余大部分数据没有标签。与无监督学习相比,弱监督学习有一些监督信息,学习性能更好些。例如,在进行医学影像数据分析时,获取各种影像学数据相对容易,但标注医学影像中的病灶则需要医疗专业知识,而要求医生标注大量医学图像往往十分困难。在大多数情况下,医生只能手工标注少量的图像,因此弱监督学习在医学影像分析中可以发挥重要的作用。

根据数据标注质量的不同以及监督信息量的多少,弱监督学习可分为不完全监督学习、不确切监督学习和不准确监督学习。

4.4.1 不完全监督学习

当训练集只有一个(通常很小的)子集有标签,而其他数据没有标签时,所进行的监督学习称为不完全监督学习(incomplete supervision learning)。这种情况经常发生在机器学习的各类任务中。例如,在图像分类任务中,可以很容易从互联网上获取大量图像,然而真实标签却需要人类标注者手工标出。考虑到标注的人工成本,往往只有一小部分图像能够被标注,导致训练集中大部分图像根本没有标签。

针对不完全监督学习,可以考虑采用不同的技术改善和解决,如主动学习、半监督学习、迁移学习和强化学习。

4.4.1.1 主动学习

主动学习(active learning)是一种机器学习框架,在这种框架中,学习算法可以从尚未标记的样本池中主动选择下一个需要标记的可用样本子集,然后交互式地、动态地向用户发出查询,请求用户为其挑选出的未标注样本子集提供真实标签,或从 Oracle 数据库中查询已人工标注好的标签(ground-truth),或由人工标注员实时标记,再反馈给学习算法,进行监督学习训练,逐步提升模型效果。可见,在主动学习的训练过程中,需要有人类的干预,这是"人在回路中"(human-in-the-loop)模式最有力的成功案例之一。

主动学习的基本思想是:允许机器学习算法自主选择它想要学习的数据,它可以在使用少量标签的同时达到更高的精度。这种算法被称为主动学习器(active learner),目标是使用尽可能少的查询来训练出性能良好的模型。

在主动学习出现之前,系统会从未标注的样本中随机选择待标注的样本,进行人工标记。显然,这样选择出的样本缺乏针对性。主动学习器则选择最重要的、信息量大的样本,例如,易被错分的样本,或类边界附近的样本,让人进行标注。

主动学习过程通常包括 5 个步骤:待标注样本的主动选择、人工标注或数据库查询、模型训练、模型预测、模型更新。上述步骤循环往复,直到训练错误率低于某个设定的阈值。

主动学习有广泛的应用场景,例如①个性化的邮件、短信分类:根据个人喜好来区分正常/垃圾短信和邮件。例如,营销短信和营销邮件对于某些人是垃圾,但对于另一些人却是正常信息,只能由个人手工标记,才能正确分类。②异常检测:包括但不限于安全数据的异常检测,网络黑产账户的识别,时间序列的异常检测(如频繁转账汇款,可能是诈骗)等。③通用的图像识别系统,对某些极其相像的图像,还是需要人工识别,给予标注。

主动学习的关键是如何挑选出合适的未标注样本子集用于人工标注。在训练阶段,主动学习需要对数据进行增量且动态的标注,以使算法能够获得最大信息量的标签,从而迅速提升模型性能。

4.4.1.2 半监督学习

半监督学习(semi-supervised learning)是监督学习与无监督学习相结合的一种学习方法,常用于难以获得数据标注的情况,是一种典型的弱监督学习方法,在其训练的过程中不需要人类干预。缺少已标注数据时,主动学习需要人类为未标注样本提供标签,而我们却希望:机器能通过对有标签数据的学习,逐渐自动地将标签"传播"到无标签的数据上。这就是提出半监督学习算法的动机。

半监督学习的目的是:在不求助于人类专家的情况下,同时利用有标注数据和无标注数据来训练模型。

在半监督学习中,有标注的数据往往是少数,未标注的数据是大多数。少量的标注数据并不足以训练出好的模型,但可以利用大量未标注数据来改善算法性能。例如,在图 4.4中,"○"表示待判别样本,"+"和"-"分别表示已标注的正、负样本,"●"表示未知样本。观察图中箭头的左侧,仅有正、负、待判别样本各一个,而待判别样本恰好位于正样本和负样本的正中间,很难预测其类别;但如果允许看到箭头右侧表示的数据分布,根据未知样本"●"和已标注样本的分布情况,可以比较肯定地将"○"判别为正例。这个图例说明了未标注样本对于改善模型性能的作用,虽然未标注样本并没有明确的标签信息,但它们的数据分布信息却可以为模型训练提供有用的信息。

图 4.4 未标注数据的作用

实现半监督学习方法的思路如下。

(1) 提取所有数据样本的特征信息,计算一个未标注样本 x_u 与所有标注样本之间的相似度。

(2) 认为:相似度越高的样本,标签越倾向于一致。基于此认知,找到与 x_u 相似度最高的已标注样本,将其标签赋予 x_u 作为标签。

(3) 重复前两步,逐步将已标注样本的标签"传播"到未标注的样本上,扩大标注数据集的规模;在标签传播过程中,保持已标注样本的标签不变,使其像一个源头将标签传向未标注样本。

(4) 上述迭代过程结束时,相似样本基本都获得了相似的标签,从而完成了标签传播过程。然后,利用规模较大的标注数据集训练学习模型,实现监督学习。

可见,半监督学习只需要低成本的人工标注,同时使用少量有标签数据和大量无标签数据,便能获得堪比甚至高于监督学习的性能。因此,半监督学习越来越受到人们的重视。

4.4.1.3　迁移学习

　　迁移学习(transfer learning)是将在一个领域(称为源领域)的知识迁移到另外一个领域(称为目标领域),使得在目标领域能够取得更好的学习效果。迁移学习是模仿人类"举一反三"的能力。例如,人们学会跳拉丁舞后,再学跳探戈,就会变得相对容易;学生在学会了C语言编程之后,再学习Python语言,就会很简单。这对于人类而言,似乎是与生俱来的能力。而对于计算机来说,进行迁移学习就是利用源领域的数据训练好学习模型,对其稍加调整,便可用于在目标领域完成目标任务。例如,将在 ImageNet 图像集上学习到的分类模型迁移到医疗图像的分类任务上;再如,将中英互译的翻译模型迁移到日英互译的任务上。目前,迁移学习方法在情感分类、图像分类、命名实体识别、WiFi 信号定位、自动化设计、机器翻译等问题上取得了很好的应用效果。

　　迁移学习就是利用不同领域中数据、任务或模型之间的相似性,将在源领域学习或训练好的模型应用于中目标领域完成目标任务。所以,迁移学习的关键要素在于:寻找源领域和目标领域中数据、任务和模型之间的相似性或"不变性"。以在不同地区开车情况为例,来直观理解这一关键要素。在我国,驾驶员位置在汽车的左侧,并且汽车在道路右侧行驶。在英国,驾驶位置在汽车右侧,并且汽车靠左行驶。对于习惯在我国开车的人来说,在英国开车时,很难转换其驾驶习惯。然而,迁移学习有助于我们找到两个驾驶领域中的相似性,并将其作为一种共同特征。仔细观察可以发现,无论驾驶员坐在汽车的哪一侧,始终都是靠近道路中心的一侧,即驾驶员坐在离路边远的位置。这一事实能够使驾驶员将驾驶习惯顺利地从一个地区"迁移"到另一个地区。

　　随着大数据时代的到来,迁移学习变得越来越重要。现阶段,人们可以很容易地获取大量的城市交通、商业物流、视频监控、社交软件评论等不同领域的数据,互联网也在不断产生大量的图像、语音、文本、视频等数据。但遗憾的是,这些数据往往都没有标注,而现在很多机器学习方法都需要以大量的标注数据作为前提。若能够将在标注数据上训练得到的模型迁移到无标注的数据上,无疑具有重要的经济价值和广阔的应用前景。

　　目前,实现迁移学习的基本方法包括样本迁移、特征迁移和模型迁移。

　　(1) 样本迁移。

　　样本迁移也称为基于样本的迁移(instance-based transfer learning),该方法的基本思路是:在源领域中找与目标领域相似的数据样本,加重该样本的权值,重复利用源领域中的样本标签数据,提高模型在目标领域中完成任务的能力。

　　源领域中有些已标注数据有助于在目标领域中训练出更准确的模型,但有些数据则无法提升甚至会损害模型性能。样本迁移学习的主要目的就是找到源领域中有用的数据,用于在目标领域中训练学习模型。

　　假设已训练好一个能识别各种交通工具(源领域中包括汽车、飞机、轮船、自行车等)的图像分类模型,现在想要构建一个能够识别各种类型的汽车(目标领域中包括轿车、卡车、面包车、跑车、越野车等)的图像分类模型,就可以从各种交通工具图像中找出汽车的图像,重复利用这些图像及其标签(若数据量不够,还可以重新采样),用于训练汽车分类的模型。

样本迁移方法简单、易实现,但不太适用于源领域与目标领域数据分布相差较大的情况。并且对源领域中样本的选择、加重的权值、判断样本的相似性都依赖于人的经验,会使得模型的稳定性和可靠性降低。

(2) 特征迁移。

特征迁移也称为基于特征的迁移(feature-based transfer learning),该方法的基本思路是:当源领域和目标领域含有一些共同特征时,则可以通过特征变换将源领域和目标领域的特征映射到同一个特征空间中,使得在该空间中源领域数据与目标领域数据具有相同的数据分布,然后再利用传统的机器学习方法来求解。特征迁移旨在通过引入源领域的数据特征来帮助完成目标领域的机器学习任务。

在一个机器学习任务中,可能由于目标领域缺少足够的标签而导致学习效果很差。通过挖掘源领域数据与目标领域数据的共同特征,或者借助中间数据进行"桥接",有助于实现不同特征空间之间的知识迁移。例如,在识别图像中的花卉种类(目标领域)时,如果缺少花卉种类的标签数据,就可以借助 wiki、百度百科等相关数据源(即源领域)获得带有标签的文本数据和图文并茂的中间数据,通过对特征空间进行聚类来挖掘共同的特征结构,帮助提高识别花卉种类任务的准确性。

特征迁移通常假设源领域和目标领域间有一些共同特征,在共同特征空间中迁移知识,其主要研究方法包括特征的映射、迁移成分分析和基于神经网络的特征表示等。

特征迁移方法的优点是适用于大多数学习方法,而且效果较好,但是在实际问题当中通常难以求解。

(3) 模型迁移。

模型迁移也称为基于模型的迁移学习或基于参数的迁移学习(parameter-based transfer learning),该方法的基本思路是:将源领域上训练好的模型的一部分参数或者全部参数应用到目标领域任务的模型上。模型迁移可以利用模型之间的相似性来提高模型的能力。例如,在需要使用模型完成水果分类任务时,可以将在 ImageNet 上预训练的模型用于初始化水果分类模型,再利用目标领域的几万个已标注样本进行微调,即可得到精度很高的模型。

与样本迁移和特征迁移一样,模型迁移也利用源领域的知识。然而,三者在利用知识的层面上存在显著差别:模型迁移利用模型层面的知识,即参数;样本迁移利用样本层面的知识,即样本;特征迁移利用特征层面的知识,即特征。

模型迁移是目前最主流的迁移学习方法,可以很好地利用源领域中已有模型的参数,使得学习模型在面临新的任务时只需微调,便可完成目标领域的任务。目前,迁移学习已经在机器人控制、机器翻译、图像识别、人机交互等诸多领域获得了广泛的应用。

4.4.1.4　强化学习

强化学习(reinforcement learning),又称再励学习、评价学习或增强学习。受到行为心理学的启发,强化学习的算法理论早在 20 世纪六七十年代就已形成,但直到最近才引起了学术界与工业界的广泛关注。强化学习的思路是:通过不断试错,使下一次采取的动作能够得到更多奖励,并且将奖励最大化。

强化学习用于描述和解决智能体(agent)在与外部环境的交互过程中采取学习策略,以获得最大化的回报或实现特定目标的问题。其中,智能体就是需要训练的学习模型,外部环境则被表示为一个可以给出反馈信息的模拟器(emulator),回报(reward)是通过人为设置的奖励函数计算得到的。智能体不能获得模拟器内部的状态,只能从外部环境中获取观察到的状态以及环境反馈的评价信息(通常为标量信号)。可见,外部环境能提供的信息很少,智能体必须靠自身的经历进行学习。

智能体与环境通过在一系列"观察(observation)—动作(action)—回报(reward)"的交互中获得知识,改进行动方案,以适应环境。标准的强化学习过程如下。

(1) 初始化,令当前时刻 $t=1$。

(2) 智能体获取当前时刻环境的状态信息,记为 s_t。

(3) 智能体对环境采取试探性动作 a_t。

(4) 环境根据 s_t 和 a_t,采用奖励函数计算出一个评价值 r_t,反馈给智能体。

① 若 a_t 正确,则智能体获得奖励,以后采取动作 a_t 的趋势将加强。

② 若 a_t 错误,则智能体获得惩罚,以后采取动作 a_t 的趋势将减弱。

(5) 环境更新状态为 s_{t+1}。

(6) 令 $t=t+1$,若 $t < T$(事先规定的时刻),返回第(2)步,否则算法结束。

强化学习就是在上述反复交互的过程中不断修改从状态到动作的映射策略,以期获得最大化的累积回报,达到优化模型的目的。

强化学习不要求预先给定任何数据,而是通过接收环境对动作的反馈信息(奖励或惩罚)来获得学习数据,并用于更新模型参数,并非直截了当地告诉智能体如何采取正确的动作。其关注点在于对未知领域的探索和对已有知识的利用之间的平衡。

强化学习与监督学习的不同之处在于:①监督学习输入的训练数据是包含样本及其标签的强监督信息,而强化学习从外部环境接收的反馈信息是一种弱监督信息;②监督学习是采用正确答案来训练模型,给予的指导是即时的;而强化学习是采用"试错"的方式来训练模型,外部环境给予它的指导有时是延迟的。

强化学习与无监督学习的不同之处在于:无监督学习输入的是没有任何监督信息的无标注数据,而强化学习从环境获得的评价信息(不是正确答案)是一种弱监督信息,尽管监督信息很弱,但总比没有要好。

主流的强化学习算法包括 Q 学习(Q-learning)、deep Q-network(深度强化学习的一种方法)等。

强化学习最成功的应用案例无疑是在博弈领域。2016—2017 年,谷歌 DeepMind 团队先后研发了围棋系统阿尔法狗、升级版的围棋系统阿尔法元和棋类游戏的拓展版 AlphaZero。至此,半个多世纪以来,在游戏领域独占鳌头的博弈搜索方法被强化学习取代。

目前,强化学习的应用场景越来越广泛。例如,工业领域的无人机、机器人作业、机械臂抓取物体等;金融贸易领域的未来销售额预测、股价预测等;自然语言处理领域的文本摘要、自动问答、机器翻译等;新闻推荐、时尚推荐等推荐系统。

4.4.2　不确切监督学习

不确切监督(inexact supervision learning)是指在训练样本只有粗粒度标签的情况下进

行的监督学习。何为粗粒度标签？例如，有一张肺部 X 光图像，只知道该图像是一位肺炎患者的肺部影像，但并不清楚其中哪个部位的影像说明了其主人患有肺炎。再如，假设一幅图像中有两只猫，现在只标注了整张图像的类别为"猫"，而没有标注两只猫在图像中各自的边界框。若想在肺部影像上标出病灶的部位，或者想在猫的图像上进行目标定位，却只有粗粒度的标签——图像类别名称，而没有进一步的定位信息，即只有图像级的标签，而没有对象级的标签。

针对不确切监督学习，可以考虑采用多实例学习（multi-instance learning，也称为多示例学习）技术去改善和解决。

在多实例学习中，定义"包"（bag）为多个实例（instance）的集合，即每个"包"中包含多个实例。每个"包"都具有标签，但"包"中的实例却都没有标签。当"包"中至少有一个正实例习[①]时，将该包定义为"正包"；反之，当且仅当"包"中所有实例均为负实例时，该"包"定义为"负包"。

在多实例学习中，训练集由若干个具有标签的"包"组成，每个"包"都包含若干个未标注的实例。多实例学习的目标是通过对具有标签的多实例"包"的学习，归纳出单个实例的标签类别，建立多实例分类器，尽可能准确地预测未知新"包"的标签。

多实例学习方法应用广泛，已经成功应用于图像分类、图像检索、文本分类、垃圾邮件检测、医疗诊断、目标检测、目标跟踪等任务中。

4.4.3 不准确监督学习

不准确监督学习（inaccurate supervision learning）也译为不精确监督学习。训练样本的标签不总是正确的，有些标签是错误的，在此场景下进行的监督学习称为不准确监督学习。例如，一张图像本来是"美洲豹"，但图像标签却被错误地标记成了"花豹"。

之所以会出现这种情况，常见原因有三：①因为图像标注者粗心或疲倦而导致的失误；②标注者的认知水平有限，导致所标注的标签质量不高；③图像属于专业领域，标注难度大，即使是人类专家也难以统一认识，例如医学影像的病理分析标注。

一个典型的场景是在标签有噪声的情况下学习（learning with label noise）。已有许多相关的理论研究，其中大多数都假设存在随机类型的噪声，即标签受到随机噪声的影响。在实践中，一个基本的想法就是识别出潜在的被标错的样本，然后试着更正。例如，首先，用数据编辑方法构建一个邻域图，其中每个节点对应于一个训练样本，一条边连接两个具有不同标签的节点；然后判断一个节点是否可疑，从直觉上看，若一个节点（即实例）与许多边相关联，则它是可疑的，可以删除或重新标注可疑节点。如此，则可以修正部分错误的标签。最后，再用修正的数据训练学习模型，会提升模型的性能。

---

① 这两句话并不矛盾。前一句说"包"中实例没有标签，而后一句又说"包"中至少存在一个正实例时，"包"才定义为"正包"。这是指在训练过程中，输入的实例的确没有标签，但在训练过程中会采用某种方法（例如，最大化多样性密度）给实例赋予标签，用于判断"包"的正负类别。

4.5 本章小结

1. 机器学习的三个视角

机器学习的任务、机器学习的范式、机器学习的模型。

2. 机器学习的任务

分类、回归、排名、聚类、降维、密度估计等。

3. 各种机器学习范式及其经典算法。

(1) 监督学习: 用有标签的数据训练模型, 经典算法包括 KNN 和 SVM 等, 有训练过程。

(2) 无监督学习: 用无标签的数据建立模型, 经典算法包括 K-Means、PCA 等, 没有训练过程。

(3) 弱监督学习: 用带有弱标签的数据集训练模型, 分为不完全监督学习、不确切监督学习、不准确监督学习。虽然将弱监督学习分为上述 3 种类别, 但在实际操作中, 它们经常同时发生。以上各个学习范式的分类并不是严格互斥的。

不完全监督学习包括主动学习、半监督学习、迁移学习、强化学习。

① 主动学习: 在训练模型的过程中, 算法挑选出需要标注的未标注样本子集, 让人来标注。主动学习过程需要人的干预。其目标是使用尽可能少的查询来训练出性能良好的模型。

② 半监督学习: 同时用有标签和无标签的数据进行训练, 已标注的样本向未标注的样本"传播"标签。半监督学习过程不需要人的干预。

③ 迁移学习有 3 种方式: 样本迁移、特征迁移、模型迁移。

④ 强化学习: 没有训练数据, 根据外部环境反馈的奖惩信号调整智能体的动作。经典算法有 Q-learning。

习题 4

1. 什么是机器学习? 人工智能、机器学习、深度学习之间的关系是什么?

2. 机器学习的任务有哪些? 应该分别采用哪类学习范式去解决?

3. 聚类与分类的区别是什么? 有什么相似性?

4. 逻辑回归与线性回归有什么区别?

5. KNN 算法和 K-Means 算法的区别是什么? 各有什么局限性?

6. 强化学习与监督学习、无监督学习的区别是什么?

7. 主动学习与强化学习的区别是什么?

8. 主动学习与半监督学习的区别是什么?

9. 分别在什么场景下需要采用不完全监督学习、不确切监督学习、不准确监督学习?

10. 举例说明迁移学习可以应用于哪些任务。

11. 针对表 4-1, 试编程实现 KNN 算法, 令 $k=3$, 预测一个新样本点 $(3,4)$ 的类别。

表 4-1 　10 个样本的坐标与类别

点的编号	x 坐标	y 坐标	类别	点的编号	x 坐标	y 坐标	类别
1	1	1	C3	6	4	7	C1
2	5	3	C1	7	3	2	C1
3	4	4	C2	8	2	1	C3
4	3	5	C2	9	0	0	C3
5	4	5	C2	10	6	4	C1

第 5 章

AI

人工神经网络

本章学习目标

- 了解人工神经网络的发展历程。
- 理解感知机的工作原理和局限性。
- 掌握 BP 神经网络的结构和 BP 学习算法。
- 掌握卷积神经网络的结构和运算过程。

深度学习(deep learning)是近年来计算机学科领域中发展最迅猛的热门研究方向之一,在人工智能的许多应用领域都取得了令人瞩目的进展。深度学习是机器学习的一个分支,而机器学习又是实现人工智能的必经路径,故而人工智能、机器学习和深度学习之间是依次包含的关系。人工智能的研究内容包括机器学习、知识工程、搜索策略、推理、规划、模式识别、组合调度问题、机器人学等;传统机器学习的研究方向主要包括人工神经网络、决策树、随机森林、支持向量机、贝叶斯学习、关联规则、Boosting 与 Bagging 集成学习算法等,而深度学习的概念正是起源于人工神经网络。由于深度学习在计算机视觉、语音识别、机器翻译、图像处理、自然语言处理等方面获得成功应用,在学术圈引起了巨大的反响,因此人工神经网络的研究热度反而超过了其他传统方法,在机器学习研究中占据了主流的地位。

本章首先介绍人工神经网络的发展历程、感知机与神经网络的基础知识,然后介绍BP 神经网络及其学习算法和卷积神经网络。

5.1 人工神经网络的发展历程

1943 年,美国神经生理学家麦卡洛克(McCulloch)和数理逻辑学家皮茨(Pitts)在分析与总结了生物神经元的激活方式后,合作设计了第一个人工神经元模型。它由固定的结构和权重组成,是一种基于阈值逻辑运算的数学模型,称为 MP 模型。虽然 MP 模型没有学习机制,但它开创了用电子装置模仿人脑结构和功能的新途径,是最早的人工神经网络雏形,开创了人工神经网络研究的时代。

1949 年,加拿大心理学家赫布(Hebbian)提出了大名鼎鼎的赫布理论,即"突触前神经元向突触后神经元的持续重复的刺激,可以导致突触传递效能的增加。"简单地说,就是:突触前给的刺激越强,突触后的反应越大。赫布理论解释了在学习过程中脑神经元所发生的变化,为后续研究神经网络学习算法奠定了基础,具有重大历史意义。

受到赫布理论的启发,1957 年,美国心理学家罗森布拉特(Rosenblatt)在康奈尔航空实验室(Cornell Aeronautical Laboratory)提出了感知机(perceptron),这是第一个人工神经网络。还为其设计了第一个神经网络学习算法,首次将神经网络研究从纯理论探讨推向工程实现。感知机本质是一种仅包含输入层和输出层的二元线性分类器,也称为单层神经网络。感知机的输入层可以包含多个单元,而输出层只有一个单元。与 MP 模型不同的是,感知机模型可以利用学习算法自动更新输入的权重和阈值。此后,神经网络的研究进入了第一次高潮。

但好景不长,1969 年,明斯基与派普特的《感知机:计算几何导论》指出了感知机的局限性,使神经网络的研究走向衰落,导致人工智能的连接主义研究流派陷入了长达十多年的低谷期。

1974 年,韦伯斯在其博士论文提出利用反向传播算法训练多层神经网络,但他并未公开发表相关的学术论文,几乎无人了解这项研究成果。

1980 年,日本学者福岛邦彦(Kunihiko Fukushima)提出了名为 Neocognitron 的神经网络,被认为是最早的研究卷积神经网络的工作,也是最早的深度神经网络模型之一。Neocognitron 用于处理图像,其重要特性是平移不变性。为此,福岛邦彦获得了 2021 年鲍尔科学成就奖,以表彰其对深度学习的巨大贡献,尤其是他提出的极具影响力的卷积神经网络架构。

1982 年,加州理工学院的霍普菲尔德教授提出 Hopfield 神经网络,可用于实现联想记忆和优化计算,在旅行商问题上获得了突破。尤其是 1984 年又用模拟集成电路实现了 Hopfield 神经网络,有力地推动了神经网络的研究,连接主义迎来了第二次高潮。

受此启发,辛顿于 1984 年提出了一种随机型的 Hopfield 网络,即玻尔兹曼机。它是一种反馈神经网络,借鉴了模拟退火法的思想,具有一定的"跳出局部最优"的能力。玻尔兹曼机的特点是:一是包含显层与隐层两层结构,显层代表输入和输出,隐层则被理解为数据的内部表达;二是其神经元是布尔型的,即只能取 0 或 1。

1986 年,鲁梅尔哈特、辛顿和威廉姆斯重新独立地提出了多层神经网络的学习算法——BP 算法,采用 sigmoid 函数代替阶跃函数作为激活函数,可以解决多层神经网络中参数优化的问题,且成功解决了非线性分类问题。更值得一提的是,同年,他们在《自然》期刊上联名发表了《通过反向传播误差学习表示》(*Learning Representations by Back-Propagating Errors*)的经典学术论文,因其精确、清晰的观点陈述而令 BP 算法传播甚广。

1989 年,杨乐昆采用 BP 算法训练 LeNet 系列的卷积神经网络,并将其成功应用于美国邮政业务中手写邮政编码数字的识别,随后该网络又成功应用于银行 ATM 机中支票上手写金额数字的识别。杨乐昆构建的 LeNet-5 模型成为现代卷积神经网络的基础,这种卷积层、池化层堆叠的结构可以保持输入图像的平移不变性,且能自动提取图像特征。为此,他被誉为"卷积神经网络之父"。

但在此后的十多年里,由于 BP 算法仍然存在一些问题,例如梯度消失、梯度爆炸等,再加上当时算力不足,使得该算法只适合于训练浅层神经网络,其应用受到了许多限制。相比之下,万普尼克于 1995 年提出的支持向量机可以通过核(kernel)技巧将非线性问题转换成线性问题,其理论基础清晰、证明完备、可解释性好,获得了广泛的认同。同时,统计机器学习专家从理论角度怀疑神经网络的泛化能力,使得神经网络的研究第二次陷入低谷。

直到进入 21 世纪,随着大数据时代的来临以及计算机算力的大幅提升,神经网络的研究迎来了第三次高潮。2006 年,辛顿教授及萨拉赫丁诺夫发表的论文首次提出了"深度信念网络"(deep belief network),它是由多个受限玻尔兹曼机(restricted Boltzmann machine)串联堆叠而组成的一个深度网络。深度信念网络在分类任务上的性能超过了传统经典的浅层学习模型(如支持向量机),引起了学术圈的广泛关注。与传统的训练方式不同,深度信念网络利用"预训练"技术为神经网络中的权值找到一个接近最优解的值,然后再采用"微调"技术对整个网络进行优化训练,逐层预训练的技巧极大地提高了神经网络的泛化能力。随着神经网络层数的不断加深,辛顿将这种深层神经网络上的学习方法命名为"深度学习"。从此,连接主义研究学派开始大放异彩。通常,将包含多个(大于 3 即可)隐藏层的人工神经网络称为深度神经网络,在这样的网络上学习的过程称为深度学习。

2012 年,辛顿教授及其学生提出的 AlexNet 模型在 ILSVRC 比赛的图像分类组一举夺魁。从此深度学习不仅是学术圈的研究热点,还得到了产业界的广泛关注。

深度学习发展至今,神经网络的层数不断加深,模型性能不断提升,甚至在图像分类任务上的能力已超过了人类。2012—2017 年,ImageNet 图像分类的 Top-5(即排名前 5 的分类标签)错误率从 28% 降到了 3%,目标识别的平均准确率从 23% 上升到了 66%。此外,深度学习方法在自然语言处理、机器翻译、无人驾驶、语音识别、生物信息学、医学影像分析与金融大数据分析等方面也都有广泛而成熟的应用。

5.2 感知机与神经网络

科学家受到人脑或生物神经元结构和学习机制的启发,提出了人工神经元的数学模型,又在此基础上增加了学习机制,研制出了可运行的感知机,即单层人工神经网络。最后,将若干个感知机连接在一起,形成了人工神经网络。

人工神经网络,简称神经网络(neural network,NN)或类神经网络,是模拟人脑或生物神经网络的学习机制而建立起来的一种运算模型。它由大量简单的信息处理单元按照一定拓扑结构相互连接而组成人工网络。

5.2.1 生物神经元结构

生物学家早在 20 世纪初就发现了生物神经元的结构,神经元(neuron)也称为神经细胞,其结构如图 5.1 所示。

一个神经元通常由一个细胞体(soma,也称为体细胞);多个树突(dendrites)和一条长长的轴突(axon)组成。细胞体是神经元的主体部分,由细胞核、细胞质、细胞膜等组成。树突是由细胞体向外伸出的许多较短的分支,相当于细胞的输入端,用于接收信息,树突的各个部位都能接收其他神经元的冲动。轴突是细胞体向外伸出的最长的一条分支,也叫神经纤维,用于发送信息。轴突尾端有许多末梢,称为突触,是专门用于与其他神经元的树突相连接的组织,并将神经冲动信号传递给其他神经元。典型的轴突长 1cm,是细胞体直径的100 倍。一个神经元通过突触与 $10 \sim 10^5$ 个其他神经元相连接。神经冲动只能由前一个神经元的突触传向下一个神经元的树突或细胞体,不能反方向传递。

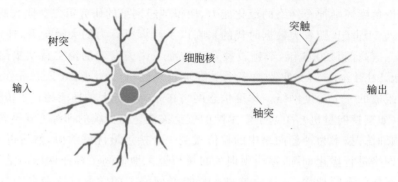

图 5.1　生物神经元结构

神经元有两种常规的工作状态：兴奋状态和抑制状态。当传入的神经冲动使细胞膜电位升高超过一个"阈值"时，该细胞就会被激活，进入兴奋状态，产生神经冲动，并由轴突经过突触输出；当传入的神经冲动使细胞膜电位下降到低于一个"阈值"时，该细胞就进入抑制状态，不输出神经冲动。

5.2.2　神经元数学模型——MP 模型

人工神经元是构成人工神经网络的基本单位，它模拟生物神经元的结构和特性，可以接收一组输入信号，并产生输出。1943 年提出的 MP 模型是模仿生物神经元结构而建立的第一个人工神经元数学模型，其结构如图 5.2 所示。

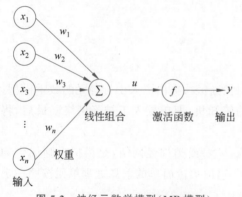

图 5.2　神经元数学模型（MP 模型）

MP 模型可以接收多路输入信号。假设一个神经元同时接收的 n 个输入信号用向量 $\mathbf{X}=(x_1,x_2,\cdots,x_n)$ 表示，则所有输入信号的线性组合称为该神经元的净输入（net input），记为 $u\in\mathbf{R}$，计算公式如公式（5.1）所示。

$$u=\sum_{j=1}^{n}w_jx_j+\theta \tag{5.1}$$

其中，$w_1,w_2,\cdots,w_n$ 为该神经元各个输入信号的权值，$\theta\in\mathbf{R}$ 为偏置。然后，净输入 u 会被函数 $f(x)$ 转换为输出值 y，该函数称为激活函数（activation function）。在 MP 模型中，激活函数 $f(x)$ 采用非线性的阶跃函数，其表达式如公式（5.2）所示。

$$y=f(u)$$
$$f(x)=\begin{cases}1, & x>0\\0, & x\leqslant 0\end{cases} \tag{5.2}$$

阶跃函数具有二值化输出，当净输入值大于 0 时，输出 1；当净输入值小于或等于 0 时，输出 0。因此，如果采用阶跃函数作为激活函数，就得到了一个非常简单的二类分类器，它可以根据一个输入向量做出明确的分类决策。但是，阶跃函数有一个致命的缺陷：不连续、不平滑，因为它在 0 点处的导数是无穷大，除了 0 点处之外，导数都是 0，这意味着：若学习算法采用基于梯度的优化方法，是不可行的。

在 MP 模型中引入激活函数的目的是：用于模拟生物神经元的工作机制，当电位高于一个设定的阈值时，则进入兴奋状态，输出信号；否则进入抑制状态，不输出信号。

可见，MP 模型中的输入和输出数据只能是二值化数据 0 或 1，而且网络中的权重、阈值等参数都需要人为设置，无法从数据中学习得到。MP 模型的激活函数是一个简单的阶跃函数。MP 模型只能处理一些简单的分类任务，例如线性二分类问题，但无法解决线性不可分问题。

5.2.3　感知机

由一个神经元构成的神经网络称为感知机，也称为单层神经网络。1957 年提出的感知机是第一个工程实现的人工神经网络，可以运行感知机学习算法来训练模型。

感知机是一种简单的非线性神经网络，是人工神经网络的基础。感知机仅包含输入层和输出层，其输入层可以包含多个单元，而输出层只有一个单元。感知机通过采用有监督学习来逐步增强模式分类的能力，达到学习的目的。

从本质上说，感知机与 MP 模型没有太大的区别，两者的结构相同（图 5.2），计算过程也相同，都能完成线性可分的二分类任务，也都无法解决线性不可分问题。但 MP 模型与感知机的不同之处在于：①MP 模型的权值 w 和偏置 b 都是人为设定的，没有"学习"的机制；而感知机引入了"学习"的概念，权值 w 和偏置 b 是通过学习得到的，并非人为设置的，在一定程度上模拟了人脑的"学习"功能，这也是两者最大的区别。②两者采用的激活函数不同，MP 模型采用阶跃函数作为激活函数，而感知机通常采用 sigmoid 函数作为激活函数。

sigmoid 的中文意思是"S 形状的"，所以 sigmoid 函数原本是指函数图像如 S 型的一类函数，包括逻辑（logistic）函数、双曲正切（tanh）函数等。后来，遵从大多数人的习惯，当提及 sigmoid 函数时，就专指 logistic 函数了，而其他形如 S 的函数则直接称呼其名称，如 tanh 函数。下面分别介绍 sigmoid(logistic)函数和 tanh 函数。

1. sigmoid 函数

sigmoid 函数也称为 logistic 函数，具有平滑性、连续性、单调性和渐近性，而且是连续可导的。2012 年 ReLU 函数被重视之前，sigmoid 函数是最常用的非线性激活函数，其输出值为 $(0,1)$，可用于表示概率或输入的归一化。sigmoid 函数的数学表达式如公式（5.3）所示。

$$\sigma(x) = \frac{1}{1 + e^{-x}} \tag{5.3}$$

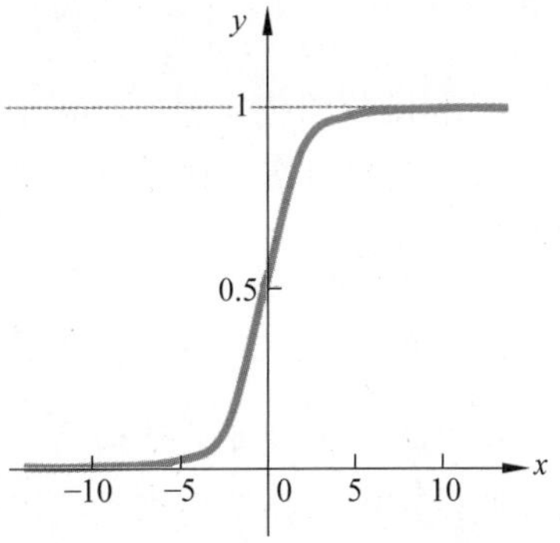

sigmoid 的函数图像如图 5.3 所示。

图 5.3　**sigmoid** 的函数图像

sigmoid 函数的求导公式如下：

$$\frac{\partial \sigma(x)}{\partial x} = -\frac{1}{(1 + e^{-x})^2} \times e^{-x} \times (-1) = \frac{e^{-x}}{(1 + e^{-x})^2}$$

$$= \frac{1}{1 + e^{-x}} \times \left(1 - \frac{1}{1 + e^{-x}}\right) = \sigma(x)(1 - \sigma(x)) \tag{5.4}$$

sigmoid 函数的优点是平滑、易于求导，其导数可直接用函数的输出计算，简单高效。sigmoid 函数很好地解释了神经元在受到刺激的情况下是否被激活和向后传递的情景。当取值接近 0 时，几乎没有被激活；当取值接近 1 时，几乎完全被激活。

sigmoid 函数的缺点如下。

(1) 当输入的绝对值大于某个阈值时,会快速进入饱和状态(即函数值趋于 1 或 −1,不再有显著的变化,梯度趋于 0),会出现梯度消失的情况,权重无法再更新,会导致算法收敛缓慢,甚至无法完成深层网络的训练。因此在一些现代的神经网络中,sigmoid 函数逐渐被 ReLU 激活函数取代。

(2) sigmoid 函数公式中有幂函数,计算耗时长,在反向传播误差梯度时,求导运算涉及除法。

(3) sigmoid 函数的输出恒大于 0,非零中心化,在多层神经网络中,可能会造成后面层神经元的输入发生偏置偏移,导致梯度下降变慢。

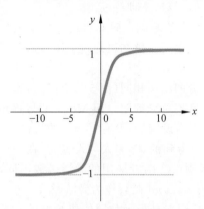

图 5.4　tanh 的函数图像

2. tanh 函数

tanh 函数是 sigmoid 函数的一个变形,称为双曲正切函数。tanh 函数值为 $(-1, 1)$,改进了 sigmoid 变化过于平缓的问题,而且其输出是零中心化的,解决了 sigmoid 函数的偏置偏移问题。

tanh 函数的数学表达式如公式(5.5)所示。

$$y = f(x) = \frac{e^x - e^{-x}}{e^x + e^{-x}} = 2\sigma(2x) - 1 \quad (5.5)$$

tanh 的函数图像如图 5.4 所示。对比 tanh 和 sigmoid 的函数图像,tanh 函数可以看作是在纵轴方向上放大到 2 倍并向下平移的 sigmoid 函数。

tanh 函数的导数公式如下:

$$\frac{\partial y}{\partial x} = -\frac{(e^x + e^{-x})(e^x + e^{-x}) - (e^x - e^{-x})(e^x - e^{-x})}{e^x + e^{-x}} = 1 - y^2 \quad (5.6)$$

tanh 函数的优点是:tanh 在线性区的梯度更大,能加快神经网络的收敛。但其缺点是:tanh 函数两端的梯度也趋于零,依旧存在梯度消失的问题,同时,幂运算也会导致计算耗时长。

5.2.4　多层神经网络结构

单个人工神经元的结构简单,功能有限。若想完成复杂的功能,就需要将许多人工神经元按照一定的拓扑结构相互连接在一起,相互传递信息,协调合作。组成神经网络的所有神经元是分层排列的,一个神经网络包括输入层(input layer);隐藏层(hidden layer,也称为隐层、隐含层)和输出层(output layer),每个网络只能有一个输入层和一个输出层,却可以有 0 个或多个隐藏层,每个隐藏层上可以有若干个神经元。只有输入层与输出层的神经元可以与外界相连,外界无法直接触及隐藏层,故而得名"隐藏层"。

包含至少一个隐藏层的神经网络称为多层神经网络(multi-layer neural network)。在包含神经元个数最多的一层,神经元的个数称为该神经网络的宽度。除输入层外,其他层的层数称为神经网络的深度,即等于隐藏层个数加 1(输出层)。感知机没有隐藏层,只有输入层和输出层,因此感知机的层数为 1,称为单层神经网络。

人工神经网络的行为并非各个神经元行为的简单相加,而是具有学习能力的、行为复杂的非线性系统,既可以提取和表达样本的高维特征,又可以完成复杂的预测任务。

值得注意的是:多层神经网络的每个隐藏层后面都有一个非线性的激活函数。这里激活函数的作用比感知机中作为激活函数的阶跃函数的作用要大得多,因为激活函数是对所有输入信号的线性组合结果进行非线性变换,而且多层神经网络就有多个激活函数。所以,这些激活函数最主要的作用是向模型中加入非线性元素,用以解决非线性问题。一般在同一个网络中使用同一种激活函数。

根据神经元之间的连接范围,可以将多层人工神经网络分为全连接神经网络和部分连接神经网络。若每个神经元与其相邻层的所有神经元都相连,这种结构的网络称为全连接神经网络(fully connected neural network),如图 5.5 所示。若每个神经元只与相邻层上的部分神经元相连,则是部分连接神经网络。

根据网络层之间的连接方式,又可以将多层人工神经网络分为前馈神经网络和反馈神经网络。

1. 前馈神经网络

前馈神经网络(feedforward neural network)是一种多层神经网络,其中每个神经元只与其相邻层上的神经元相连,接收前一层的输出,并输出给下一层,即第 i 层神经元以第 $i-1$ 层神经元的输出作为输入,第 i 层神经元的输出作为第 $i+1$ 层神经元的输入。同层的神经元之间没有连接。整个网络中的信息是单向传递的,即只能按一个方向从输入层到输出层的方向传播,没有反向的信息传播,可以用一个有向无环图表示。

若前馈神经网络采用全连接方式,则称为前馈全连接神经网络,如图 5.5 所示。网络最左边的是输入层,最右边的是输出层,输入层和输出层之间有 2 个隐藏层,该神经网络是一个 3 层前馈全连接神经网络。

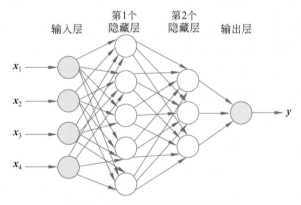

图 5.5 多层前馈全连接神经网络

在图 5.5 中,输入层是由 4 个元素组成的一维向量,第 1 个隐藏层有 5 个神经元,则输入层与第 1 个隐藏层之间有 $4 \times 5 = 20$ 个连接;第 2 个隐藏层有 3 个神经元,则第 1 个隐藏层与第 2 个隐藏层之间有 $5 \times 3 = 15$ 个连接;输出层是由 1 个元素组成的一维向量,则第 2 个隐藏层与输出层之间有 $3 \times 1 = 3$ 个连接。神经网络中的每条连接都有各自的权重参数,用于控制神经元输入信息的权重,这些参数将通过网络训练得到最终值。

图 5.5 中神经网络的深度为 3,宽度为 5,其中有 41 个待学习的参数($20+15+3=38$ 个连接,3 个偏置值),还有 3 个超参数:隐藏层的个数以及两个隐藏层中包含的神经元个数,

这是人为设定的。

前馈神经网络可以看作一个函数,通过多次简单非线性函数变换,实现从输入空间到输出空间的复杂映射。这种网络结构简单,易于实现。

前馈全连接神经网络的缺点是:当网络很深时,参数量巨大,计算量大,训练耗时。

前馈神经网络包括 BP 神经网络和卷积神经网络,将分别在 5.3 节、5.4 节中介绍。

2. 反馈神经网络

反馈神经网络(feedback neural network)是一种反馈动力学系统。在这种网络中,第 i 层的神经元将自身的输出信号作为输入信号反馈给第 $j(j < i)$ 层的神经元,即有些神经元不但可以接收其前一层上神经元的信息,还可以接收来自于其后面层上神经元的信息。神经元的连接可以形成有向循环。反馈神经网络中的信息既可以单向传递,也可以双向传递,且神经元具有记忆功能,在不同时刻具有不同的状态,能建立网络的内部状态,可展现动态的时间特性。本书只讲解前馈神经网络。

5.3　BP 神经网络及其学习算法

多层前馈神经网络的表达能力比单层感知机要强得多。显然,要训练多层前馈神经网络,单层感知机的学习算法是远远不够的,需要更强大的学习算法。迄今为止,最成功的多层神经网络学习算法就是反向传播(back-propagation,BP)算法。BP 算法能解决对参数逐一求偏导、计算效率低下的问题。迄今为止,学术界和产业界依然在用 BP 算法训练神经网络。

5.3.1　BP 神经网络的结构

由于前馈神经网络大多采用反向传播学习算法来进行训练模型,故被称为 BP 神经网络。BP 神经网络是一种多层前馈神经网络,其结构示意图如图 5.6 所示。第一层称为输入层,最后一层称为输出层,中间各层称为隐藏层。该 BP 神经网络的深度为 $m-1$,每个节点就是一个神经元,神经元之间带有箭头的连线表示信息传递的方向。

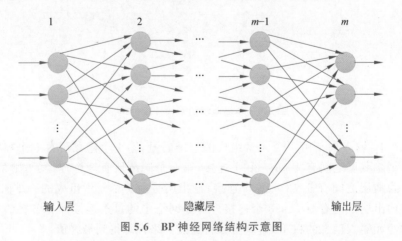

图 5.6　BP 神经网络结构示意图

图 5.7 是图 5.6 中某相邻两层网络各变量之间关系的示意图,假设神经网络中第 $k-1$

层中有 p_{k-1} 个神经元,令 y_j^{k-1} 表示第 $k-1$ 层中第 j 个神经元的输出,w_{ji}^k 表示第 $k-1$ 层的第 j 个神经元与第 k 层的第 i 个神经元之间的连接权值,θ^k 表示第 k 层的偏置项,u_i^k 表示第 k 层的第 i 个神经元的净输入(即其所有输入信号的线性组合),则 u_i^k 的计算表达式如公式(5.7)所示,为使公式表达整齐,可写成公式(5.8)的形式。

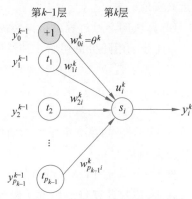

图 5.7 BP 网络中相邻两层的各变量之间关系

$$u_i^k = \sum_{j=1}^{p_{k-1}} w_{ji}^k y_j^{k-1} + \theta^k, \quad k=2,3,\cdots,m \quad (5.7)$$

令 $w_{0i}^k = \theta^k, y_0^{k-1} = 1$,则有

$$u_i^k = \sum_{j=0}^{p_{k-1}} w_{ji}^k y_j^{k-1}, \quad k=2,3,\cdots,m \quad (5.8)$$

令 $f(\cdot)$ 表示激活函数,y_i^k 表示第 k 层的第 i 个神经元的输出,它是该神经元的净输入经过激活函数映射得到的,如公式(5.9)所示。

$$y_i^k = f(u_i^k) \quad (5.9)$$

5.3.2 BP 学习算法

神经网络学习,也称为神经网络训练,是指利用训练数据集不断地修改神经网络的所有连接权值和偏置值,使神经网络的实际输出尽可能地逼近真实值(ground truth)。可见,BP 学习算法是一种有监督学习。

在大多数情况下,并不知道如何调整神经网络的权重 w 和偏置 θ,才能使神经网络输出期望的结果。因此,需要采用损失函数来指导学习算法如何更新权重和偏置,以提高网络的性能。

一般地,假设有 $m-1$ 层(不算输入层)BP 神经网络 F,向 F 输入数据 $\boldsymbol{X} = (x_1, x_2, \cdots, x_{p_1})^{\mathrm{T}}$($p_1$ 为输入层神经元的个数),则从输入层依次经过各个隐藏层节点可得到输出数据 $\boldsymbol{Y} = (y_1^m, y_2^m, \cdots, y_{p_m}^m)^{\mathrm{T}}$($p_m$ 为输出层神经元的个数)。由于神经元的激活函数是非线性函数(早期一般采用 sigmoid 函数,现在多采用 ReLU 函数),因此可以将 BP 神经网络看成是一个从输入到输出的非线性映射 $\boldsymbol{Y} = F(\boldsymbol{X})$。BP 神经网络具有很强的学习能力,由第 $k-1$ 层的第 j 个神经元到第 k 层的第 i 个神经元的连接权值 $\{w_{ji}^k, k=2,3,\cdots,m; i=1,2,\cdots,p_k; j=1,2,\cdots,p_{k-1}\}$($p_k$ 表示第 k 层中神经元的个数)及第 k 层的偏置 $\{\theta^k, k=2,3,\cdots,m\}$ 为要学习的网络参数。

假设选择神经网络的实际输出与期望输出之间的误差平方和作为损失函数,其数学表达式为

$$E = \frac{1}{2} \sum_{j=1}^{p_m} (y_j - y_j^m)^2 \quad (5.10)$$

其中,m 是输出层的层号,即输出层是第 m 层;p_m 是输出层中神经元的个数;y_j^m 是输出层第 j 个神经元的实际输出;y_j 是输出层第 j 个神经元的期望输出。BP 学习算法的目的是:使得目标函数(即损失函数)E 达到极小值。损失函数的值越小,表示神经网的预测结果越

接近真实值。

BP 算法的学习过程由正向传播和反向传播两个阶段组成,算法的实现过程如下。

第 1 步:用随机值初始化神经网络 F 的权重 $\boldsymbol{W}$ 和偏置 $\boldsymbol{\theta}$;令 $l=1$。

第 2 步:若 $l \leqslant N$(N 为训练样本总数),向 F 输入第 l 个样本的 p_1 维向量 $\boldsymbol{X}_l = (x_{l1},..,x_{lp_1})$,经过一次正向传播,得到预测结果 $\boldsymbol{Y}_l^m = F(X_l)$,$\boldsymbol{Y}_l^m$ 为一个 p_m 维的向量 $(y_{l1}^m,..,y_{lp_m}^m)$;否则,算法停止。

第 3 步:已知第 l 个样本的期望输出为 $\boldsymbol{Y}_l = (y_{l1},..,y_{lp_m})$,采用公式(5.10)计算输出层的损失函数 E 的值。

第 4 步:若 E 值小于设定的阈值,则 $l=l+1$,转向第 2 步;否则,进行反向传播,采用梯度下降法,依次计算每个权重和偏置的修正值,公式如下:

$$\Delta w_{ji}^k = -\eta \frac{\partial E}{\partial w_{ji}^k}, \quad \Delta \theta^k = -\eta \frac{\partial E}{\partial \theta^k} \quad (\eta > 0) \tag{5.11}$$

其中,η 是学习率,一般小于 0.5。

第 5 步:采用公式(5.11)计算出的修正值,依次更新所有权重值和偏置值;

第 6 步:转向第 2 步。

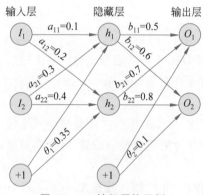

图 5.8　BP 神经网络示例

下面以图 5.8 中的神经网络为例,详细介绍 BP 算法的具体执行过程。

该网络包含输入层、隐藏层和输出层各一个。输入层有两个神经元 I_1 和 I_2;隐藏层有两个神经元 h_1 和 h_2;输出层有两个神经元 O_1 和 O_2;每条有向边上的数值表示神经元之间的连接权重。为表达整齐,为每层的偏置项设置了一个虚拟的神经元"+1"。激活函数选用 sigmoid 函数,sigmoid 函数及其对 x 的导数如公式(5.12)所示。

$$\sigma(x) = \frac{1}{1+e^{-x}}$$

$$\sigma'(x) = \sigma(x)(1-\sigma(x)) \tag{5.12}$$

假设输入样本为($x_1 = 0.05, x_2 = 0.1$),期望输出值为($y_1 = 0.03, y_2 = 0.05$)。以此为例,BP 算法的具体实现过程如下。

1. 正向传播

在正向传播阶段中,输入样本($x_1 = 0.05, x_2 = 0.1$)从输入层经隐藏层逐层处理,传向输出层,每一层神经元的状态只影响下一层神经元的状态。

(1) 由输入层向隐藏层传播信息。

令 net_j 表示编号为 j 的神经元的净输入,out_j 表示编号为 j 的神经元的输出,则 $out_{I_1} = x_1 = 0.05$,$out_{I_2} = x_2 = 0.1$。

① 针对隐藏层中第一个神经元 h_1,计算其净输入值,再计算其输出值,计算公式如下。

$$net_{h_1} = out_{I_1} \times a_{11} + out_{I_2} \times a_{21} + \theta_1$$

$$= 0.05 \times 0.1 + 0.1 \times 0.3 + 0.35 = 0.385$$

$$out_{h_1} = \sigma(net_{h_1}) = \frac{1}{1 + e^{-net_{h_1}}} = 0.595 \tag{5.13}$$

② 针对隐藏层中第二个神经元 h_2，计算其净输入值，再计算其输出值，计算公式如下。

$$net_{h_2} = out_{I_1} \times a_{12} + out_{I_2} \times a_{22} + \theta_1$$
$$= 0.05 \times 0.2 + 0.1 \times 0.4 + 0.35 = 0.4$$

$$out_{h_2} = \sigma(net_{h_2}) = \frac{1}{1 + e^{-net_{h_2}}} = 0.599 \tag{5.14}$$

（2）由隐藏层向输出层传播信息。

这一步的计算过程与"由输入层向隐藏层传播信息"相同，先分别计算输出层中两个神经元 O_1 和 O_2 的净输入值。

$$net_{O_1} = out_{h_1} \times b_{11} + out_{h_2} \times b_{21} + \theta_2$$
$$= 0.595 \times 0.5 + 0.599 \times 0.7 + 0.1 = 0.817 \tag{5.15}$$

$$net_{O_2} = out_{h_1} \times b_{12} + out_{h_2} \times b_{22} + \theta_2$$
$$= 0.595 \times 0.6 + 0.599 \times 0.8 + 0.1 = 0.936 \tag{5.16}$$

再分别计算 O_1 和 O_2 的输出值，输出层为第 3 层，故两个神经元的输出分别如下。

$$y_1^3 = out_{O_1} = \frac{1}{1 + e^{-net_{O_1}}} = 0.694 \tag{5.17}$$

$$y_2^3 = out_{O_2} = \frac{1}{1 + e^{-net_{O_2}}} = 0.718 \tag{5.18}$$

至此，已经完成了前向传播的过程，网络的实际输出为 $Y^3 = [0.694, 0.718]$，与期望的输出 $Y = [0.03, 0.05]$ 相差较大。然后，通过反向传播更新每条连接上的权值，重新计算网络输出值。

2. 反向传播

反向学习的目的是利用梯度下降法更新网络中的参数，使得目标函数（即损失函数）达到极小值。反向学习的过程是：误差信息从输出层经过隐藏层传向输入层，逐层使权值沿目标函数的负梯度方向更新。

采用公式（5.10）定义的误差平方和作为损失函数，即输出层中所有神经元的期望输出 y_j 与神经网络实际输出 y_j^m（$j = 1, 2, \cdots, p_m$）之差的平方和 E。

神经元的激活函数一般选择非线性的 sigmoid 函数，则各个权重 w_{ji}^k 的修正量 Δw_{ji}^k 可通过对 E 求偏导获得，如公式（5.19a）所示。

$$\Delta w_{ji}^k = -\eta \frac{\partial E}{\partial w_{ji}^k} = -\eta d_i^{k+1} y_j^k \quad (\eta > 0) \tag{5.19a}$$

$$d_i^m = y_i^m (1 - y_i^m)(y_i^m - y_i) \tag{5.19b}$$

$$d_i^k = y_i^k (1 - y_i^k) \sum_{j=1} d_j^{k+1} w_{ji}^{k+1} \quad (k = m-1, m, \cdots, 2) \tag{5.19c}$$

其中，k 表示网络层的层号；d_i^{k+1} 表示第 $k+1$ 层的误差信号（注意：d_i^{k+1} 不是误差 Δw_{ji}^k，两者差了一个第 k 层第 j 个神经元的输出项 y_j^k，见公式（5.19a）），y_i^k 表示第 k 层第 i 个神经元的输出。从公式（5.19c）可以看出，求第 k 层第 i 个神经元（记为 h_i^k）的误差信号 d_i^k 时，需要知道第 $k+1$ 层中与 h_i^k 相连接的神经元的误差信号 d_j^{k+1}，因此，更新误差的过程是一个始于输出层向输入层传播的递归过程，故称为反向传播学习算法。

首先,用公式(5.19b)求出输出层第 i 个神经元的误差信号 d_i^m,代入公式(5.19a),此时 $k=m-1$,可以求出输出层第 i 个神经元和倒数第二层第 j 个神经元之间的连接权值的修正量 Δw_{ji}^k;然后,由公式(5.19c)可以求出 d_i^{m-1},代入公式(5.19a),可以求出神经网络倒数第二层和倒数第三层之间连接权值的修正量,以此类推,可以求出各层之间权值的修正量,计算偏置的修正量的方法与此相同。用这些修正量去更新所有的权重和偏置,至此完成一次训练。向神经网络输入同一个训练样本,重复上面的训练过程,直到输出的总误差小于设定的阈值,再向神经网络输入下一个训练样本,继续训练,直到没有可用于训练的样本,则算法停止。

下面仍以图 5.8 中的神经网络为例,详细介绍 BP 算法中反向传播阶段的具体执行过程。

(1) 计算总误差 E。

本例中采用公式(5.10)定义的损失函数,计算过程如下。

$$
\begin{aligned}
E &= \frac{1}{2} \sum_{j=1}^{p_m} (y_j - y_j^m)^2 \\
&= \frac{1}{2} \left[(y_1 - y_1^m)^2 + (y_2 - y_2^m)^2 \right] \\
&= \frac{1}{2} \left[(0.03 - 0.694)^2 + (0.05 - 0.718)^2 \right] = 0.444
\end{aligned}
\tag{5.20}
$$

p_m 为输出层的神经元个数,在本例中的值为 2。

(2) 从输出层向隐藏层反向更新学习参数。

每个学习参数(权值和偏置)对误差都产生了影响,为了了解每个学习参数对误差产生了多少影响,可以用整体误差对某个特定的学习参数求偏导。从输出层到隐藏层,共有 5 个学习参数需要更新,分别为 b_{11}、b_{12}、b_{21}、b_{22}、θ_2。

① 计算权重的修正量。

以 b_{22} 为例,给出计算权重修正量 Δb_{22} 的具体过程。按照链式法则计算总误差 E 对 b_{22} 的偏导,如公式(5.21)所示。

$$
\Delta b_{22} = \frac{\partial E}{\partial b_{22}} = \frac{\partial E}{\partial out_{O_2}} \times \frac{\partial out_{O_2}}{\partial net_{O_2}} \times \frac{\partial net_{O_2}}{\partial b_{22}}
\tag{5.21}
$$

图 5.9 给出了在神经元 O_2 处进行反向传播的示意图,粗箭头的方向表示求偏导的方向。

下面逐项计算公式(5.21)中的 3 项偏导数,用以更新权值 b_{22}。

第 1 项:
$$
\frac{\partial E}{\partial out_{O_2}} = 2 \times \frac{1}{2} \times (y_2 - y_2^3) \times (-1) = 0.718 - 0.05 = 0.668
\tag{5.22a}
$$

第 2 项:
$$
\begin{aligned}
\frac{\partial out_{O_2}}{\partial net_{O_2}} &= \frac{\partial}{\partial net_{O_2}} \left(\frac{1}{1 + e^{-net_{O_2}}} \right) = \sigma(net_{O_2})(1 - \sigma(net_{O_2})) \\
&= out_{O_2} \times (1 - out_{O_2}) = 0.718 \times (1 - 0.718) = 0.202
\end{aligned}
\tag{5.22b}
$$

第 3 项:
$$
\frac{\partial net_{O_2}}{\partial b_{22}} = \frac{\partial}{\partial b_{22}} (out_{h_1} \times b_{12} + out_{h_2} \times b_{22} + \theta_2) = out_{h_2} = 0.599
\tag{5.22c}
$$

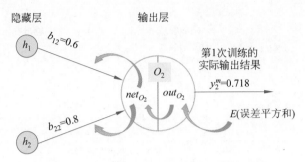

图 5.9　在输出层的神经元 O_2 处反向传播示意图

则有：$\Delta b_{22} = \dfrac{\partial E}{\partial b_{22}} = 0.668 \times 0.202 \times 0.599 = 0.081$

本例中设定学习率 η 为 0.5，更新 b_{22}，有：

$$b_{22}{}^{new} = b_{22} - \eta \times \Delta b_{22} = 0.8 - 0.5 \times 0.081 = 0.76$$

同理可计算得到：

$$b_{11}{}^{new} = 0.458, \quad b_{12}{}^{new} = 0.560, \quad b_{21}{}^{new} = 0.658。$$

② 计算偏置项的修正量。

采用同样的方式更新偏置项，首先计算 θ_2 的修正量 $\Delta \theta_2$。由于每一层的偏置项对于该层所有神经元的误差都有影响，所以先用总误差对该层的每个神经元求偏导，再求和，得到 $\Delta \theta_2$，如公式(5.23)所示。

$$\Delta \theta_2 = \frac{\partial E}{\partial \theta_2} = \sum_{i=1}^{pm} \left(\frac{\partial E}{\partial out_{O_i}} \times \frac{\partial out_{O_i}}{\partial net_{O_i}} \times \frac{\partial net_{O_i}}{\partial \theta_2} \right) \tag{5.23}$$

由于最后一项求导后的值为 1，故公式(5.23)可简化为公式(5.24)：

$$\Delta \theta_2 = \frac{\partial E}{\partial \theta_2} = \sum_{i=1}^{pm} \left(\frac{\partial E}{\partial out_{O_i}} \times \frac{\partial out_{O_i}}{\partial net_{O_i}} \right) \tag{5.24}$$

$$= (0.694 - 0.03) \times 0.212 + (0.718 - 0.05) \times 0.202 = 0.174$$

可求得更新后的偏置项如下：

$$\theta_2{}^{new} = \theta_2 - \eta \times \Delta \theta_2 = 0.1 - 0.5 \times 0.174 = 0.913$$

（3）从隐藏层向输入层反向更新学习参数。

从隐藏层到输入层，共有 5 个参数需要更新，分别为 a_{11}、a_{12}、a_{21}、a_{22}、θ_1，如图 5.10 所示。这些学习参数的更新方法与"从输出层向隐藏层反向更新学习参数"类似，但是稍有区别：计算 Δb_{22} 时，需要考虑所有能影响 b_{22} 值的神经元，显然 b_{22} 的值只受到来自神经元 O_2 的误差影响，因为 O_2 是输出层神经元，后面没有其他网络层了；但计算 Δa_{11} 时，a_{11} 的值不仅要受到神经元 h_1 反向传过来的误差的影响，还会受到输出层神经元 O_1 和 O_2 传过来的误差的影响。

下面以 a_{11} 为例，给出计算修正量 Δa_{11} 的具体过程，仍然利用链式法则求出总误差对权值的影响，计算公式如下。

$$\Delta a_{11} = \frac{\partial E}{\partial a_{11}} = \frac{\partial E}{\partial out_{h_1}} \times \frac{\partial out_{h_1}}{\partial net_{h_1}} \times \frac{\partial net_{h_1}}{\partial a_{11}} \tag{5.25}$$

公式(5.25)的第 1 项

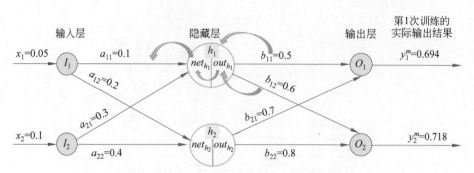

图 5.10　从隐藏层→输入层的反向传播示意图

$$\frac{\partial E}{\partial out_{h_1}} = \frac{\partial E}{\partial out_{O_1}} \times \frac{\partial out_{O_1}}{\partial net_{O_1}} \times \frac{\partial net_{O_1}}{\partial out_{h_1}} + \frac{\partial E}{\partial out_{O_2}} \times \frac{\partial out_{O_2}}{\partial net_{O_2}} \times \frac{\partial net_{O_2}}{\partial out_{h_1}} \qquad (5.26)$$

公式(5.26)中的 4 项偏导数 $\frac{\partial E}{\partial out_{O_1}}$、$\frac{\partial out_{O_1}}{\partial net_{O_1}}$、$\frac{\partial E}{\partial out_{O_2}}$、$\frac{\partial out_{O_2}}{\partial net_{O_2}}$ 的值在"从输出层向隐藏层

反向更新学习参数"的权值更新中均已有计算值。还需计算 $\frac{\partial net_{O_1}}{\partial out_{h_1}}$ 和 $\frac{\partial net_{O_2}}{\partial out_{h_1}}$ 的值。

已知：$net_{O_1} = out_{h_1} \times b_{11} + out_{h_2} \times b_{21} + \theta_2$，有 $\frac{\partial net_{O_1}}{\partial out_{h_1}} = b_{11} = 0.5$。

已知：$net_{O_2} = out_{h_1} \times b_{12} + out_{h_2} \times b_{22} + \theta_2$，有 $\frac{\partial net_{O_2}}{\partial out_{h_1}} = b_{12} = 0.6$。

所以有：$\frac{\partial E}{\partial out_{h_1}} = [(y_1 - y_1^3) \times (-1)] \times [y_1^3(1 - y_1^3)] \times b_{11} +$

$(y_2 - y_2^3) \times (-1) \times [y_2^3(1 - y_2^3)] \times b_{12}$

$= -(0.03 - 0.694) \times [0.694 \times (1 - 0.694)] \times 0.5 -$

$(0.05 - 0.718) \times [0.718 \times (1 - 0.718)] \times 0.6$

$= 0.664 \times 0.212 \times 0.5 + 0.668 \times 0.202 \times 0.6 = 0.151$

公式(5.25)的第 2 项，根据公式(5.13)，可求得：

$$\frac{\partial out_{h_1}}{\partial net_{h_1}} = \sigma(net_{h_1})(1 - \sigma(net_{h_1}))$$

$$= 0.595 \times (1 - 0.595) = 0.241$$

公式(5.25)的第 3 项，计算可得：

$$\frac{\partial net_{h_1}}{\partial a_{11}} = \frac{\partial}{\partial a_{11}}(out_{I_1} \times a_{11} + out_{I_2} \times a_{21} + \theta_1) = out_{I_1} = x_1 = 0.05$$

综上所述，$\Delta a_{11} = \frac{\partial E}{\partial a_{11}} = 0.151 \times 0.241 \times 0.05 = 0.002$

更新 a_{11}，可得：$a_{11}{}^{new} = a_{11} - \eta \times \Delta a_{11} = 0.1 - 0.5 \times 0.002 = 0.099$。

同理可得，$a_{12}{}^{new} = 0.199$，$a_{21}{}^{new} = 0.298$，$a_{22}{}^{new} = 0.398$。

偏置项的更新方法与"从输出层向隐藏层反向更新学习参数"中的方法相同，此处不再赘述，但需要注意的是，θ_1 的更新与 O_1、O_2、h_1、h_2 均有关系，可求得：$\theta_1{}^{new} = 0.307$。

至此,所有参数均已更新一轮,继续将训练样本($x_1=0.05$,$x_2=0.1$)输入到已更新参数的神经网络中,进行第二次训练,新的实际输出为[0.667, 0.693](第一次的输出为[0.694, 0.718],目标输出为[0.03, 0.05]),第二次训练后的总误差为 0.44356(第一次的总误差为0.444)。可见,总误差在逐渐减小,随着迭代次数的增加,输出值会越来越接近目标值,直到总误差小于设定的阈值,再输入下一个训练样本,继续训练,直到输入所有训练样本训练完毕为止。

BP 神经网络及学习算法也有其局限性,具体如下。

(1) BP 学习算法是有监督学习,需要大量带标签的训练数据。

(2) BP 神经网络中的参数量大,收敛速度慢,需要较长的训练时间,学习效率低。

(3) BP 学习算法采用梯度下降法更新学习参数,容易陷入局部极值,从而找不到全局最优解。

(4) 尚无理论指导如何选择网络隐藏层的层数和神经元的个数,一般是根据经验或通过反复实验确定。因此,网络往往存在很大的冗余性,在一定程度上也增加了网络学习的负担。

5.4　卷积神经网络

卷积神经网络(convolutional neural network,CNN)是一种特殊的多层前馈神经网络,常用于监督学习。由于早期的 BP 神经网络是全连接的,因此需要学习的参数量巨大,网络训练时间较长。

科学家发现:生物神经元只接受其所支配的刺激区域内的信号。例如,人类视网膜上的光感受器受刺激兴奋时,只有视觉皮层中特定区域的神经元才会接受这些神经冲动信号,这就是生物学上的感受野(receptive field)机制。研究人员受此启发,提出了卷积神经网络。卷积神经网络模仿了感受野的机制,采用卷积运算,使得人工神经元只连接其周围一定范围内的神经元,连接数量减少了,自然,连接上的权重(参数)个数也减少了,从而达到减少参数量的目的。

卷积神经网络最早用来做图像处理任务。其发展非常迅速,特别是在图像分类、目标检测和语义分割等任务上不断取得突破性进展。本节以图像处理任务为例,介绍卷积神经网络的结构和运算。

5.4.1　卷积神经网络的整体结构

一个卷积神经网络可以包含多个网络层,每层网络由多个独立的神经元组成。卷积神经网络中的网络层主要分为 3 种类型:卷积层(convolutional layer)、池化层(pooling layer)和全连接层(full connected layer)。通常,每个卷积层与最后一个全连接层之后都会采用激活函数。与多层前馈神经网络一样,卷积神经网络也可以像搭积木一样,通过叠加多个网络层来组装,如图 5.11 所示。

卷积神经网络是在多层前馈神经网络中保留了全连接层和激活函数的同时,还增加了卷积层和池化层。多层前馈神经网络可以看成是由"全连接层+ReLU 层"组合拼装而成的,而卷积神经网络可以看成是由"卷积层+ReLU 层+池化层"(有时也省略池化层)组合

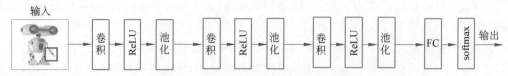

图 5.11　卷积神经网络结构的示意图

拼装而成的。这种组合方式使得卷积神经网络具有 3 个重要特性：权重共享、局部感知和亚采样。在卷积神经网络中，输入层输入的数据是训练样本或测试样本，其他网络层输入/输出的数据均称为特征图（feature map）。

卷积神经网络不需要额外的特征工程（feature engineering），预处理量很小，即 CNN 可以直接从图像中提取视觉特征，不用像传统图像处理技术那样提取手工式特征（如 HOG、SIFT 特征等，也称为设计式特征），而由网络模型自动提取的图像特征称为学习式特征。CNN 可识别具有极端可变性的模式，如手写体字符，并且具有一定程度的扭曲、平移、旋转、缩放不变性，从而可以保留图像的空间特性，在图像处理方面具有显著优势。与几乎所有其他的神经网络一样，CNN 也采用反向传播算法训练模型，它们的不同之处只是在于网络结构。

卷积神经网络通常包括一个输入层、多个"卷积层＋ReLU 层＋池化层"组合块、多个连续的全连接层（中间不加激活函数）、一个采用 softmax 函数（公式 4.4）的输出层。其中，"卷积层＋ReLU 层＋池化层"组合块也可能是（n 个"卷积层＋ReLU 层"＋1 个池化层）的组合。

（1）输入层。

若输入的样本是一个灰度图像，则表示为一个由图像像素组成的 $W \times H$ 矩阵，其中 W 为图像的宽度，H 为图像的高度，图像深度为 1；若是彩色图像，则表示为一个 $W \times H \times 3$ 的像素矩阵，"3"表示 R、G、B 三个颜色通道（channel），即图像深度为 3。

当输入数据是图像时，CNN 输入层的输入格式与全连接神经网络的输入格式不同，CNN 输入的是图像本身，保留了其固有的二维（灰度图）或三维（彩色图）结构；而全连接神经网络则是将图像的像素按行或列拼接起来，展开为一个一维向量。图像本身的二维或三维形状的数据中包含了重要的空间特征信息，通常，空间上邻近的像素会相似，各颜色通道之间的像素值也有密切关联，相距较远的像素之间关联性较少。而全连接神经网络对输入图像的这种展开操作会破坏图像相邻像素间的关联性，损失空间特征信息。

（2）卷积层。

卷积操作就是点积运算。卷积层的功能是通过卷积操作对输入的原始数据或特征图提取特征，输出卷积运算后产生的特征图。卷积层是卷积神经网络的核心部分，一个卷积层可以包含若干个卷积核（kernel），一个卷积核就是一个二维的、高度和宽度相同的权重矩阵。通常，一个高度和宽度均为 F 的卷积核记为 conv $F \times F$，F 值远比 W 和 H 值小。这个 $F \times F$ 的区域就是卷积核的感受野，卷积核与输入的图像或特征图只有 $F \times F$ 大小的局部连接；而在全连接神经网络中，隐藏层的神经元的感受视野是输入图像或特征图的全部大小，进行的是全局连接。

对灰色图像作卷积操作，用一个卷积核即可，因为一张灰色图像只有一个颜色通道；但若对彩色图像作卷积操作,则同时需要有 3 个大小相同的卷积核,分别对彩色图像的 R、G、B 三个颜色通道进行卷积运算,那么这个由若干个大小(size,也称为尺寸)相同的卷积核堆叠而成的卷积核组就称为一个滤波器(filter),记为 conv $F \times F \times D$,其中 D 为该滤波器中包含的卷积核的个数,称为滤波器的深度(depth),也称为滤波器的通道数,记为 ♯channel。滤波器的深度取决于输入的图像或特征图的深度,即若要对一个 D 层的图像或特征图作卷积运算,就需要用深度为 D 的滤波器。对于灰度图像,一个卷积核可以看作是深度为 1 的滤波器。

一个卷积层中可以包含多个滤波器,而滤波器的个数是人为设定的,一个滤波器就是一个神经元。通常,同层上的多个滤波器的大小、深度都相同,也是人为设定的(滤波器的深度是间接人为设定的),即超参数;只是权重和偏置不同,需要训练得到,即学习参数。

每个滤波器,即神经元,只对输入图像或特征图的部分区域进行卷积运算,负责提取图像或特征图中的局部特征。靠近输入层的卷积层提取的特征往往是局部的,越靠近输出层,卷积层提取的特征越是全局化的。一个滤波器只关注一个特征,不同的滤波器用于提取不同的特征,如边缘、轮廓、纹理、颜色等。每个滤波器只产生一层特征图,故有多少个滤波器,就会产生多少层特征图。一个神经网络中的所有神经元,就是构成了整张图像的特征提取器的集合。

每个卷积层后面都有一个非线性激活函数,CNN 通常采用 ReLU 作为隐藏层的激活函数。

(3) 池化层。

池化层也称为下采样层(subsampling,或称为子采样、亚采样)。其作用是在网络中选择具有代表性的特征,去除不重要的或冗余的特征,用以降低特征维数,从而减少参数量和计算开销。

(4) 全连接层。

全连接层通常置于卷积神经网络尾部,它与传统的全连接神经网络的连接方式相同,都是相邻两层上的所有神经元两两相连,每个连接都有权重。两个相邻全连接层之间只进行线性转换,不用激活函数。全连接层的作用主要是对卷积层和池化层提取的局部特征进行重新组合,得到全局信息,以减少特征信息的丢失。

(5) 输出层。

输出层用于输出结果,实际上就是最后一个全连接层之后的激活函数层。根据回归或分类问题的需要选择不同激活函数,以获得最终想要的结果,例如,二分类任务可以选择 sigmoid 作为激活函数,若是多分类任务,可以选择 softmax 作为激活函数。

总之,卷积神经网络的结构比传统多层全连接神经网络具有优势,主要体现在以下两个方面。

(1) 连接方式不同,CNN 的局部连接可大大减少参数量和计算量。CNN 卷积层的神经元之间是局部连接的,而传统多层全连接神经网络的神经元之间是全连接的。每个连接都对应着一个权重参数,连接数越少,参数量越小。所以,CNN 的参数量远远少于传统网络的参数量,计算量也因此大大降低了。

(2) 对输入图像处理的方式不同,CNN 保留了图像固有的空间特征。邻近像素之间的关联性较高,距离较远的像素之间相关性较弱。而全连接神经网络将输入图像拉成一个一维向量,这种操作会丢失图像的空间特征信息。

5.4.2 卷积运算

卷积,又名摺积或旋积,是泛函分析中一种重要的运算。图像处理中的卷积是二维的。

1. 灰色图像上的卷积运算

灰度图像通常表示为 $W \times H$ 的像素矩阵,是单通道图像。其中每个像素的取值范围为 $[0, 255]$,表示像素的强度。图像处理的底层就是对图像像素点进行操作。

卷积运算是对像素矩阵与卷积核矩阵重叠部分作内积的操作,即计算两个重叠矩阵中对应元素的乘积之和。在图像上作卷积操作是用同一个卷积核在图像上从左到右、从上到下,按某个固定的步长进行"Z"字形滑动,遍历图像的每一个局部位置,并将每个位置的内积运算结果保存到输出特征图的相应位置。步长(stride)是指卷积核窗口在像素矩阵上滑动的位置间隔,以像素为计数单位。

以图 5.12 的灰度图像为例,假设给定 4×4 的像素矩阵,卷积核大小为 2×2,滑动步长为 2。

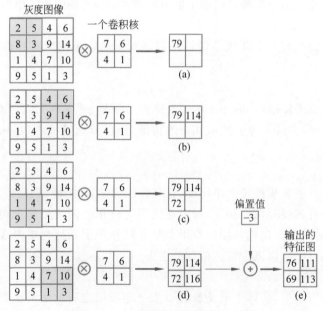

图 5.12 灰度图像的卷积计算示例

执行卷积操作的过程如下。

(1) 先将卷积核矩阵放置在像素矩阵的最左上角,计算阴影部分与卷积核矩阵的内积,得到特征图第一行、第一列的元素值为 $2 \times 7 + 5 \times 6 + 8 \times 4 + 3 \times 1 = 79$,见图 5.12(a)。

(2) 将卷积核矩阵在图像矩阵上向右移动 2 个像素,计算内积,得到特征图第一行、第二列的元素值为 $4 \times 7 + 6 \times 6 + 9 \times 4 + 14 \times 1 = 114$,见图 5.12(b)。

(3) 将卷积核移动到像素矩阵最左端,并且向下移动 2 个像素,类似地,可以依次计算出特征图中第二行、第一列的元素值为 72,见图 5.12(c);第二行、第二列的元素值为 116,见图 5.12(d)。

(4) 特征图各元素共用同一个偏置值,在图 5.12(d)中各个元素上加上偏置值 -3,得到最终的输出特征图,见图 5.12(e)。

可见,4×4 的像素矩阵经过尺寸为 2×2、步长为 2 的卷积操作后,得到尺寸为 2×2 的特征图。每个卷积核可以提取一类图像特征。

若第 i 个卷积层中有 K 个滤波器,则可以计算得到 K 个特征图,那么,第 $i+1$ 个卷积层中所有滤波器的深度都必须是 K。

2. RGB 图像上的卷积运算

输入的彩色图像通常表示为 $W\times H\times3$(depth)的像素矩阵,其中"深度"(depth)也称为通道。彩色图像可以看作 3 个二维像素矩阵,每个像素矩阵存放所有像素的一种颜色值,像素取值范围为 $[0,255]$。如图 5.13 所示,输入的彩色图像尺寸为 $4\times4\times3$,表示宽度和高度分别为 4,通道数(或深度)为 3。

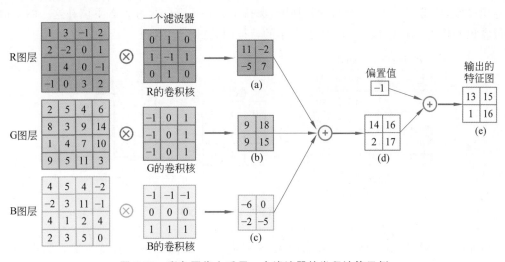

图 5.13 彩色图像上采用一个滤波器的卷积计算示例

采用一个尺寸为 3×3、通道数为 3 的滤波器(即该滤波器必须包含 3 个卷积核)对该图像进行卷积操作,步长为 1,计算过程如下。

(1) 首先,将该滤波器的 3 个卷积核矩阵分别放在 3 个颜色图层的最左上角,各自做卷积运算,每个卷积核与相应图层的卷积运算过程与灰度图像上的卷积运算相同,则该位置上的 3 个卷积运算得到 3 个值,即图 5.13(a)、(b)和(c)中第一行、第一列的 11、9、-6,然后求三者之和为 14,即图 5.13(d)中第一行、第一列的值。

(2) 然后,在 3 个颜色矩阵上分别按照步长为 1 滑动各自的卷积核矩阵,从左到右、从上到下,每步都进行卷积运算,可得到尺寸均为 2×2 特征矩阵 (a)、(b)和(c)。

(3) 将(a)、(b)和(c) 矩阵中的元素按位置累加,得到特征矩阵 (d)。

(4) 再将(d)的每个元素加上偏置值"-1",输出一个尺寸为 2×2 的特征图(e)。

上例中只用了一个滤波器,事实上,CNN 的每个卷积层中都可以使用多个滤波器(其个数由人为设定)。在每个卷积层上,一个滤波器只能输出一个通道数为 1 的特征图;若有 K 个滤波器,则输出一个通道数为 K 的特征图。针对输入的 RGB 图像,第一个卷积层的所有滤波器的深度必须是 3,因为颜色通道为 3。在其后的卷积层上,滤波器的深度取决于前一层输出的特征图的通道数。一个滤波器提取一种局部特征,多个滤波器可以提取多种不同的局部特征。

3. 图像填充(padding)

通过前面两个卷积操作的例子可发现:每做一次卷积运算,输出的特征图的尺寸都会减少若干个像素,经过若干个卷积层后,特征图尺寸会变得非常小。

另外,在卷积核移动的过程中,图像边缘的像素参与卷积运算的次数远少于图像内部的像素,这是因为边缘上的像素永远不会位于卷积核的中心,而卷积核也不能扩展到图像边缘区域以外,因此会导致图像边缘的大部分信息丢失。

若想尽可能多地保留原始输入图像的信息,可以在卷积操作之前,在原图像的周围填充 p 圈固定的常数,例如,填充常数 0,这种操作称为填充(padding)。如图 5.14 所示,原特征图尺寸为 4×4 的矩阵,在其周围填补一圈(即 $p=1$)0 值后,再用一个 3×3 卷积核对其进行卷积操作,输出一个 4×4 大小的特征图,保持了原特征图的尺寸。若不填补这一圈 0 值,执行卷积操作后,输出的是一个 2×2 大小的特征图,见图 5.13(a)。

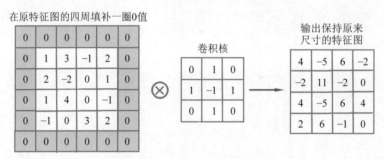

图 5.14 零填充后进行卷积操作

填充的主要目的是调整输入数据的大小,使得输出数据的形状保持与输入数据一致。需要根据具体情况来确定超参数 p 的值。在实践中,当设置 padding = valid 时,表示不填充 0 值,当 padding = same 时,表示自动计算 p 值来填补 0 值,使得卷积运算前、后的特征图的尺寸相同。

采用填充技术有以下两个作用:①CNN 的深度不再受卷积核大小的限制,CNN 可以不断地堆叠卷积层。若不作填充,当前一层输出的特征图的尺寸比卷积核还小时,就无法再进行卷积操作,也就无法再增加卷积层了。②可以充分利用图像的边界信息,不会遗漏图像边界附近的重要信息。

4. 卷积运算后特征图尺寸的计算公式

通过前面的例子可知:填充的 p 值和步长 s 的值都会影响卷积输出特征图的大小。设当前卷积层中滤波器的为个数 K,输入特征图的尺寸为 $H \times W \times D$(D 为通道数),卷积核的尺寸为 $F \times F$,填充为 p,步长为 s,则执行卷积运算后,输出特征图的尺寸 $H' \times W' \times D'$ 的计算公式如下所示:

$$H' = \frac{H + 2p - F}{s} + 1, \quad W' = \frac{W + 2p - F}{s} + 1, \quad D' = K \tag{5.27}$$

其中,主要超参数包括:每个卷积层中滤波器的个数 K、卷积核或滤波器的大小 F、步长 s、填充 p。当前卷积层中学习参数的个数为 $(F \times F \times D + 1) \times K$。

如图 5.15 所示,假设输入的彩色图像大小为 $32 \times 32 \times 3$,第一个卷积层有 6 个大小为 $5 \times 5 \times 3$(3 为通道数,对应 R、G、B 三个颜色通道)的滤波器,则该卷积层输出大小为 $28 \times 28 \times 6$(6 为通道数)的特征图,作为第二个卷积层的输入特征;第二个卷积层有 10 个大小为 $5 \times 5 \times 6$ 的滤波器,经过卷积操作,第二个卷积层输出大小为 $24 \times 24 \times 10$ 的特征图。这两个卷积层中参数的个数为 $(5 \times 5 \times 3+1) \times 6+(5 \times 5 \times 6+1) \times 10=1966$。

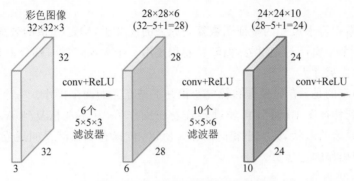

图 5.15 两个卷积层的运算过程

5. 转置卷积

卷积操作会使特征图的尺寸缩小,可以看作是下采样。而对于某些特定任务,如图像分割、图像生成,需要将图像恢复到原来的尺寸,再对原图中的每个像素进行分类。这个将图像由小尺寸转换为大尺寸的操作称为上采样(upsample)。

传统的上采样方法有很多,如最近邻插值法、线性插值法和双线性插值法等。然而,这些上采样方法都是基于人们已有的先验经验设计的。但在很多应用场景中,人们并不具有正确的先验知识,因此上采样的效果不理想。我们希望神经网络能够自动学习如何更好地进行上采样,转置卷积就是一种自动上采样的方法。转置卷积(transposed convolution),又称为反卷积(deconvolution)或逆卷积(inverse convolution)。

下面以图 5.16 为例介绍转置卷积的运算过程。图 5.16(a)中间的实线部分是图 5.13 中 R 图层(大小为 4×4)经过一个 3×3 大小、步长 s 为 1 的卷积操作后得到的 2×2 大小的特征图。现在要对 2×2 小尺寸特征图进行转置卷积运算,使其恢复原来的尺寸 4×4。具体过程如下。

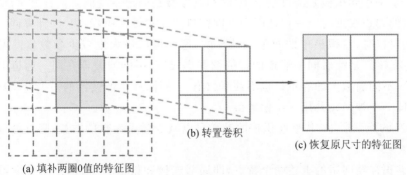

(a) 填补两圈0值的特征图

(b) 转置卷积

(c) 恢复原尺寸的特征图

图 5.16 $F=3, s=1, p=2$ 转置卷积的运算过程

（1）在 2×2 特征图的周围填补两圈 0 值，即 $p=2$，得到图 5.16（a）中 6×6 大小的特征图，其中虚线区域表示填补的 0 值，正中间 2×2 的实线区域是准备进行上采样的小尺寸特征图。

（2）用 3×3 的转置卷积（图 5.16（b））在图 5.16（a）上进行步长 $s=1$ 的卷积运算，得到图 5.16（c）所示的 4×4 大小的特征图，根据公式（5.27）可知：$H'=W'=(2+2\times2-3)/1+1=4$。

可见，转置卷积将小尺寸的特征图恢复到原来的尺寸了，确定 p 值的公式为 $p=F-1$。

卷积是用一个小窗口看大世界，而转置卷积是用一个大窗口的一部分去看小世界，即卷积核比原输入图像尺寸大。

这里需要注意的是：卷积操作和转置卷积并不是互逆的两个操作。一个特征图 A 经过卷积操作后，得到特征图 B，而 B 再经过转置卷积操作后，并不能恢复到 A 中原始的元素值，只是保留了原始的形状，即大小相同而已。所以，转置卷积虽然又叫逆卷积，但事实上，它不是原来卷积操作的逆运算。

6. 卷积神经网络结构的特点

（1）局部连接。

人类对外界的认知一般是从局部到全局，先感知局部，再逐步认知全局。卷积即局部感受野。

CNN 模仿了人类的认识模式：一个神经元只与特征图局部区域中的元素相连，卷积层的这种局部连接方式保留了输入数据原有的空间联系及其固有的一些模式。每个卷积层的输入特征图或卷积核的大小是不同的，卷积核大小的不同意味着感受野范围的不同。随着网络的加深，神经元的感受野范围逐层扩大，所提取图像特征的全局化程度越来越高，直到全连接层，全连接层中每个神经元的感受野覆盖了前一网络层的全部输出，得到的就是全局特征。

总之，CNN 是：在卷积层，先用感受野小的卷积提取图像的局部特征；在全连接层，再用全连接将所有特征重新组合在一起，提取全局特征。

另外，局部连接实际上减少了神经元之间的连接数，也就减少了参数量，起到了降低计算量的作用。

（2）权值共享。

权值共享是指卷积核在滑过整个图像时，其参数是固定不变的。换言之，权值共享就是用一组固定的卷积权重与同一特征图中不同窗口的元素做内积（卷积）。计算同一个通道特征图的不同窗口时，卷积核中的权值是共享的，这样可以极大地减少参数量。需要指出的是：同一卷积核只是针对同一通道的特征图共享权值，不同滤波器在同一通道上的卷积核不共享权值，不同通道上的卷积核也不共享权值。另外，一个滤波器的多个卷积核共享同一个偏置值，即一个神经元共用一个偏置值。

在 CNN 的隐藏层中，共享卷积核的参数可以减少学习参数的数量，降低处理高维数据的计算压力。

可见，卷积神经网络的上述两个特点，即局部连接和权值共享，都是减少学习参数量的方法。但卷积神经网络也有以下局限性：①训练网络模型时，不仅需要大量的训练样本，还需要高性能算力，例如需要使用 GPU，还需要花大量的时间调试超参数；②所提取特征的物理含义不明确,即不知道每个卷积层提取到的特征表示什么含义,神经网络本身就是一种难以解释的"黑箱模型";③深度神经网络缺乏完备的数学理论证明,这也是深度学习一直面临的问题,目前仍无法解决。

5.4.3 激活函数

在多层卷积神经网络中,第 i 个卷积层的输出与第 $i+1$ 个卷积层的输入之间有一个函数映射,即激活函数。激活函数是神经网络中的重要组成部分,它是对网络层输出的线性组合结果做非线性映射。

若激活函数是线性函数,则无论神经网络有多少层,输入与输出之间都是线性组合关系,整个网络的功能等价于感知机,网络的逼近能力十分有限。因此,需要选择非线性激活函数来大幅度提升深度神经网络的表达能力,使其几乎可以逼近任何函数。激活函数的作用就是给网络模型提供非线性的建模能力。

在现代 CNN 中,每个卷积层后面都有非线性激活函数,目的是向模型中加入非线性元素,以解决非线性问题。一般在同一个网络中使用同一种激活函数。早期,CNN 的隐藏层大多采用 sigmoid 函数作为激活函数,自从 2012 年起,几乎所有的 CNN 均采用 ReLU 系列函数做激活函数了。下面分别介绍最常用的 ReLU 函数和 LeakyReLU 函数。

1. ReLU 函数

ReLU 是修正线性单元(rectified linear unit)的简称,也叫作 rectifier 函数,是目前深度神经网络中最常用的激活函数。在 2012 年的 ImageNet 图像分类比赛中,夺冠的 AlexNet 模型采用的激活函数正是 ReLU,从此 ReLU 成为深度神经网络模型中应用最广泛的激活函数。

ReLU 不是一个光滑的曲线,而是一个简单的分段线性函数。但从整体看,ReLU 是一个非线性函数,其数学表达式如公式(5.28)所示。

$$y = f(x) = \max(x, 0) = \begin{cases} x, & x > 0 \\ 0, & x \leqslant 0 \end{cases} \tag{5.28}$$

ReLU 函数的图像如图 5.17 所示。

ReLU 函数是分段可导的,并人为规定在 0 处的梯度为 0,其导数形式如下:

$$\frac{\partial y}{\partial x} = \begin{cases} 1, & x > 0 \\ 0, & x \leqslant 0 \end{cases} \tag{5.29}$$

ReLU 函数具有如下优点。

(1) 计算简单且快,求梯度简单,收敛速度比 sigmoid 和 tanh 函数快得多,ReLU 仅需要做简单的阈值运算。

(2) S 型函数在 x 趋近于正负无穷时,函数的导数趋近于零,而 ReLU 的导数为 0 或常数,在一定程度上缓解了梯度消失的问题。

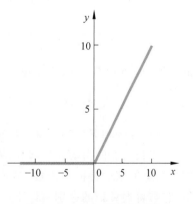

图 5.17　ReLU 函数的图像

(3) ReLU 具有生物上的可解释性,有研究表明:人脑中同一时刻大概只有 $1\% \sim 4\%$ 的神经元处于激活状态,同时只响应小部分输入信号,屏蔽了大部分信号。sigmoid 函数和

tanh 函数会导致形成一个稠密的神经网络;而 ReLU 函数在 $x<0$ 的负半区的导数为 0,当神经元激活函数的值进入负半区时,该神经元不会被训练,使得网络具有稀疏性。可见,ReLU 只有大约 50% 的神经元保持处于激活状态,引入了稀疏激活性,使神经网络在训练时会有更好的表现。

ReLU 函数具有如下缺点。

(1) ReLU 函数的输出是非零中心化的,使得后一层神经网络的偏置偏移,影响梯度下降的速度。

(2) 采用 ReLU 函数,神经元在训练时比较容易"死亡",即在某次不恰当地更新参数后,所有输入都无法激活某个神经元,则该神经元的梯度固定为 0,导致无法更新参数,而且在之后的训练中,此神经元再也不会被激活,这种现象称为"神经元死亡"问题。在实际使用中,为了避免上述情况,提出了若干 ReLU 的变种,如 LeakyReLU 函数等。

2. LeakyReLU 函数

LeakyReLU 称为带泄露的 ReLU,简记为 LReLU,它在 ReLU 梯度为 0 的区域保留了一个很小的梯度,以维持参数更新。

LReLU 函数的数学表达式如公式(5.30)所示。

$$y=f(x)=\begin{cases}x, & x>0 \\ \alpha x, & x\leqslant 0\end{cases} \tag{5.30}$$

其中,$\alpha \in (0,1)$ 是一个很小的常数,如 0.01,当 $\alpha<1$ 时,LReLU 也可以写作:

$$f(x)=\max(x,\alpha x)$$

LReLU 函数的图像如图 5.18 所示。

LReLU 函数的导数形式为:

$$\frac{\partial y}{\partial x}=\begin{cases}1, & x>0 \\ \alpha, & x\leqslant 0\end{cases} \tag{5.31}$$

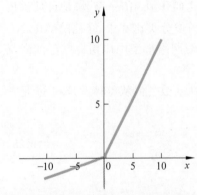

图 5.18 LeakyReLU 函数的图像

LReLU 函数在负半区有一个很小的坡度,即导数总是不为零。这样当神经元处于非激活状态时,也能有一个非零的梯度,使得参数得以更新,避免永远不能被激活,解决了一部分神经元死亡的问题。但在实际使用的过程中,LReLU 函数并非总是优于 ReLU 函数。

5.4.4 池化运算

池化是一种非线性下采样,池化层也称为下采样层。最常见的池化运算采用大小为 2×2,步长为 2 的滑动窗口操作,有时窗口尺寸为 3,更大的窗口尺寸比较罕见,因为过大的窗口会急剧减少特征的维度,造成过多的信息损失。实际上,池化也是一个特殊的卷积运算,它与普通卷积的区别有以下两点:①池化卷积核的步长等于卷积核的大小,即 $s=F$,称为不重叠的池化;②池化卷积核的权重不是通过学习获得的,而是允许人为选择进行下采样的方式,所以,池化核的权重不是学习参数。

最常用的池化运算为最大池化(max pooling),它取滑窗内所有元素中的最大值;还有一种较常用的池化操作,即平均池化(average pooling),它取滑窗内所有元素的平均值。如

图 5.19 所示,原特征图为 4×4 的矩阵,若采用 2×2
的不重叠最大池化操作,则得到图 5.19(a)的特征图;
若采用 2×2 的不重叠平均池化操作,则得到
图 5.19(b)的特征图。也可以理解为:池化是将输入
的特征图分割成一组不重叠的矩形区域,对每个区
域,输出其中最大值者,就是最大池化;输出每个区域
的平均值者,就是平均池化。

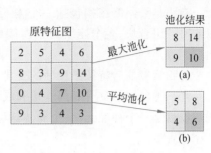

图 5.19　两种池化运算

　　平均池化操作可以较好地保留图像的背景信息,
但是图像中的物体边缘会被钝化。最大池化操作可
以更清晰地保留图像的纹理信息,因此在提取目标轮廓等特征时会更有效。

　　池化层夹在连续的"卷积层＋ReLU"组合块中间,其作用如下。

　　(1) 保持尺度不变性。

　　池化操作是对特征图中的元素进行选择,保留图像的重要特征,去掉一些冗余的信息,
保留下来的信息具有尺度不变性的特征,可以很好地表达图像的特征。

　　(2) 降低特征维度。

　　池化操作分别独立作用于特征图的每个通道上,降低所有特征图层的宽度和高度,但不
改变图像的深度(通道数)。可以起到降低特征维度、防止过拟合的作用,同时可以减少参数
量和计算开销。

5.5　本章小结

　　1. 感知机与神经网络

　　神经元的数学模型——MP 模型包括线性组合和非线性激活函数两部分。

　　感知机的结构与 MP 模型相同,但有以下两点不同:①采用的激活函数不同,MP 模型
采用阶跃函数,感知机采用 sigmoid 函数;②MP 模型的参数都是人为设定的,没有"学习"
的机制;而感知机中引入了"学习"的概念,参数都是通过学习得到的。

　　感知机是单层人工神经网络,不含隐藏层;而多层人工神经网络包含至少一个隐藏层。

　　根据神经元之间的连接范围,多层人工神经网络分为全连接神经网络和部分连接神经
网络。

　　根据网络层之间的连接方式,多层人工神经网络分为前馈神经网络和反馈神经网络。

　　2. BP 神经网络及其学习算法

　　BP 神经网络是一种多层前馈神经网络,由于前馈神经网络大多采用反向传播学习算法
进行训练模型,故被称为 BP 神经网络。

　　神经网络的学习是指利用训练数据集不断地修改神经网络的所有连接权值和偏置值,
使神经网络的实际输出尽可能逼近真实值(ground truth)。可见,BP 学习算法是一种监督
学习。

　　BP 学习算法包括正向传播和反向传播两个阶段,可以归纳为公式(5.19)。

　　3. 卷积神经网络

　　卷积神经网络是一种特殊的多层前馈神经网络,常用于监督学习。

卷积神经网络结构包括一个输入层、多个"卷积层＋ReLU 层＋池化层(池化层有时可以省略)"组合块、多个连续的全连接层(中间不加激活函数)、一个采用 softmax 函数的输出层。

卷积运算前后特征图尺寸的变化可通过公式(5.27)计算。

卷积神经网络具有局部连接和权值共享的特点。每个卷积层可以有多个滤波器,一个滤波器就是一个神经元,一个滤波器可以包含多个卷积核,一个滤波器内的多个卷积核共用一个偏置值。

池化层的作用是保持尺度不变性和降低特征维度。

激活函数必须是非线性的,目的是大幅度提升深度神经网络的表达能力,用以逼近任何函数,提供非线性的建模能力。每个卷积层后面都有一个激活函数。

填充技术有两个作用:①使 CNN 的深度不再受卷积核大小的限制,可以不断地堆叠卷积层。②可以充分利用图像的边界信息,不会遗漏图像边界附近的重要信息。

习题 5

1. 简述 sigmoid 函数的优缺点。

2. 简述 BP 学习算法的不足之处。

3. 简述卷积神经网络的结构。

4. 按照神经元之间的连接范围划分,神经网络可以分为哪两大类?

5. 按照网络层之间的连接方式,神经网络可以分为哪两大类?

6. 假设有一个 3 层的前馈全连接神经网络,其输入层有 5 个神经元,第一个隐层有 10 个神经元,第二个隐层有 10 个神经元,输出层有 2 个神经元,请计算神经网络中的连接总数。

7. 写出 sigmoid 函数 $\sigma(x) = \dfrac{1}{1 + e^{-x}}$ 的导数公式。

8. sigmoid 函数与 softmax 函数是否有关联? 若有,请说明两者的关联。

9. 若输入数据的大小为 $240 \times 240 \times 3$,对其采用大小为 4×4、不重叠的池化操作,则池化操作的步长以及池化操作后特征图的大小分别是多少?

10. 指出人工神经网络中的超参数。

第 6 章

典型卷积神经网络

本章学习目标

- 掌握 LeNet-5 模型的结构及特点。
- 掌握 AlexNet 模型的结构及特点。
- 了解 VGGNet、GoogLeNet、ResNet、DenseNet 的结构及特点。

自从福岛邦彦提出 Neocognitron 神经网络,卷积神经网络已发展了四十多年,其间出现了一些非常典型的、有杰出表现的卷积神经网络模型。

本章将依次介绍卷积神经网络发展历程中出现的几种典型网络模型。首先介绍 LeNet-5 模型,它不仅奠定了现代卷积神经网络的基本结构,还是第一个大规模成功商用的 CNN 模型。第二个是 AlexNet 模型,它于 2012 年在 ILSVRC 比赛的图像分类任务中一举夺魁,是卷积神经网络研究史上一个非常重要的里程碑,在全球范围内掀起了深度学习热潮,并使得连接主义成为当前人工智能研究领域的主流学派。然后依次介绍在 ImageNet 竞赛中脱颖而出的几个优秀 CNN 模型,如牛津大学的 VGGNet、谷歌公司的 GoogLeNet/Inception、微软亚洲研究院的 ResNet 和康奈尔大学等机构的 DenseNet,它们分别体现出研究者们在网络设计上的不同思想,在图像分类和图像识别领域都有着令人瞩目的表现。

6.1 LeNet

6.1.1 LeNet 模型的发展历程

1987—1998 年,杨乐昆教授提出了一系列命名为 LeNet 的卷积神经网络模型。因其在深度学习领域作出巨大贡献,与辛顿、本吉奥共同获得 2018 年的图灵奖。

杨乐昆于 1983 年获得巴黎高等电子与电工技术工程师学校(ESIEE Paris)的电气工程学士学位,1987 年获得巴黎第六大学(Pierre and Marie Curie University,皮埃尔和马丽-居里大学)的计算机科学博士学位。1987—1988 年,他在多伦多大学辛顿教授的实验室做博士后研究员,其间开始研究卷积神经网络,编程做了第一批实验,撰写了一篇题为"泛化与网络设计策略"(*Generalization and Network Design Strategies*)的技术报告。其中构建了Net-1、Net-2、Net-3、Net-4、Net-5 五种不同结构的模型。当时还没有 MNIST 数据集,他用鼠标画了一些数字,用数据增强技术扩充了数据量,形成了 480 张大小为 16×16 二值图像,然后用这个数据集训练和测试 5 种模型识别手写体数字的效果,比较了全连接神经网络、局部连接但不共享参数的网络和局部连接且共享参数的网络,后者即 Net-5,是第一代卷积神经网络。Net-5 模型包含 1 个输入层、2 个卷积层和 1 个输出层,在小规模数据集上效果很好,而且在采用卷积结构的情况下未出现过拟合现象。

1988 年 10 月,杨乐昆加入美国电话电报公司(AT&T)贝尔实验室,那里有配置更高、更快的电脑,而且实验室的研究人员在字母识别方面已开展了一段时间的工作,积累了一个名为 USPS 的数据集,其中包括 5000 个训练样本。在上述硬件条件和数据的基础上,杨乐昆用三个月扩大了模型规模,训练了一个卷积神经网络,它在 USPS 数据集上取得了不错的效果,比 AT&T 实验室或外部人员尝试过的所有方法都好。

1989 年,杨乐昆及其贝尔实验室的同事在学术期刊《神经计算》(*Neural Computation*)上合作发表了《反向传播在手写邮政编码中的应用》(*Backpropagation Applied to Handwritten Zip Code*)。此文第一次使用了"卷积"(convolution)和"核"(kernel)的术语,且明确说明:本文中设计的网络是在 Net-5 的基础上增加了 1 个全连接层,即包含 1 个输入层、2 个卷积层、1 个全连接层和 1 个输出层。它采用了带有步长移动的卷积运算,但没有单独的下采样,也没有池化层。换言之,每个卷积直接进行下采样。这样设计是因为当时的计算机无法承担每个点都有一个卷积的计算量。采用 BP 学习算法和随机梯度下降(stochastic gradient descent)法训练模型。这就是第一个版本的卷积神经网络。

1990 年,杨乐昆等人在学术会议神经信息处理系统(Neural Information Processing Systems,NIPS)上又合作发表了《利用反向传播网络完成手写数字识别》(*Handwritten Digit Recognition with a Back-Propagation Network*)。该文中构建的卷积神经网络包含 1 个输入层、2 个卷积层、2 个平均池化层和 1 个输出层。这就是第二个版本的卷积神经网络,即 LeNet-1。后来,杨乐昆等人又在 LeNet-1 的基础上分别增加了 1 个全连接层和 2 个全连接层,形成了 LeNet-4 和 LeNet-5。当时这项技术仅在 AT&T 内部应用,几乎没有在外部使用。直到 1995 年,被 AT&T 的一支产品团队将 LeNet 模型嵌入能读取支票的 ATM 机等设备中,用于识别银行支票上的手写体数字,随后被部署到美国的一家大型银行[①]。基于这个成功的商业应用案例,1998 年,杨乐昆等人发表了《应用于文档识别的基于梯度学习》(*Gradient-Based Learning Applied to Document Recognition*),该文给出了著名的 LeNet-5 模型的结构图,使得 LeNet-5 模型广为人知,即现在引为经典的 LeNet 卷积神经网络。

6.1.2　LeNet-5 模型的结构

LeNet-5 采用 MNIST 数据集进行训练和测试,该数据集包含 70000 张已标注的手写体数字图像,其中 60000 张用于训练,10000 张用于测试。MNIST 数据集中原图像是尺寸为 28×28 的灰度图,内容是手写的数字 0~9,共分为 10 个类别,每张图像只包含一个手写数字。为了使图像边缘的笔画出现在卷积核感受野的中心,将原图像填充两圈零值像素,使之成为大小为 32×32 的灰度图像。LeNet-5 模型的学习目标就是从给定的 32×32 灰度图像

---

① 深度|吴恩达对话 Yann LeCun:从相识 Hinton 到深度学习崛起[EB/OL].(2018-04-07)[2023-05-10].https://tech.ifeng.com/a/20180407/44940435_0.shtml.

中识别出手写体数字的类别。LeNet-5 的网络结构如图 6.1 所示,包括一个输入层、2 个卷积层、2 个池化层、2 个全连接层和一个输出层,具体描述如下。

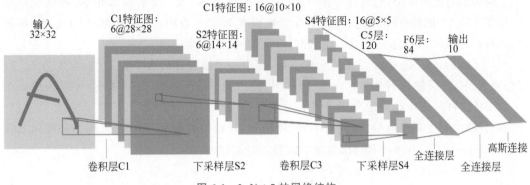

图 6.1 LeNet-5 的网络结构

(1) LeNet-5 的输入层接收 32×32 的灰度图像。

(2) C1 层为卷积层,包含 6 个 5×5×1(尺寸为 5×5,深度为 1)的卷积核,步长为 1。该层的输入为 32×32 的灰度图像,输出为 6 个尺寸为 28×28 的特征图,记为 28×28×6。

(3) S2 为池化层。LeNet-5 采用大小为 2×2、步长为 2 的不重叠的滑动窗口进行下采样,对窗口中的数据进行平均池化,并采用 sigmoid 函数作为激活函数。S2 层的输入是 C1 层的输出结果,即 28×28×6 特征图,输出 14×14×6 的特征图,可见在 S2 层进行了下采样,特征图变成了原来的四分之一大小。在现在的深度学习框架中,通常采用最大池化来取代平均池化。

(4) C3 为卷积层,包含 16 个大小均为 5×5 但深度不同的滤波器。C3 层的输入是 S2 层的输出结果,即 14×14×6 的特征图,步长为 1,输出尺寸为 10×10、深度为 16 的特征图,记为 10×10×16 特征图。但 C3 卷积与前面介绍的卷积方式有所不同,杨乐昆等人使用了图 6.2 所示的连接表,将 C3 层的 16 个滤波器编号为 0~15,其中编号为 0~5 的 6 个滤波器的深度为 3,按图 6.2 第一个方框中的对应方式与 S2 层输出的某 3 个特征图层进行卷积运算;编号为 6~11 的 6 个滤波器的深度为 4,按图 6.2 第二个方框中的对应方式与 S2 层输出的某 4 个特征图层进行卷积运算;编号为 12~14 的 3 个滤波器的深度也为 4,按图 6.2 第三个方框中的对应方式与 S2 层输出的某 4 个特征图层进行卷积运算;编号为 15 的滤波器的深度为 6,与 S2 层输出的全部 6 个特征图层进行卷积运算。之所以这样设计,一是因为当时计算机的算力有限,这么做可以减少连接,降低计算开销;二是杨乐昆等人认为这样的设计可以打破网络模型中的对称性。

	0	1	2	3	4	5	6	7	8	9	10	11	12	13	14	15
0	X				X	X	X			X	X	X	X			X
1	X	X				X	X	X			X	X	X	X		X
2	X	X	X					X	X			X		X	X	X
3		X	X	X			X		X	X			X		X	X
4			X	X	X		X	X		X	X		X	X		X
5				X	X	X		X	X		X	X		X	X	X

图 6.2 LeNet-5 的 C3 层连接表

（5）S4 为池化层，与 S2 的运算相同，其输入是 C3 层的输出结果，即 $10×10×16$ 的特征图，输出 $5×5×16$ 的特征图。

（6）C5 是全连接层，包含 120 个 $5×5×16$ 的滤波器。C5 层的输入是 S4 层的输出结果，即 $5×5×16$ 的特征图，输出尺寸为 $1×1$、深度为 120 的特征图，记为 $1×1×120$ 特征图，该特征图也可以看作是拉成一个含有 120 个分量的一维向量。

（7）F6 是具有 84 个神经元的全连接层，其中每个滤波器的大小为 $1×1$、深度为 1。F6 层的输入是 C5 层输出的 $1×1×120$ 特征图，输出为 84 个 $1×1$ 的特征图，可以构成一个 $7×12$ 的比特图，用于绘制 ASCII 集中的字符。

（8）输出层也是全连接层，共有 10 个神经元，分别代表数字 0～9。采用的是径向基函数（radial basis function，RBF）作为激活函数，如公式（6.1）所示。

$$y_i = \sum_{j=0}^{83} (x_j - w_{ij})^2, \quad i=0,1,\cdots,9 \tag{6.1}$$

其中 x_j 是 F6 层的输出，y_i 是激活函数的输出，参数 w_{ij} 是 F6 和输出层之间的权重。可见，y_i 越接近于 0，则表明 y_i 的输入越接近数字 i 的比特图编码 $\{w_{ij}, j=0,1,\cdots,83\}$，说明当前输入的字符被识别为数字 i。在现在的深度学习框架中，通常采用 softmax 函数取代 RBF 函数，用以输出分类的概率。

LeNet-5 模型中共计 60850 个参数和 340918 个连接。

6.2　AlexNet

AlexNet 网络模型是 2012 年 ILSVRC 中 ImageNet 图像分类任务组的冠军。ImageNet 是一个用于视觉对象识别研究的大型图像数据库，是由斯坦福大学李飞飞教授带领其研究团队于 2007 年起开始构建的。他们从互联网上下载图片，手工分类、注释了超过 1400 万张图像，并且在至少一百万张图像中提供了对象的边界框。其中包括大约 22000 个类别，如"气球""草莓"等。ILSVRC 是国际视觉领域最具权威的学术竞赛之一，代表了图像领域的最高水平，始于 2010 年，2017 年举办了最后一届。图像分类比赛使用 ImageNet 数据集的一个子集，总共包括 1000 类图像。

AlexNet 模型是以辛顿教授的学生亚历山大·克里泽夫斯基的名字命名的。ILSVRC 中 ImageNet 图像分类比赛以 Top-5 错误率作为评价指标，即为每幅图像预测 5 个标签类别，只要其中一个标签与人工标注的类别相同，则视为预测正确，否则视为预测错误。

2011 年，ILSVRC 大赛中图像分类任务组的最好成绩是 Top-5 的错误率为 25.8%，2012 年 AlexNet 将 Top-5 错误率降为 15.3%，而且比同年第二名的 26.2% 低了将近十个百分点，这是在 ILSVRC 大赛中首次有如此大幅度的成绩提升。自此，AlexNet 一鸣惊人，很快在学术圈和工业界中引起了广泛关注。

6.2.1　AlexNet 模型的结构

AlexNet 与 LeNet-5 在网络结构设计上的差别并不大，但 GPU 的出现和 ImageNet 庞大数据量的助力，促使 AlexNet 表现出了卓越的性能。AlexNet 是一个 8 层的深度神经网络，如图 6.3 所示。池化层和局部响应归一化层（local response normalization，LRN）不计入层数。前 5 层为卷积层,后 3 层为全连接层,最后一个全连接层也是输出层,分别在第一、二、五层这 3 个卷积层后面增加了最大池化层。受当时 GPU 算力的限制,整个网络模型被一分为二,分别在两块显存为 3GB 的 NVIDIA GTX580 GPU 上实现了快速卷积运算,两个 GPU 只在某些特定的网络层(C3、F6 和 F7)上通信。

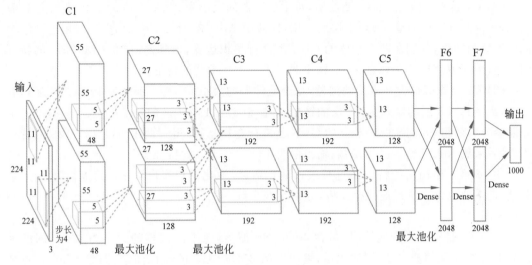

图 6.3 AlexNet 的网络结构

AlexNet 的网络结构具体描述如下。

(1) AlexNet 模型的输入是 ImageNet 数据集中归一化后的 RGB 图像样本,每张图像的尺寸被裁切为 $224 \times 224 \times 3$。

(2) C1 卷积层包含 96 个滤波器,每个滤波器的大小为 11×11、深度为 3,步长为 4,无填充(即 $p=0$)。C1 层的输入为 $224 \times 224 \times 3$ 图像,C1 层的 96 个滤波器分为两组,分别在两个独立的 GPU 上进行卷积运算,得到两组 $55 \times 55 \times 48$ 的特征图,然后采用 ReLU 作为激活函数,又进行局部响应归一化操作,输出两组 $55 \times 55 \times 48$ 的特征图。

(3) 对 C1 层输出的特征图进行最大池化运算,池化窗口的尺度为 3×3,步长为 2,无填充。可见,这是重叠池化(overlapping pooling),即池化步长小于池化窗口的边长。执行池化操作后,分别在两个独立的 GPU 上各自输出一组 $27 \times 27 \times 48$ 的特征图。

(4) C2 卷积层包含 256 个滤波器,每个滤波器的大小为 5×5,深度为 48,步长为 1,有填充,$p=2$。C2 层的输入为 C1 层池化操作后的输出,即两组 $27 \times 27 \times 48$ 的特征图。C2 层的 256 个滤波器分为两组,分别在两个独立的 GPU 上进行卷积运算后,得到两组 $27 \times 27 \times 128$ 的特征图,然后采用 ReLU 作为激活函数,又进行局部响应归一化操作,输出两组 $27 \times 27 \times 128$ 的特征图。

(5) 对 C2 层输出的特征图进行最大池化运算,池化窗口的尺度为 3×3,步长为 2,无填充,仍是重叠池化。执行池化操作后,分别在两个独立的 GPU 上各自输出一组 $13 \times 13 \times 128$ 的特征图。

(6) C3 卷积层包含 384 个滤波器,每个滤波器的大小为 3×3、深度为 256,步长为 1,有填充,$p=1$。C3 层的输入为 C2 层池化操作后的输出,C2 层输出两组 $13 \times 13 \times 128$ 特征图,共计 256 层特征。由于它们共同参与每个 GPU 上的卷积运算,故 C3 层上滤波器的深度为 256。C3 层的 384 个滤波器分为两组,分别在两个独立的 GPU 上进行卷积运算,得到两组 13×13×192 的特征图,然后采用 ReLU 作为激活函数,输出两组 13×13×192 的特征图。

(7) C4 卷积层包含 384 个滤波器,每个滤波器的大小为 3×3,深度为 192,步长为 1,有填充,p =1。C4 层的输入为 C3 层的输出,即两组 13×13×192 的特征图。C4 层的 384 个滤波器分为两组,分别在两个独立的 GPU 上进行卷积运算,得到两组 13×13×192 的特征图,然后采用 ReLU 作为激活函数,输出两组 13×13×192 的特征图。

(8) C5 卷积层包含 256 个滤波器,每个滤波器的大小为 3×3,深度为 192,步长为 1,有填充,p =1。C5 层的输入为 C4 层的输出,即两组 13×13×192 的特征图。C5 层的 256 个滤波器分为两组,分别在两个独立的 GPU 上进行卷积运算,得到两组 13×13×128 的特征图,然后采用 ReLU 作为激活函数,输出两组 13×13×128 的特征图。

(9) 对 C5 层输出的特征图进行最大池化运算,池化窗口尺度为 3×3,步长为 2,无填充,仍是重叠池化。执行池化操作后,分别在两个独立的 GPU 上各自输出一组 6×6×128 的特征图。

(10) F6 是第一个全连接层,包含 4096 个滤波器,每个滤波器的大小为 6×6,深度为 256,步长为 1,无填充。C5 层池化后,输出两组 6×6×128 的特征图,共同参与 F6 层每个 GPU 上的全连接操作,故 F6 层上滤波器的深度为 256。F6 层的 4096 个滤波器分为两组,分别在两个独立的 GPU 上进行卷积操作,得到两组 1×1×2048 的特征图。然后 F6 层采用 ReLU 作为激活函数,输出两组 1×1×2048 的特征图,共计 4096 个神经元。再以 0.5 的概率对这 4096 个神经元采用 dropout(随机失活)技术,目的是使某些神经元不参与训练,以避免发生过拟合。

(11) F7 是第二个全连接层,包含 4096 个 1×1 的神经元。F6 层的 4096 个神经元与 F7 层的 4096 个神经元进行全连接。F7 层采用 ReLU 作为激活函数,仍以 0.5 的概率对 F7 层的 4096 个神经元采用 dropout 技术,输出 4096 个数值。

(12) 第三个全连接层为输出层,包含 1000 个神经元,分别对应于 1000 个图像类别。F7 层的 4096 个神经元与输出层的 1000 个神经元进行全连接。输出层采用 softmax 函数作为激活函数,输出 1000 个[0,1]的数值,分别表示属于所对应类别的概率。输入图像被归入最大概率值所对应的类别。

AlexNet 模型中共计 60 965 128 个参数,约是 LeNet-5 模型参数量(60 850 个)的 1000 倍。

6.2.2　AlexNet 模型的创新性

与 LetNet-5 模型相比,AlexNet 是更深、更宽的卷积神经网络,它不仅在网络结构设计方面给人以启迪,还在某些技术点上取得了突破性进展,其创新性如下。

(1) 采用 ReLU 函数作激活函数,可提高网络的收敛速度。之前,神经网络通常采用 sigmoid 或 tanh 函数作激活函数,这两种函数最大的缺点就是其饱和性,即当输入值过大或过小时,函数进入饱和区(趋于 1 或 −1),其一阶导数趋近于 0,导致梯度消失,会大大降低网络的训练速度。而 ReLU 函数在 $x>0$ 时,可保持梯度不衰减,从而缓解了梯度消失的问题。另外,ReLU 函数的梯度计算量也比 sigmoid 或 tanh 函数要少得多,使得网络的训练速度比使用 sigmoid/tanh 函数的相同网络快数倍。而且,ReLU 函数在较深网络中的效果也超过了 sigmoid 函数和 tanh 函数。目前,ReLU 已成为卷积神经网络最常用的激活函数。

(2) 采用重叠池化,可提高精度,防止过拟合。池化可以理解为在同一特征图中对相邻神经元输出的一种概括。以前的卷积神经网络中普遍使用平均池化,而 AlexNet 首次全部使用最大池化,避免了平均池化的模糊化效果。此外,AlexNet 采用重叠的最大池化,这使得相邻池化窗口的输出之间有重叠和覆盖,既可提升特征的丰富性,也可在训练过程中在一定程度上减少过拟合现象。在其他设置都不变的情况下使用重叠池化,使得 AlexNet 的 Top-1 和 Top-5 的错误率比使用不重叠池化的错误率分别下降了 0.4% 和 0.3%。

(3) 训练网络时采用 dropout 技术,用以减少过拟合。AlexNet 在 F6 层和 F7 层中以 0.5 的概率运用了 dropout 技术,即在训练网络时,F6 和 F7 层中每个神经元以 0.5 的概率输出 0,输出为 0 的神经元相当于从网络中去除,既不参与网络的前向传播,也不参与反向传播。由于是以某个概率随机地使某些神经元失活,所以对于每次输入,神经网络使用的结构都不同,最后的训练结果相当于是多个 AlexNet 模型的集合,这样可控制全连接层的模型复杂度,以便有效地缓解模型的过拟合问题。注意:测试时需要将 dropout 操作去掉。

(4) 采用 LRN 可防止过拟合,增强模型的泛化能力。LRN 的操作是:针对第 i 个特征图中位置 (x,y) 处的像素值 $a_{x,y}^i$,先计算以 i 为中心、相邻的 n 个(AlexNet 中取值为 5)特征图中相同位置上的像素值之和,再用 $a_{x,y}^i$ 除以这个和,进行归一化。LRN 对局部神经元的活动创建竞争机制,活跃的神经元会抑制其周边的神经元,使得响应较大的神经元的值变得更大,并抑制反馈较小的神经元。LRN 只作用于 AlexNet 模型 C1 层和 C2 层的激活函数与池化层之间。但后来关于 LRN 对模型优化的程度存在争议,后期的网络结构基本不再采用这种方法。

(5) 在两个 GPU 上同时训练,提高训练速度。AlexNet 使用 CUDA 加速深度卷积网络的训练,将 AlexNet 每一个网络层的神经元参数都一分为二,分别部署在两个可以互相访问显存的 GPU 上,但两个 GPU 只在特定的网络层进行数据交互和通信。相比于使用单 GPU 但卷积核数减半的设计,双 GPU 且保留全部卷积核的 Top-1 和 Top-5 错误率分别降低了 1.7% 和 1.2%。

(6) 利用数据增强,扩充数据集,以减少过拟合,提升泛化能力。一般来说,大规模神经网络的性能与训练数据的规模、质量有直接关系,而且大部分过拟合的原因都是因为是数据集的规模不够大。因此,大量高质量的数据既能有效提高网络的精度,也能减少过拟合现象。一种最简单、最直接的扩充数据集的方法就是:对已有数据进行适当的变换,补充到原来的数据集中。对于图像数据,常用的变换包括裁剪、镜像、旋转、缩放。AlexNet 采用了两种数据增强的方法,一是进行图像平移和水平翻转,AlexNet 从 256×256 的 ImageNet 原始图像中随机地截剪出 224×224 大小的区域,并对这些区域进行水平翻转的镜像操作,相当于增加了 $2 \times (256-224)^2 = 2048$ 倍的数据量。进行预测时,从原图像的 4 个角和中心位置分别裁剪 5 个 224×224 区域,并进行水平翻转,共得到 10 个 224×224 区域,用于图像分类预测,并对 10 次结果求均值。二是改变训练图像中 RGB 通道的强度,对图像的 RGB 像素值进行主成分分析,并对主成分做一个零均值、标准差为 0.1 的高斯扰动,增加一些噪声,这种方法能够有效地保留自然图像的重要特征。例如,在光照强度和颜色发生变化的情况下,目标不会变化。数据增加的策略使错误率下降超过 1%。

另外,AlexNet 的成功还首次证明了机器学习的特征可以取代手工设计的特征,研究者们无须花费大量精力和时间去设计各种特征。尽管现在 AlexNet 已被更有效的网络架构所超越,但它是标志着从浅层网络跨越到深层网络的里程碑。

6.3 VGGNet

VGGNet 模型是由牛津大学的视觉几何组(visual geometry group,VGG)提出的。VGGNet 模型在 2014 年 ILSVRC 大赛的目标定位任务中获得第一名,并在图像分类任务中以 7.32% 的 Top-5 错误率获得第二名。

6.3.1 VGGNet 模型的结构

VGGNet 模型在 LeNet-5 和 AlexNet 模型结构的基础上引入了"模块化"的设计思想,将若干个相同的网络层组合成一个模块,再用模块组装成完整的网络,而不再是以"层"为单元组装网络。VGGNet 模型的研究人员给出了 5 种不同的 VGGNet 配置,如表 6.1 所示,其中每一列代表一种网络配置,分别用 A~E 来表示。

5 种 VGGNet 模型配置的共同点如下。

(1) 输入 ImageNet 数据集中的 RGB 图像样本,每张图像的尺寸被裁剪为 224×224,并对图像进行了零均值化的预处理操作,即图像中的每个像素均减去所有像素的均值。

(2) 由 5 个卷积模块和 1 个全连接模块组成,每个卷积模块由 1~4 个卷积层构成,全连接模块由 3 个全连接层构成。

(3) 几乎所有的卷积核都是大小为 3×3,步长为 1,只有模型 C 用了 3 个 1×1 的卷积核,其目的是为了增加非线性表达能力和减少模型的参数量。做卷积运算时,采用"相同填充"(即 padding=same)的方式,保证卷积运算前、后特征图的大小相同,即输入特征图与输出特征图的尺寸相同。

(4) 在每个卷积层后面都采用 ReLU 作为激活函数。

(5) 每个卷积模块的最后一层之后都会有一个最大池化层,用以缩小特征图的尺寸。池化层均采用大小为 2×2、步长为 2 的不重叠方式,使得特征图的宽和高是原来的一半。

(6) 特征图的尺寸在卷积模块内不是变的,但每经过一次池化,特征图的高度和宽度减少一半,为了弥补,其通道数增加一倍,分别为 64、128、512。

(7) 全连接模块的前两层均包含 4096 个神经元,使用 ReLU 作为激活函数,且使用 dropout 技术,以防止过拟合;第三个全连接层是输出层,包含 1000 个神经元,采用 softmax 作为激活函数,输出 1000 个[0,1]的概率值,分别对应 1000 个图像类别。

在图 6.4 的 5 个模型中,模型 E 在 ILSVRC 大赛的图像分类任务中取得了最高的准确率,它就是著名的 VGG-19 网络,这里 19 层是指卷积层与全连接层的层数之和,不包括池化层。模型 D 则是广为人知的 VGG-16。其实,VGG-16 和 VGG-19 并没有本质上的区别,只是网络深度不同,前者有 16 层(13 层卷积、3 层全连接),后者有 19 层(16 层卷积、3 层全连接)。

下面以 VGG-16(模型 D)为例,说明 VGGNet 网络的具体结构,如图 6.5 所示。

(1) 第一个卷积模块由 2 个卷积层组成,每个卷积层都包括 64 个大小为 3×3、深度为

模型编号	A	A-LRN	B	C	D	E
层数	11 weight layers	11 weight layers	13 weight layers	16 weight layers	16 weight layers	19 weight layers
	输入(224×224 RGB image)					
卷积模块1	conv3-64	conv3-64 **LRN**	conv3-64 **conv3-64**	conv3-64 conv3-64	conv3-64 conv3-64	conv3-64 conv3-64
池化层1	最大池化					
卷积模块2	conv3-128	conv3-128	conv3-128 **conv3-128**	conv3-128 conv3-128	conv3-128 conv3-128	conv3-128 conv3-128
池化层2	最大池化					
卷积模块3	conv3-256 conv3-256	conv3-256 conv3-256	conv3-256 conv3-256	conv3-256 conv3-256 **conv1-256**	conv3-256 conv3-256 **conv3-256**	conv3-256 conv3-256 **conv3-256**
池化层3	最大池化					
卷积模块4	conv3-512 conv3-512	conv3-512 conv3-512	conv3-512 conv3-512	conv3-512 conv3-512 **conv1-512**	conv3-512 conv3-512 **conv3-512**	conv3-512 conv3-512 **conv3-512**
池化层4	最大池化					
卷积模块5	conv3-512 conv3-512	conv3-512 conv3-512	conv3-512 conv3-512	conv3-512 conv3-512 **conv1-512**	conv3-512 conv3-512 **conv3-512**	conv3-512 conv3-512 **conv3-512**
池化层5	最大池化					
全连接模块	FC-4096					
	FC-4096					
	FC-1000					
	softmax					

图 6.4 VGGNet 的 5 种模型配置

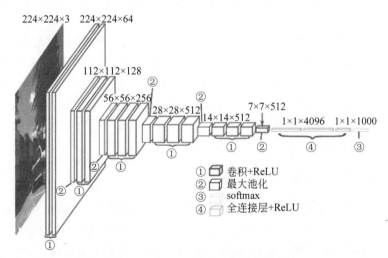

图 6.5 VGG-16(模型 D)的网络结构

3 的滤波器,记为 conv3-64,卷积的步长为 1,采用相同填充方式。每个卷积层后面均采用 ReLU 作为激活函数。

（2）第一个最大池化层接在第一个卷积模块的最后一个卷积层之后,其大小为 2×2,步长为 2,无填充。

（3）第二个卷积模块由 2 个卷积层组成,每个卷积层都包括 128 个大小为 3×3、深度为 64 的滤波器,记为 conv3-128,卷积的步长为 1,采用相同填充方式。每个卷积层后面均采用 ReLU 作为激活函数。

（4）第二个最大池化层接在第二个卷积模块的最后一个卷积层之后,其大小为 2×2,步长为 2,无填充。

（5）第三个卷积模块由 3 个卷积层组成,每个卷积层都包括 256 个大小为 3×3、深度为 128 的滤波器,记为 conv3-256,卷积的步长为 1,采用相同填充方式。每个卷积层后面均采用 ReLU 作为激活函数。

（6）第三个最大池化层接在第三个卷积模块的最后一个卷积层之后,其大小为 2×2,步长为 2,无填充。

（7）第四个卷积模块由 3 个卷积层组成,每个卷积层都包括 512 个大小为 3×3、深度为 256 的滤波器,记为 conv3-512,卷积的步长为 1,采用相同填充方式。每个卷积层后面均采用 ReLU 作为激活函数。

（8）第四个最大池化层接在第四个卷积模块的最后一个卷积层之后,其大小为 2×2,步长为 2,无填充。

（9）第五个卷积模块由 3 个卷积层组成,每个卷积层都包括 512 个大小为 3×3、深度为 512 的滤波器,记为 conv3-512,卷积的步长为 1,采用相同填充方式。每个卷积层后面均采用 ReLU 作为激活函数。

（10）第五个最大池化层接在第五个卷积模块的最后一个卷积层之后,其大小为 2×2,步长为 2,无填充。

（11）三个全连接层中的神经元数量分别为 4096、4096 和 1000。输出层输出 1000 个图像类别的概率。

比较 VGGNet 与 AlexNet 两个模型,可知两者均为若干个连续的（卷积层＋ReLU）组合加上三个全连接层的模型结构,VGGNet 可以看成是网络层数加深版本的 AlexNet。两者的不同之处在于:除了 VGGNet 的 C 模型使用了 3 个 1×1 卷积层之外,VGGNet 模型全部使用步长为 1 的 3×3 卷积核和不重叠的 2×2 最大池化;而 AlexNet 分别使用了 11×11、5×5 和 3×3 卷积核和重叠的 2×2 最大池化。VGG-16 的参数量约为 1.38 亿,是 AlexNet 模型参数量的两倍多。

6.3.2　VGGNet 模型的优势

人们的直观感受是:卷积核的感受野越大,看到的图像信息就越多,获得的特征就越丰富,则模型的效果就越好,但参数量和计算量也越大。如何平衡卷积核感受野大小与参数量/计算量大小之间的关系呢? 值得庆幸的是:VGGNet 研究人员发现两个级联的 3×3 卷积核的感受野相当于一个 5×5 卷积核的感受野,三个级联的 3×3 卷积核的感受野相当于一个 7×7 卷积核的感受野。所以,VGGNet 选择了 3×3 的卷积核,这样做有以下两个好处。

（1）若干个小尺寸卷积核的参数量要远远小于一个相同感受野的大尺寸卷积核的参数量。例如,为方便计算,假设每个卷积层的输入特征图与输出特征图的通道数相同,均为 C,

则三个级联的 3×3 卷积核的参数量为$(3\times3\times C\times C)\times3$ 个,而一个 7×7 卷积核中的参数量为$(7\times7\times C\times C)$个,显然,前者的参数量只是后者的 55.6%。

(2) 每个卷积层后面都有一个非线性激活层,三个连续的卷积层就有三个非线性激活函数,可增加网络的非线性表达能力,提高网络的识别能力。这也正是 VGGNet 引入模块化设计思想的初衷,从此之后,3×3 卷积核被广泛应用在各种 CNN 模型中。

综上所述,VGGNet 的研究工作发现:用多个尺寸较小的卷积核代替一个大尺寸卷积核,既可保证相同的感受野,又可减少参数量;同时也证明了在大规模图像识别任务中,增加卷积神经网络的深度可有效提升模型的精确度。另外,实验数据表明:LRN 层的作用不大,所以在 B~E 型网络结构中不再使用。VGGNet 模型的结构简单,泛化能力强,因而受到研究人员的青睐,并被广泛使用,至今仍经常被用于图像的特征提取。

6.4 GoogLeNet/Inception

谷歌研究团队在参加 2014 年举办的 ILSVRC 大赛时,为了向发明了 LeNet 网络的杨乐昆教授致敬,将他们的参赛团队命名为 GoogLeNet,同时也将 GoogLeNet 作为他们参赛所用的 Inception 架构的名称。虽然 GoogLeNet 有 22 层,是当时最深的网络,但其学习参数量仅为 500 万,是 AlexNet 的 1/12,而且准确率还更高了。GoogLeNet 是 2014 年 ImageNet 图像分类与定位任务的冠军,它在控制了计算量(15 亿次浮点运算)和参数量的同时,还取得了非常好的图像分类性能,Top-5 错误率仅为 6.67%。

6.4.1 GoogLeNet 模型的研究思路

GoogLeNet 没有继承 LeNet 模型或 AlexNet 模型的框架结构,而是做了创新性的尝试。Inception 是 Google 研究团队首创设计的一种网络模块,用来代替之前的"卷积+激活函数"的经典组件。最初设计的 Inception 模块称为 **Inception 初级模块**,其结构如图 6.6 所示。Inception 初级模型是基于赫布理论设计的一种具有优良局部拓扑结构的网络,并结合了多尺度处理的思路。赫布原理(Hebbian principle)的基本思想是:如果两个神经元经常同时被激活,则将这两个神经元关联起来。用一个日常场景可使我们易于理解赫布原理:

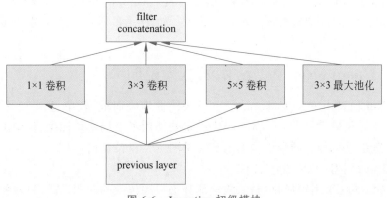

图 6.6 Inception 初级模块

先摇铃铛,后给狗喂食,久而久之,狗听到铃声,便会口水连连。这说明狗"听到"铃铛的神经元与"控制"流口水的神经元之间具有高度关联性。受此启发,研究人员设计了多条并行的、有高度相关性的分支,分别是 3 个不同大小(1×1、3×3、5×5)的卷积运算和 1 个最大池化操作,用于模拟若干个不同的、关联性很强的神经元,对上一层的输出进行特征提取;然后将所有分支的运算结果拼接(concatenate)起来,作为下一层的输入。这种高度关联的神经元的集成就形成了 Inception 初级模块,它不仅增加了网络的宽度,还可提取不同尺度的特征,增加了网络对多尺度的适应性。

一个 Inception 初级模块的滤波器参数量是其所有分支上参数量的总和。模块中包含的层数越多,则模型的参数量就会越大。为了减少算力成本,在 Inception 初级模型内置的 3×3 和 5×5 卷积层之前,分别增加了 1×1 卷积层,称为降维层(reduction layer);在最大池化层之后也增加了 1×1 卷积层,称为投影层(projection layer)。如此改进后的模块称为 Inception V1 模块,如图 6.7 所示。

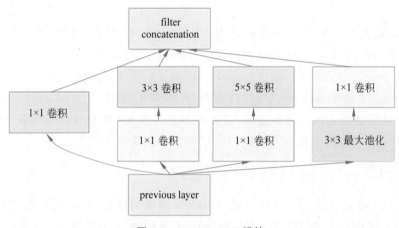

图 6.7　Inception V1 模块

在 Inception V1 模块中增加 1×1 卷积层,有两个好处:一是可以减少输入特征图的通道数,即减少卷积运算量,以便降低计算成本;二是既能增加网络深度,又能增加一层跨通道的特征变换和一次非线性函数,提取不同尺度的特征,以提高网络的表达能力。

将多个 Inception V1 模块堆叠起来,就组装成了 GoogLeNet 模型,故 GoogLeNet 模型又称为 InceptionNet 模型或 Inception V1 模型,如图 6.8 所示,它就是 2014 年参赛的版本。

6.4.2　GoogLeNet 模型结构的总体说明

GoogLeNet 模型由 9 个 Inception V1 模块线性堆叠而成,其中包含 22 个带可学习参数的网络层,并且在最后一个 Inception V1 模块处使用了全局平均池化,减少了全接连层的参数量,也可防止过拟合。网络结构的细节参见图 6.8 和表 6.1。

GoogLeNet 结构的总体设计如下。

(1) GoogLeNet 采用模块化结构,浅层部分仍采用传统的卷积形式,只在较深层部分采用 Inception 模块堆叠的形式,可方便增添和修改模块结构。

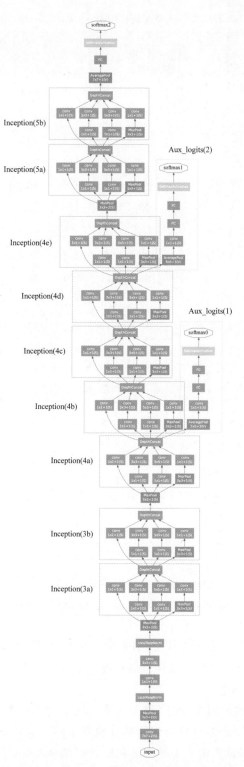

图 6.8　GoogLeNet 网络结构图（见文前彩图）

表 6.1　GoogLeNet 结构中 Inception 的组成

类型	窗口尺寸/步长	输出维度	网络层数	♯1×1	♯3×3 reduce	♯3×3	♯5×5 reduce	♯5×5	pool proj	参数量	计算量
convolution	7×7/2	112×112×64	1							2.7K	34M
max pool	3×3/2	56×56×64	0								
convolution	3×3/1	56×56×192	2		64	192				112K	360M
max pool	3×3/2	28×28×192	0								
Inception(3a)		28×28×256	2	64	96	128	16	32	32	159K	128M
Inception(3b)		28×28×480	2	128	128	192	32	96	64	380K	304M
max pool	3×3/2	14×14×480	0								
Inception(4a)		14×14×512	2	192	96	208	16	48	64	364K	73M
Inception(4b)		14×14×512	2	160	112	224	24	64	64	437K	88M
Inception(4c)		14×14×512	2	128	128	256	24	64	64	463K	100M
Inception(4d)		14×14×528	2	112	144	288	32	64	64	580K	119M
Inception(4e)		14×14×832	2	256	160	320	32	128	128	840K	170M
max pool	3×3/2	7×7×832	0								
Inception(5a)		7×7×832	2	256	160	320	32	128	128	1072K	54M
Inception(5b)		7×7×1024	2	384	192	384	48	128	128	1388K	71M
avg pool	7×7/1	1×1×1024	0								
dropout(40%)		1×1×1024	0								
linear		1×1×1000	1							1000K	1M
softmax		1×1×1000	0								

注：(a) ♯3×3 reduce、♯5×5 reduce 表示在 3×3、5×5 卷积操作之前的 1×1 滤波器的数量。
　　(b) pool proj 列表示 Inception 模块中内置的最大池化层后面的 1×1 滤波器的数量。

(2) 所有卷积层，包括 Inception 模块内部的卷积层，其后均使用 ReLU 激活函数，模块内用于降维和投影(reduction/projection)的 1×1 卷积层之后，也都采用了 ReLU 激活函数。

(3) 网络尾部只保留了一个全连接层，用平均池化来代替其他的全连接层，以 0.7 的概率使用了 dropout 技术。实验证明：这样可以将准确率提高 0.6%。保留一个全连接层，是为了方便对输出进行灵活调整。

(4) 对于如此深度的神经网络，梯度消失问题是网络训练过程中的一大难题。为防止梯度消失，增强网络的泛化能力，在网络中间部分设置了两个辅助分类器，这些分类器采用规模较小的卷积网络形式，依次由一个平均池化层、一个 1×1 卷积层、两个全连接层和一个 softmax 函数层组成。大量的实验表明：处于网络模型中间层的特征往往具有很强的判别能力，故这两个辅助分类器被分别放置在 Inception (4a) 和 Inception (4d) 模块之后，即分别将这两个模块的输出作为输入，进行分类。在网络训练阶段，辅助分类器的损失函数以一个较小的权重(取值为0.3)加到总损失函数中,为网络增加了反向传播的梯度信号,也起到了一定的正则化作用。但在推断(即预测)过程中去掉这两个辅助分类器。

6.4.3 GoogLeNet 模型结构解析

图6.8中 conv 1×1+1(S) 的 S 代表 same,表示采用相同填充方式,即 padding=same(p=自动计算的合适值);AveragePool 5×5+3(V)中的 V 代表 valid,表示不填充,即 padding=valid($p=0$)。

以5个独立的池化层(即不包含在 Inception 模块内)作为分界线,可将 GoogLeNet 模型划分为6部分,结构细节如下。

1) 输入层

输入224×224的 RGB 图像,并对其进行了零均值化的预处理操作,即图像中每个像素均减去所有像素的均值。

2) 第一部分只包含1个卷积层

conv 7×7+2(S)包括64个7×7×3的滤波器,步长为2,padding=same($p=3$)。采用 ReLU 激活函数后,输出112×112×64的特征图,$\left\lfloor\frac{224-7+3\times2}{2}\right\rfloor+1=112$($\lfloor\ \rfloor$表示下取整)。

3) 第一个独立的最大池化层

MaxPool 3×3+2(S)表示:采用大小为3×3、步长为2的重叠最大池化操作,padding=same(注:只在特征图右边和下边各加一列0,保证池化后特征图的高和宽均为原来的一半),输出56×56×64的特征图,$\left\lfloor\frac{112-3+1}{2}\right\rfloor+1=56$。然后进行 LRN 运算。

4) 第二部分包含2个卷积层

(1) 第一个卷积层 conv 1×1+1(V) 包含64个1×1×64的滤波器,步长为1,padding=valid($p=0$),采用 ReLU 激活函数后,输出56×56×64的特征图。

(2) 第二个卷积层 conv 3×3+1(S) 包括192个3×3×64的滤波器,步长为1,padding=same($p=1$),采用 ReLU 激活函数后,输出56×56×192的特征图。然后进行 LRN 运算。

5) 第二个独立的最大池化层

MaxPool 3×3+2(S)表示:采用大小为3×3、步长为2的重叠最大池化操作,padding=same,保证池化后特征图的高和宽均为原来的一半,输出28×28×192的特征图,$\left\lfloor\frac{56-3+1}{2}\right\rfloor+1=28$。

6) 第三部分由2个 Inception 模块组成,分别是 Inception (3a)和(3b)模块

(1) Inception (3a)模块有4个分支,分别采用不同尺度的滤波器进行操作。

① 第1个分支 conv 1×1+1(S) 包含64个1×1×192的滤波器,步长为1,padding=same,采用 ReLU 激活函数后输出28×28×64的特征图。

② 第2个分支中的 conv 1×1+1(S) 是降维层,包含96个1×1×192的滤波器,步长为1,padding=same,采用 ReLU 激活函数后输出28×28×96的特征图;其后的 conv 3×3+1(S) 包含128个3×3×96的滤波器,步长为1,padding=same($p=1$),采用 ReLU 激

活函数后输出 $28\times28\times128$ 的特征图。

③ 第 3 个分支中的 conv $1\times1+1$(S) 是降维层,包含 16 个 $1\times1\times192$ 的滤波器,步长为 1,padding=same,采用 ReLU 激活函数后输出 $28\times28\times16$ 的特征图;其后的 conv $5\times5+1$(S) 包含 32 个 $5\times5\times16$ 的滤波器,步长为 1,padding=same($p=2$),采用 ReLU 激活函数后输出 $28\times28\times32$ 的特征图。

④ 第 4 个分支 MaxPool $3\times3+1$(S)表示采用大小为 3×3、步长为 1 的重叠最大池化操作,padding=same($p=1$),输出 $28\times28\times192$ 的特征图;其后的 conv $1\times1+1$(S) 是投影层,包含 32 个 $1\times1\times192$ 的滤波器,步长为 1,padding=same,采用 ReLU 激活函数后输出 $28\times28\times32$ 的特征图。

DepthContat 表示将 4 个分支输出的特征图层依次拼接起来,通道数为 $64+128+32+32=256$,形成 $28\times28\times256$ 的特征图。

(2) Inception (3b)模块有 4 个分支,分别采用不同尺度的滤波器进行操作。

① 第 1 个分支 conv $1\times1+1$(S) 包含 128 个 $1\times1\times256$ 的滤波器,步长为 1,padding=same,采用 ReLU 激活函数后输出 $28\times28\times128$ 的特征图。

② 第 2 个分支中的 conv $1\times1+1$(S) 是降维层,包含 128 个 $1\times1\times256$ 的滤波器,步长为 1,padding=same,采用 ReLU 激活函数后,输出 $28\times28\times128$ 的特征图;其后的 conv $3\times3+1$(S) 包含 192 个 $3\times3\times128$ 的滤波器,步长为 1,padding=same($p=1$),采用 ReLU 激活函数后输出 $28\times28\times192$ 的特征图。

③ 第 3 个分支中的 conv $1\times1+1$(S) 是降维层,包含 32 个 $1\times1\times256$ 的滤波器,步长为 1,padding=same,采用 ReLU 激活函数后输出 $28\times28\times32$ 的特征图;其后的 conv $5\times5+1$(S) 包含 96 个 $5\times5\times32$ 的滤波器,步长为 1,padding=same($p=2$),采用 ReLU 激活函数后输出 $28\times28\times96$ 的特征图。

④ 第 4 个分支 MaxPool $3\times3+1$(S)表示采用大小为 3×3、步长为 1 的重叠最大池化操作,padding=same($p=1$),输出 $28\times28\times256$ 的特征图;其后的 conv $1\times1+1$(S) 是投影层,包含 64 个 $1\times1\times256$ 的滤波器,步长为 1,padding=same,采用 ReLU 激活函数后输出 $28\times28\times64$ 的特征图。

DepthConcat 表示将 4 个分支输出的特征图层依次拼接起来,通道数为 $128+192+96+64=480$,形成 $28\times28\times480$ 的特征图。

7) 第三个独立的最大池化层

MaxPool $3\times3+2$(S)表示采用大小为 3×3、步长为 2 的重叠最大池化操作,padding=same,保证池化后特征图的高和宽均为原来的一半,输出 $14\times14\times480$ 的特征图,$\left\lfloor\dfrac{28-3+1}{2}\right\rfloor+1=14$。

8) 第四部分由 5 个 Inception 模块组成,分别是 Inception (4a)、(4b)、(4c)、(4d)和(4e)模块

Inception (4a)模块有 4 个分支,分别采用不同尺度的滤波器进行操作。

① 第 1 个分支 conv $1\times1+1$(S) 包含 192 个 $1\times1\times480$ 的滤波器,步长为 1,padding=same,采用 ReLU 激活函数后输出 $14\times14\times192$ 的特征图。

② 第 2 个分支中的 conv $1\times1+1$(S) 是降维层,包含 96 个 $1\times1\times480$ 的滤波器,步长

为 1,padding＝same,采用 ReLU 激活函数后输出 14×14×96 的特征图;其后的 conv 3×3＋1(S) 包含 208 个 3×3×96 的滤波器,步长为 1,padding＝same($p＝1$),采用 ReLU 激活函数后输出 14×14×208 的特征图。

③ 第 3 个分支中的 conv 1×1＋1(S) 是降维层,包含 16 个 1×1×480 的滤波器,步长为 1,padding＝same,采用 ReLU 激活函数后输出 14×14×16 的特征图;其后的 conv 5×5＋1(S) 包含 48 个 5×5×16 的滤波器,步长为 1,padding＝same($p＝2$),采用 ReLU 激活函数后输出 14×14×48 的特征图。

④ 第 4 个分支 MaxPool 3×3＋1(S)表示采用大小为 3×3、步长为 1 的重叠最大池化操作,padding＝same($p＝1$),输出 14×14×480 的特征图;其后的 conv 1×1＋1(S) 是投影层,包含 64 个 1×1×480 的滤波器,步长为 1,padding＝same,采用 ReLU 激活函数后输出 14×14×64 的特征图。

DepthConcat 表示将 4 个分支输出的特征图层依次拼接起来,通道数为 192＋208＋48＋64＝512,形成 14×14×512 的特征图。

依此类推,可得到 Inception (4b)、(4c)、(4d)、(4e)模块的结构细节,限于篇幅,不再赘述。

9) 第一个辅助分类器放置于 Inception (4a)模块输出(14×14×512 的特征图)之后,由一个较小的卷积网络构成,其组成部分如下

(1) 平均池化层 AveragePool 5×5＋3(V) 表示采用大小为 5×5、步长为 3 的重叠平均池化操作,padding＝valid,输出 4×4×512 的特征图,$\left\lfloor \dfrac{14-5}{3} \right\rfloor+1=4$。

(2) conv 1×1＋1(S) 包含 128 个 1×1×512 的滤波器,步长为 1,padding＝same,采用 ReLU 激活函数后输出 4×4×128 的特征图。

(3) 第一个全连接层包含 1024 个神经元,采用 ReLU 激活函数。

(4) 以 0.7 的概率采用 dropout 技术,即使得 70% 的神经元失活。

(5) 第二个全连接层即输出层,包含 1000 个神经元,采用 softmax 激活函数,作为损失函数值。

……

依此类推,可得到 Inception (4b)、(4c)、(4d)、(4e)模块和 Inception (5a)、(5b)模块以及第二个辅助分类器和最终输出层的结构细节,在此不再赘述。

6.4.4　GoogLeNet 模型的特点

GoogLeNet 模型的主要特点如下。

(1) 在 Inception 模块中采用多分支并行处理数据的特征图,拼接多分支的输出结果。

(2) 采用 1×1 卷积减少特征图的通道数,以降低计算量和参数量。

(3) 采用全局平均池化层代替全连接层,使模型参数大幅度减少。

(4) 通过精心设计的 Inception 模块,在增加了网络深度和宽度的同时,还能保持计算量不变。

在随后的几年里,研究人员对 GoogLeNet 又进行了数次改进,形成了更深的神经网络 Inception V2、V3、V4 等版本。

6.5 ResNet

ResNet 是残差网络(residual networks)的简称,它由微软亚洲研究院提出,在 2015 年 ILSVRC 比赛的 ImageNet 数据集上的图像分类、目标检测、目标定位以及 MS COCO 数据集上的目标检测、图像语义分割等 5 项任务中全部获得冠军。ResNet 是在计算机视觉深度学习领域中继 AlexNet 之后最具开创性的工作,因为它使得训练成百甚至上千层的深度神经网络成为可能。ResNet 在 ILSVRC-2015 比赛 ImageNet 图像分类任务中的 Top-5 错误率仅为 3.57%,比 2014 年的冠军 GoogLeNet 的错误率下降了 3.1%,首次超过了人眼识别能力(人眼的错误率为 5.1%)。

6.5.1 ResNet 模型的研究动机

ResNet 出现之前的研究结果表明:网络的性能会随着层数的加深而增加,从 AlexNet 的 8 层到 VGG 的 19 层,再到 GoogLeNet 的 22 层,都验证了这一结论。虽然深度网络中常出现梯度消失或梯度爆炸的问题,会导致训练过程不收敛,但这一问题在很大程度上已采用初始归一化(normalized initialization,即将输入数据映射到[0,1]或[−1,1])和中间层归一化(intermediate normalization,即将中间层的数据映射到[0,1]或[−1,1])解决了,这使得采用反向传播和随机梯度下降(stochastic gradient descent,SGD)方法的几十层网络都能收敛。

但解决了收敛问题后,又出现了网络退化问题:深度神经网络达到一定深度后,随着网络层数的加深,分类的准确率反而下降了,即神经网络的训练误差随着网络层数的加深而变大。可见,引起网络退化问题的原因既不是不收敛,也不是过拟合。研究者们发现:无论是在训练过程中还是在测试过程中,一个 56 层网络的性能还不如一个 20 层网络的性能,如图 6.9 所示。

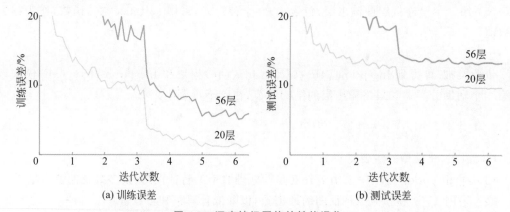

图 6.9 深度神经网络的性能退化

假设如此构建一个深层网络:先训练得到一个已达到一定准确度的浅层网络结构,然后复制上述浅层网络,在其基础上增加一些恒等映射(identity mapping)层,即前面的某一层或某些层得到深层网络。按常理推测,深层网络至少可以达到与浅层网络相同的准确度,不会比浅层网络的错误率高。但实验结果表明：这样得到的深层网络却表现得更差。网络退化问题说明采用多个非线性层去逼近恒等映射是有困难的。

　　因此，为了解决网络性能退化的问题，ResNet的研究人员提出了残差模块的结构，如图 6.10 所示。其思想是：假设 x 为输入，令 $H(x)$ 为需要学习得到的基础映射，采用堆叠的非线性层拟合另一个映射，称为残差映射，记为 $F(x)$，令 $F(x) = H(x) - x$，则原本需要学习的基础映射 $H(x) = F(x) + x$。

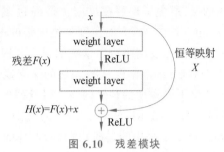

图 6.10　残差模块

　　从理论上讲，采用多层神经网络可以拟合任意函数，问题是：利用一些网络层直接拟合 $H(x)$，还是拟合残差函数 $F(x)$？研究人员假设：优化残差映射比优化原来的基础映射容易。所以，不直接用若干个堆叠的网络层去拟合基础映射 $H(x)$，而是先拟合残差映射 $F(x)$，然后用 $F(x) + x$ 得到基础映射 $H(x)$。

6.5.2　ResNet 模型的结构

　　ResNet 的每个残差模块都是由一个主分支和一个捷径分支（shortcut）并行组成的，其中主分支是由若干个前馈神经网络层组成的残差映射；捷径分支则是跳过一层或多层，直接将该模块的输入特征图和输出特征图连接在一起，可看作是恒等映射。恒等映射操作既不增加额外的参数，也不增加计算复杂度。将学习得到的残差映射 $F(x)$ 与恒等映射 x 按元素叠加起来，就得到了基础映射 $H(x)$。做叠加操作时，要使得输入 x 的特征形状与 $F(x)$ 输出的特征形状一致，否则需要对 x 做线性投影，使之与 $F(x)$ 输出的维度匹配。

　　ResNet 中残差函数 $F(x)$ 的形式并非固定的，图 6.11 给出了两种形式的残差模块，其中（b）图称为"瓶颈"设计的残差模块，显然，其目的是为了降低参数个数，（b）图中第一个 1×1 卷积将特征图的通道数由 256 维降到 64 维，第二个 1×1 卷积将特征图的通道数恢复为 256 维，所需的总参数量为 $1 \times 1 \times 256 \times 64 + 3 \times 3 \times 64 \times 64 + 1 \times 1 \times 64 \times 256 = 69632$。若不采用"瓶颈"设计，只使用两个 $3 \times 3 \times 256$ 的滤波器，如（a）图所示，则总参数量为 $3 \times 3 \times 256 \times 256 \times 2 = 1179648$，是（b）图中参数量的 16.94 倍。可见，采用"瓶颈"设计的残差模块来构造深度网络模型，在训练过程中可有效减少参数量和计算量。

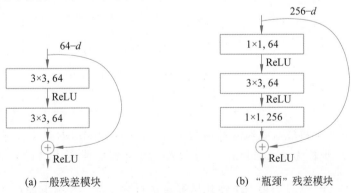

(a) 一般残差模块　　　　　　(b) "瓶颈"残差模块

图 6.11　两种不同的残差模块

采用残差模块构建的 ResNet 网络不仅能有效地解决网络退化问题,还可以极大地减缓梯度消失和梯度爆炸的问题,因为 ResNet 的梯度能直接通过捷径分支跳跃地传回到较浅的层,避免了梯度在反向传播经过多层时过大或过小而导致无法收敛。埃明·奥尔汉(Emin Orhan)等人对深度神经网络的退化问题进行了更深入的研究,认为深度神经网络的退化才是深度网络难以训练的根本原因,而不是梯度消失。

图 6.12 给出了一个 34 层的深度残差网络 ResNet-34。采用不同形式的残差模块,可以组装出不同深度的神经网络。微软研究人员给出了 5 种 ResNet 网络配置,参见表 6.2,其中 ResNet-18、ResNet-34 采用的是图 6.10(a)形式的残差模块,ResNet-50、ResNet-101 和 ResNet-152 采用的是图 6.10(b)形式的残差模块,"$\times n$"表示该残差模块连续堆叠 n 次。

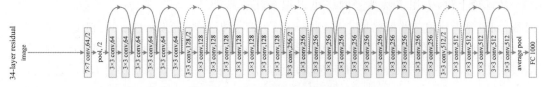

图 6.12　ResNet-34 网络结构示意图(见文前彩图)

表 6.2　5 种 ResNet 网络配置

层名	输出尺寸	18 层	34 层	50 层	101 层	152 层
conv1	112×112	7×7,64,步长 2				
		最大池化 3×3,步长 2				
conv2_x	56×56	$\begin{bmatrix}3\times3,64\\3\times3,64\end{bmatrix}\times2$	$\begin{bmatrix}3\times3,64\\3\times3,64\end{bmatrix}\times3$	$\begin{bmatrix}1\times1,64\\3\times3,64\\1\times1,256\end{bmatrix}\times3$	$\begin{bmatrix}1\times1,64\\3\times3,64\\1\times1,256\end{bmatrix}\times3$	$\begin{bmatrix}1\times1,64\\3\times3,64\\1\times1,256\end{bmatrix}\times3$
conv3_x	28×28	$\begin{bmatrix}3\times3,128\\3\times3,128\end{bmatrix}\times2$	$\begin{bmatrix}3\times3,128\\3\times3,128\end{bmatrix}\times4$	$\begin{bmatrix}1\times1,128\\3\times3,128\\1\times1,512\end{bmatrix}\times4$	$\begin{bmatrix}1\times1,128\\3\times3,128\\1\times1,512\end{bmatrix}\times4$	$\begin{bmatrix}1\times1,128\\3\times3,128\\1\times1,512\end{bmatrix}\times8$
conv4_x	14×14	$\begin{bmatrix}3\times3,256\\3\times3,256\end{bmatrix}\times2$	$\begin{bmatrix}3\times3,256\\3\times3,256\end{bmatrix}\times6$	$\begin{bmatrix}1\times1,256\\3\times3,256\\1\times1,1024\end{bmatrix}\times6$	$\begin{bmatrix}1\times1,256\\3\times3,256\\1\times1,1024\end{bmatrix}\times23$	$\begin{bmatrix}1\times1,256\\3\times3,256\\1\times1,1024\end{bmatrix}\times36$
conv5_x	7×7	$\begin{bmatrix}3\times3,512\\3\times3,512\end{bmatrix}\times2$	$\begin{bmatrix}3\times3,512\\3\times3,512\end{bmatrix}\times3$	$\begin{bmatrix}1\times1,512\\3\times3,512\\1\times1,2048\end{bmatrix}\times3$	$\begin{bmatrix}1\times1,512\\3\times3,512\\1\times1,2048\end{bmatrix}\times3$	$\begin{bmatrix}1\times1,512\\3\times3,512\\1\times1,2048\end{bmatrix}\times3$
	1×1	平均池化,1000 维 FC, softmax				
FLOPs		1.8×10^9	3.6×10^9	3.8×10^9	7.6×10^9	11.3×10^9

上述 5 种 ResNet 网络的输入信息均为 224×224 的 RGB 图像,第一个卷积层都包含 64 个大小为 7×7、步长为 2、padding＝same($p＝3$)的滤波器,输出 112×112×64 的特征图,$\left\lfloor\dfrac{224-7+2\times3}{2}\right\rfloor+1=112$;第一个池化层都是执行大小为 3×3、步长为 2 的重叠最大池化操作,输出 56×56×64 的特征图。经过不同深度的 4 组残差模块后,输出大小为 7×7 的

特征图；然后采用 AvePooling（7×7）的平均池化操作，得到大小为 1×1 的特征图；最后是包含 1000 个神经元的全连接层，以 softmax 作为激活函数，输出图像属于各个类别的概率值。

微软在 ILSVRC 2015 比赛中赢得冠军的网络是由 6 个不同深度模型集成的。训练时，数据批的大小（batch size）设置为 256 个样本，在 ResNet 模型中的每个卷积层和激活函数之间均执行批归一化（batch normalization，BN）操作，其作用有三：①使用梯度下降法求最优解时，防止梯度爆炸或弥散，加快收敛速度；②可以提高训练时模型对于不同超参（如学习率、初始数据）的鲁棒性；③可以使大部分激活函数能够远离其饱和区域。

ResNet 具有强大的表征能力，能训练数百层甚至上千层的神经网络。在诸如图像分类、目标检测、语义分割和人脸识别等计算机视觉应用领域取得了很大进展。ResNet 也因其简单的结构与优异的性能成为计算机视觉任务中最受欢迎的网络结构之一。

6.6　DenseNet

DenseNet（dense convolutional network）是由康奈尔大学、清华大学和 Facebook 公司的研究者合作提出的，获得了 2017 年 CVPR 会议（IEEE Conference on Computer Vision and Pattern Recognition）的最佳论文奖。这些研究者发现，ResNet 模型的核心是在不相邻的前、后层之间建立直接的捷径（shortcuts，或 skip connection，称为"短路连接"或"跳跃连接"），这样做有助于在训练过程中反向传播梯度值，从而能训练出更深的 CNN 网络。基于相同的思路，他们提出了 DenseNet 模型，直接将前面所有的特征图与后面的特征图连接一起（前后特征图的尺寸必须匹配），构造一种具有密集连接（dense connection）的卷积神经网络，以确保最大信息量在网络各层之间传播，由此将模型命名为 DenseNet。与 ResNet 模型的不同之处在于：DenseNet 模型采用的是一种更密集的短路连接机制。

DenseNet 网络主要包含密集连接模块（Dense Block）和转换层（transition layer）两种组件，其中 Dense Block 模块是 DenseNet 的核心组件，转换层则是位于相邻两个 Dense Block 之间的组件。一个 DenseNet 网络由若干个 Dense Block 模块和转换层组装而成，图 6.13 给出了一个由 3 个 Dense Block 和 2 个转换层构成的 DenseNet 网络的基本结构图。

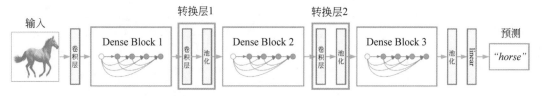

图 6.13　一个由 3 个 Dense Block 构成的深度 DenseNet 网络结构（见文前彩图）

1. Dense Block 模块

一个 Dense Block 模块包含若干个网络层，每个网络层的特征图大小都相同，每层都与同模块中前面的所有层相互连接，即同模块中任意两层之间都有直接的连接。具体而言，网络第 1 层、第 2 层……第 $l-1$ 层的输出，都会作为第 l 层的输入，而第 l 层输出的特征图也会直接传给其后面所有层作为输入，如图 6.14 所示。对于一个 L 层（包括输入层）的 Dense

Block 模块,一共包含 $L(L+1)/2$ 个连接。例如,图 6.14 所示的 Dense Block 模块中包含 5 层特征图,一共有 15 个连接。

在含有 L 层的 Dense Block 中,第 0 层为输入层,假设第 0 层至第 $l-1$ 层($l\in[0,L-1]$)的输出特征图依次为 $X_0,X_1,\cdots,X_{l-1}$,将它们在通道维度顺次拼接在一起,记为 $[X_0,X_1,\cdots,X_{l-1}]$,作为第 l 层的输入特征图,注意:此时各层特征图的高度和宽度必须保持一致。第 l 层的输入特征图 $[X_0,X_1,\cdots,X_{l-1}]$ 经过映射 H_l 后,输出 $X_l=H_l([X_0,X_1,\cdots,X_{l-1}])$,其中每个 H_l 都是由"BN-ReLU-conv(3×3)"操作序列组成的,其中 BN(batch normalization)是将一批数据的特征进行归一化,其作用是加快收敛过程;ReLU 是激活函数,以增加非线性表达能力;conv(3×3)是大小为 3×3、padding=same 的卷积,保证特征图的大小保持不变。

DenseNet 的研究者规定:在一个 Dense Block 中,每个映射 H_l 都提取 k 个特征,即输出的特征图的通道数为 k,则第 l 层的特征图的通道数为 $k_0+(l-1)k$,其中 k_0 是该 Dense Block 模块输入层的通道数。k 是一个超参数,称为增长率(growth rate)。实际上,增长率是控制 Dense Block 中网络层的宽度的,它规定了每层上包含的滤波器的数量。一般情况下,设置较小的 k 值,如 12、24、32 等,网络就可以获得较好的性能。

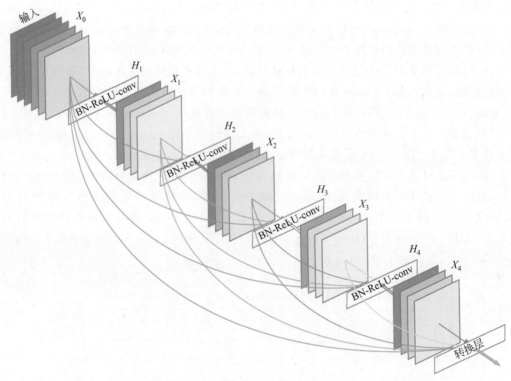

图 6.14　一个 5 层密集连接模块(Dense Block),增长率 $k=4$(见文前彩图)

2. 转换层

在 Dense Block 模块中,每经过一个映射 H_l,特征图的通道数就增加 k,如此下去,即使 k 值设置得较小,深层特征图的通道数也会快速增加,不利于训练。为了控制特征图通道数的快速增长,在每两个相邻的 Dense Block 模块之间都设置一个转换层。

转换层的作用就是要降低特征图的维度,去掉冗余的特征,保证训练的高效性。每个转换层均先采用瓶颈层(bottleneck layers),即 conv(1×1),减少特征图的通道数,然后再采用池化操作缩减特征图的大小。因此,每个转换层都是由 BN-ReLU-conv(1×1)-AvePooling(2×2)操作序列组成的,其中 BN 和 ReLU 的作用与 H_l 中的相同;conv(1×1)是大小为 1×1 的卷积,以减少特征图的通道数;AvePooling(2×2)是大小为 2×2 的不重叠平均池化层,将特征图的高和宽缩小一半。

3. DenseNet-BC 模型

实现时,为了控制参数量和计算量,DenseNet 的研究者还作了如下设置。

(1) 在每个 Dense Block 模块的每个 3×3 卷积层之前均引入瓶颈层,即增加一个 1×1 的卷积层,以减少输入 3×3 卷积层的特征图的通道数,可以大大减少计算量,提高计算效率。在实验中,每个 Dense Block 模块中每层映射 H_l 的操作序列为 BN-ReLU-conv(1×1)-BN-ReLU-conv(3×3)",其中 conv(1×1)滤波器的个数设置为 $4k$。仅做此设置的网络记为 **DenseNet-B** 模型。

(2) 如果一个 Dense Block 模块输出 m 个特征图,则使得紧随其后的转换层产生 $\lfloor \theta m \rfloor$ 个特征图,其中 θ($0 < \theta \leqslant 1$)称为压缩因子(compression factor),以控制向下一个 Dense Block 模块输入的特征图的通道数。转换层的瓶颈层中的 conv(1×1)滤波器的深度为 m,个数为 $\lfloor \theta m \rfloor$。当 $\theta = 1$ 时,经过转换层,特征图的通道数保持不变,即无压缩;当 $\theta < 1$ 时,转换层减少特征图的通道数。在实验中,设置 $\theta = 0.5$,每个转换层的操作序列为 BN-ReLU-conv(1×1)-AvePooling(2×2),其中 conv(1×1)滤波器的个数为 $\lfloor m/2 \rfloor$ 个。仅作此设置的网络记为 **DenseNet-C** 模型。

同时采用上述两种设置,构造出来的 DenseNet 网络结构记为 **DenseNet-BC** 模型。

4. ResNet 与 DenseNet 中短路连接机制的不同

(1) 两个网络中短路连接的密集程度不同。

ResNet 中一个残差模块一般只包含 2～3 个卷积层,故每层只跨越 2～3 层与其前面的某一层直接连接,形成短路(或捷径)。而 DenseNet 中一个 Dense Block 模块一般包含 6～64 个卷积层,同一模块中的所有层均互相连接。显然,DenseNet 网络中的短路连接比 ResNet 中的更密集,更好地实现了特征重用,增强了特征在各个层之间的传播。

(2) 两个网络中短路连接的方式不同。

在 ResNet 网络的同一残差模块中,对于残差映射特征图与恒等映射特征图,执行对应位置上的元素级相加操作。而在 DenseNet 网络的同一 Dense Block 模块中,每层都会与其前面所有层在通道维度上作拼接操作,并作为下一层的输入。

5. DenseNet 模型的优点

DenseNet 网络在 Dense Block 模块中所有特征图之间采用密集的短路连接机制,具有如下显著优势。

① 缓解了梯度消失问题,因为每一层都能从损失函数层直接访问梯度信息,也使得网络易于训练。

② 实现了特征重用,因为每一层都能通过捷径接收前面所有层的特征图作为输入。

③ 增强了特征在各个层之间的传播,因为每两层之间都存在直接的连接。

④ 极大地减少了参数量,提高了训练效率。

6. ImageNet 图像分类任务上的网络配置

在 ImageNet 图像分类任务中,输入 224×224 的 RGB 图像,DenseNet 的创立者设计了 4 种不同深度的 DenseNet-BC 网络,分别为 DenseNet-121、DenseNet-169、DenseNet-201 和 DenseNet-264,详见表 6.3。其中每一个 Conv 前都执行固定的 BN-ReLU 操作序列,用以归一化特征和增加非线性表示。

表 6.3 中的 4 个 DenseNet-BC 网络的初始卷积层和第一个池化层完全相同。初始卷积层均包含 $2k$(即 64)个大小为 7×7、步长为 2、padding=same($p=3$)的滤波器,输出 $112 \times 112 \times 64$ 的特征图,$\left\lfloor \dfrac{224-7+3 \times 2}{2} \right\rfloor + 1 = 112$;第一个池化层都是执行大小为 3×3、步长为 2 的重叠最大池化操作,输出 $56 \times 56 \times 64$ 的特征图,$\left\lfloor \dfrac{112-3+1}{2} \right\rfloor + 1 = 56$。

表 6.3　ImageNet 分类任务上的 4 种 DenseNet-BC 网络配置,$k=32$

层	输出尺寸	DenseNet-121	DenseNet-169	DenseNet-201	DenseNet-264
convolution	112×112	7×7 conv,步长 2			
pooling	56×56	3×3 最大池化,步长 2			
Dense Block (1)	56×56	$\begin{bmatrix} 1 \times 1 \text{ conv} \\ 3 \times 3 \text{ conv} \end{bmatrix} \times 6$	$\begin{bmatrix} 1 \times 1 \text{ conv} \\ 3 \times 3 \text{ conv} \end{bmatrix} \times 6$	$\begin{bmatrix} 1 \times 1 \text{ conv} \\ 3 \times 3 \text{ conv} \end{bmatrix} \times 6$	$\begin{bmatrix} 1 \times 1 \text{ conv} \\ 3 \times 3 \text{ conv} \end{bmatrix} \times 6$
transition layer (1)	56×56	1×1 conv			
	28×28	2×2 平均池化,步长 2			
Dense Block (2)	28×28	$\begin{bmatrix} 1 \times 1 \text{ conv} \\ 3 \times 3 \text{ conv} \end{bmatrix} \times 12$	$\begin{bmatrix} 1 \times 1 \text{ conv} \\ 3 \times 3 \text{ conv} \end{bmatrix} \times 12$	$\begin{bmatrix} 1 \times 1 \text{ conv} \\ 3 \times 3 \text{ conv} \end{bmatrix} \times 12$	$\begin{bmatrix} 1 \times 1 \text{ conv} \\ 3 \times 3 \text{ conv} \end{bmatrix} \times 12$
transition layer (2)	28×28	1×1 conv			
	14×14	2×2 平均池化,步长 2			
Dense Block (3)	14×14	$\begin{bmatrix} 1 \times 1 \text{ conv} \\ 3 \times 3 \text{ conv} \end{bmatrix} \times 24$	$\begin{bmatrix} 1 \times 1 \text{ conv} \\ 3 \times 3 \text{ conv} \end{bmatrix} \times 32$	$\begin{bmatrix} 1 \times 1 \text{ conv} \\ 3 \times 3 \text{ conv} \end{bmatrix} \times 48$	$\begin{bmatrix} 1 \times 1 \text{ conv} \\ 3 \times 3 \text{ conv} \end{bmatrix} \times 64$
transition layer (3)	14×14	1×1 conv			
	7×7	2×2 平均池化,步长 2			
Dense Block (4)	7×7	$\begin{bmatrix} 1 \times 1 \text{ conv} \\ 3 \times 3 \text{ conv} \end{bmatrix} \times 16$	$\begin{bmatrix} 1 \times 1 \text{ conv} \\ 3 \times 3 \text{ conv} \end{bmatrix} \times 32$	$\begin{bmatrix} 3 \times 3 \text{ conv} \\ 3 \times 3 \text{ conv} \end{bmatrix} \times 32$	$\begin{bmatrix} 1 \times 1 \text{ conv} \\ 3 \times 3 \text{ conv} \end{bmatrix} \times 48$
classification layer	1×1	7×7 全局平均池化			
		1000 维 fully-connected.softmax			

注:表中每个 conv 层都表示 BN-ReLU-conv 操作序列,$\times n$ 表示该 Dense Block 模块包含 n 个 conv(1×1)+conv(3×3)组合。

4 种 DenseNet-BC 网络均包含 4 个 Dense Block 模块和 3 个转换层,且增长率 k 都为 32,只是不同网络中 Dense Block 模块的深度有所不同。Dense Block 模块中所有卷积层输出特征图的通道数均为 k,即每个卷积层包含滤波器的个数均为 k。最后一个 Dense Block 模块输出大小为 7×7 的特征图。

网络尾部采用 AvePooling(7×7)的全局平均池化操作,得到大小为 1×1 的特征图;最后是包含 1000 个神经元的全连接层,以 softmax 作为激活函数,输出图像属于各个类别的概率值。

DenseNet 研究团队的实验数据显示:在 ImageNet 图像分类任务中取得相近准确率的情况下,DenseNet 需学习的参数量只约是 ResNet-152 模型参数量的 1/3,参见图 6.15。由此可见,密集连接方式可极大地减少参数量和计算量。DenseNet 在参数量和计算成本更少的情形下实现了比 ResNet 更优的性能。

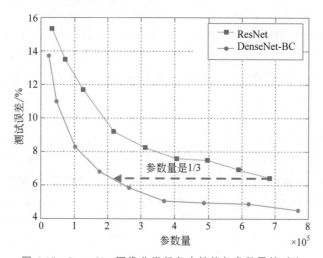

图 6.15　ImageNet 图像分类任务中性能与参数量的对比

6.7　本章小结

本章详细介绍了 6 个典型的卷积神经网络的结构和特点。

1. LeNet

1989 年杨乐昆提出了 LeNet 模型,奠定了现代卷积神经网络的基本结构。LeNet-5 成为第一个大规模成功商用的卷积神经网络模型。

2. AlexNet

2012 年辛顿研究团队提出的 AlexNet 模型在 ILSVRC 比赛中以 15.3％的 Top-5 错误率夺得图像分类任务的冠军,准确率高出亚军近 10％,成为卷积神经网络研究史上一个非常重要的里程碑。从此,深度学习成为人工智能研究领域的主流方法。

3. VGGNet

由牛津大学 VGG 研究组提出的 VGGNet 模型在 2014 年的 ILSVRC 大赛图像分类任务中以 7.32％的 Top-5 错误率夺得亚军。VGGNet 模型是在 AlexNet 结构的基础上引入了"模块化"的设计思想,网络深度可达 19 层。该项工作证明了①用多个尺寸较小的卷积核代替一个大尺寸卷积核,既可保证相同的感受野,又可减少参数量;②在大规模图像识别任务中,增加卷积神经网络的深度可有效提升模型的精确度。

4. GoogLeNet

由 Google 公司提出的 GoogLeNet 模型在 2014 年的 ILSVRC 大赛图像分类任务中以

6.67％的 Top-5 错误率夺得冠军。GoogLeNet 模型没有继承 LeNet 或 AlexNet 的框架结构,而是做了创新性的尝试,提出了 Inception 模块。每个 Inception 模块采用多分支并行处理数据的特征图,拼接多分支的输出结果,同时采用 1×1 卷积减少特征图的通道数,以到达降低计算量和参数量的目的。GoogLeNet 模型是由多个 Inception 模块堆叠组装而成的,网络深度可达 22 层,是当时最深的网络模型。

5. ResNet

在 2015 年的 ILSVRC 比赛上,由微软亚洲研究院提出的 ResNet 模型荣获 5 项任务的冠军。其中,ImageNet 图像分类的 Top-5 错误率仅为 3.57％,首次超过了人眼识别能力。ResNet 是在计算机视觉的深度学习领域中继 AlexNet 之后最具开创性的工作,提出了残差结构,不仅有效地解决了网络退化问题,还极大地减缓了梯度消失和梯度爆炸问题。采用"瓶颈"残差模块更能有效地减少参数量和计算量,使得训练成百甚至上千层的深度神经网络成为可能。

6. DenseNet

康奈尔大学等关于 DenseNet 模型的工作获得了 2017 年 CVPR 的最佳论文奖。一个 DenseNet 网络由若干个 Dense Block 模块和转换层组装而成。与 ResNet 相比,DenseNet 模型采用了一种更为密集的短路连接机制,同时采用了"瓶颈"设计,实现了特征重用,增强了特征在各个层之间的传播,缓解了梯度消失问题,极大地减少了参数量,提高了训练效率。

习题 6

1. 说明 CNN 结构中 1×1 卷积的作用,哪个网络率先使用了 1×1 卷积?

2. 试计算 AlexNet 的总参数量,给出详细的计算过程。

3. 请说明 Inception V1 模块中的分支 MaxPool 3×3+1(S)表示什么操作,为什么 1×1 卷积要放在 MaxPool 3×3+1(S)之后执行?

4. 请说明 batch normalization(BN)的作用。

5. 请描述 Inception (4b)模块的结构细节。

6. 请说明 ResNet 和 DenseNet 中短路连接机制的不同。

7. 假设输入图像为 $W×W×3$,要求输出大小为 $W×W×256$ 的特征图,请给出两种升维的方法,并分别计算两种方法的参数量。

8. 假设上一网络层的输出为 $100×100×128$,要求得到 $100×100×256$ 的特征图,请给出两种方法,并分别计算两种方法的参数量和计算量。

第 7 章

智能图像处理

本章学习目标

- 理解数字图像处理技术的基本概念和主要任务。
- 理解传统图像处理技术的原理、方法和评价指标。
- 理解基于深度学习的图像处理技术的方法和实现流程。

视觉是人类从大自然中获取信息、认识世界最主要的手段。科学和统计表明,人类在日常生活中通过五官(味觉、触觉、嗅觉、听觉和视觉)获取的外界信息,其中视觉信息约占 80%,而且从记忆的角度来看,人能够记住视觉感知信息的 30%。由此可见视觉信息对人类的重要性。人的视觉系统是一种复杂、精密的控制系统,图像是人类通过视觉系统获取视觉信息的主要载体。人工智能领域的科研人员希望计算机能够像人类的视觉那样具有"看"的智能,可以感知、识别、理解客观世界中存在的各种目标(object,或称为物体、对象),因此就产生了计算机视觉这一研究领域。计算机视觉是一门研究对数字图像或视频进行高层理解的交叉学科,而数字图像处理则是计算机视觉的基础。

本章将介绍数字图像处理的基本概念和主要任务,介绍用于完成图像分类、图像目标检测和图像分割任务的传统图像处理技术以及基于深度学习的图像处理技术。

7.1 数字图像处理概述

本节简要介绍数字图像处理的基本概念和主要任务。

7.1.1 数字图像处理的基本概念

1. 数字图像

图像是自然景物的客观反映,是人类认识世界的视觉基础,是人类获取、表达和传递信息的重要手段。所谓"图",就是物体透射光或反射光的分布,"像"是人的视觉系统所接收的图在大脑中形成的印象或认识。前者是客观存在的,而后者是人的感觉,图像则是两者的结合。

随着科学技术和制造业的发展,人类创造出各种用途的成像设备,用于采集多种多样的图像信息。例如,使用手机或数码相机拍摄的日常生活照片,可以帮助我们记录生活中的美好瞬间;采用计算机断层 X 光扫描得到的 CT(computer tomograph)影像图,能够反映人体器官内部组织的结构。

数字图像是指用数字摄像机、扫描仪等成像设备经过采样和数字化得到的一个二维数组或矩阵,该数组或矩阵的元素称为像素(pixel),像素值均为整数,称为灰度值、亮度值或强度值。数字图像又称为数码图像或数位图像,通常表示为一个 $W \times H \times C$ 的数值矩阵,其中 W 为图像的宽度,H 为图像的高度,C 为每个像素点对应的信息维度。矩阵中的元素值,即灰度值,记为 $f(w, h, c)$,其中 w 和 h 分别是该像素点的横坐标和纵坐标,c 表示该像素点的维度。数字图像可以用数字计算机或数字电路存储和处理。

2. 数字图像的种类

数字图像主要有以下几种。

(1) 二值图像。当 $C=1$ 且像素值 $f(w, h, 1)$ 只能取值 0 或 1 时,这种图像称为二值图像,又称为黑白图像。$C=1$ 表示只有一个颜色通道。

(2) 灰度图像。当 $C=1$ 且像素值 $f(w, h, 1)$ 取[0, 255]的整数时,这种图像称为灰度图像。灰度数字图像中每个像素的亮度值由 1B 表示,$f(w, h, 1)$ 的最小值为 0,表示最低亮度,即为黑色;$f(w, h, 1)$ 的最大值为 255,表示最高亮度,即为白色;其余数值则表示中间的亮度。在计算机图像领域中,灰度图像不是黑白图像,黑白图像只有黑白两种颜色,灰度图像则在黑色与白色之间还有 254 级的颜色深度。

(3) 彩色图像,是指每个像素由 R、G、B 三个分量构成的图像,其中 R、G、B 分别代表红(R)、绿(G)、蓝(B)三个颜色通道,即 $C=3$。每个颜色通道用 1B 表示亮度,取值范围为[0, 255]。三个通道相互叠加,可以得到丰富多彩的颜色。RGB 色彩模式几乎包括了人类视力所能感知的所有颜色,是目前应用最广泛的颜色系统之一。

(4) RGBD 图像。当采用三维深度摄像头拍照时,除了可获取图像的色彩外,还可以获得每个像素点的深度信息,即该像素与摄像头之间的距离,可以精确到毫米。此时 $C=4$,即每个像素点不仅具有 R、G、B 颜色信息值,还具有深度信息值,这种图像称为 RGBD(RGB+depth)图像。深度信息本质上反映了物体的三维形状信息。三维深度摄像头在自动驾驶、无人机、机器人导航、工业智能化检测等领域具有广泛的应用价值。

3. 数字图像处理

所谓图像处理,就是对图像信息进行加工,以满足人的视觉心理或应用需求的行为。从 20 世纪 60 年代起,随着电子技术和计算机技术的不断发展和普及,电子学方法逐渐成为图像处理的主流手段,即数字图像处理。数字图像处理(digital image processing)是指利用数学方法和计算机技术对数字图像或视频信息进行加工处理,以获取图像中的某些信息,提高图像的实用性。例如,从卫星图像中提取目标的特征参数,对三维立体断层图像进行重建等。数字图像处理技术的精度比较高,还可以通过改进处理软件来优化处理效果。目前,在计算机科学和人工智能领域中,提及图像处理就是指数字图像处理,又称为计算机图像处理(computer image processing)。

数字图像处理技术的主要内容包括三大部分:一是图像的编码与压缩;二是图像的增强和复原;三是图像的匹配、描述和识别。进一步细分,图像处理的任务包括:图像采集与获取、图像变换、图像去噪、图像增强、图像复原、图像重建、图像编解码、图像压缩、图像表示与描述、图像特征提取与分析、图像分类、图像目标检测、图像边缘检测、图像分割、图像质量评价、图像识别、图像理解等。

如今,数字图像处理技术广泛应用于指纹识别、虹膜识别、人脸识别、语音识别、图像检索、图像数字水印、文字检测和识别、工业产品及部件的无损检测、采用 X 射线或显微镜照片诊断疾病、电脑成像艺术、军事目标的侦察、遥感图像处理等多个领域,已经渗透到工业、医疗保健、航空航天、安保、军事等各个行业,在国民经济中发挥越来越大的作用。

7.1.2　数字图像处理的主要任务

图像处理的任务很多,划分得也很细,本节简要介绍以下几种主要的图像处理任务。

1. 图像复原

图像在形成、记录、处理和传输过程中,由于成像系统、记录设备、传输介质和处理方法的不完善,导致图像质量下降,这种现象称为图像退化。例如,光电转换器件的非线性、光学系统中的像差、成像光源和射线的散射、大气湍流的扰动效应、摄像机聚焦不佳、曝光噪声干扰、运动造成的图像模糊性以及几何畸变等。图像退化的基本表现为图像模糊。

图像复原(image restoration)也称为图像恢复,就是对退化的图像进行处理,使图像尽可能地恢复本来面目。图像复原的目的是就是消除噪声、干扰和模糊,改善图像的质量。例如,对遥感图像进行大气影响校正、几何校正以及纠正因设备原因造成的扫描线漏失、错位等,将质量下降的图像重建成接近或等价于理想成像系统所获得的图像。

图像复原认为图像是在某种情况下退化了,即图像品质下降了。现在需要针对图像的退化原因设法进行补偿,这就需要对图像的退化过程有一定的先验知识,再利用图像退化的逆过程去恢复原始图像。图像复原技术的基本思路是:首先利用图像退化过程的先验知识建立图像退化的数学模型;然后根据该模型对退化图像进行拟合,再建立图像的复原模型。

图像复原最关键的是对每种退化都建立一个合理的模型。图像复原技术就是要将图像退化的过程模型化,并且采用相反的过程恢复出原始图像。

2. 图像增强

图像增强(image enhancement)是一种增强摄影图像可读性的处理技术,即应用计算机或光学设备改善图像视觉效果。图像增强的目的有两个:一个是提高图像分辨率,使可见的细节更加清晰,使不易看清的细节呈现清楚,以便充分利用有用信息;另一个是增强图像对比度(即反差),突出感兴趣的目标或重要特征的细节,使人或计算机更易观察或检测到。图像增强通常要完成的工作是:除去图像中的噪声,使边缘清晰;突出图像中的重要特征信息,同时减弱或去除不需要的信息。

图像增强可以根据人眼对光亮度观察的特性来确定具体的处理方式,以提高图像的可判读性。例如,主观地变换电视节目片头或片尾处的颜色、轮廓等,以期取得一种特殊的艺术效果,增强动感和力度。再如,当医学 X 射线原始图像的整体亮度较强、对比度不足、人体骨骼的脉络模糊不清、组织结构成像混叠、难以观察边缘细节时,可以采用图像增强技术,使得图像的原始背景亮度减弱、骨骼脉络变得清晰、胸肺部影像的混叠减少,有助于医生做出正确的诊疗判断。

图像增强与图像复原有密切的联系,其相似之处在于:两者的目的都是为了提高图像的整体质量。不同之处有二:①经过增强的图像不一定要逼近原始图像;而图像复原则要使复原后的图像尽可能地接近原图像,还原图像的本真。②图像增强技术比图像复原技术更注重图像的对比度,它根据人类的视觉效果和喜好来处理图像,为观看者提供赏心悦目的图像,并不需要考虑图像退化的原因和过程;而图像复原技术则需要了解退化图像的某种先验知识,采用退化过程的逆过程进行补偿,去除图像中的模糊部分。所以,当无法获知图像退化的有关信息时,可使用图像增强技术,根据观看者的喜好改善图像的视感质量。

图像增强的思路通常是根据某一指定的图像及其实际场景需求,借助特定的增强算法或算法集合来强化图像的有效信息或感兴趣信息,抑制不需要的信息或噪声。现阶段,比较流行的图像增强技术有灰度变换、同态滤波、直方图修正、频域滤波。图像增强算法通常有其各自适用的范围,并不存在可适用于所有场景的、通用的图像增强算法。

3. 图像重建

图像重建(image reconstruction)是一种通过物体外部测量的数据、经过数字处理获得三维物体形状信息的技术。图像重建技术起源于 CT 技术,即 X 射线计算机断层摄影技术,最初是采用 CT 设备显示人体各个部位鲜明清晰的断层图像。后来,图像重建技术逐渐应用于许多领域,如工业自动化、机器人、地图测绘等。

图像重建与前述的图像增强、图像复原不同。图像增强和图像复原是从图像到图像的处理,即输入的是图像,处理后输出的也是图像,而图像重建则是从数据到图像的处理,即输入的是某种数据,而处理后输出的是图像。目前,图像重建与计算机图形学相结合,将多个二维图像合成三维图像,并加以光照模型和各种渲染技术,可生成各种具有强烈真实感的高质量图像。

4. 图像压缩编码

数字图像的特点之一是数据量庞大。与文字信息不同,图像信息会占据大量的存储空间和很宽的传输信道,尽管已有大容量的存储器和较大的信道带宽,但仍不能满足对图像数据(尤其是动态图像、高分辨率图像)处理的需要。因此在实际应用中,图像数据的压缩成为迫切的需求。

图像数据通常包含大量冗余信息,还有相当数量的不相干信息。图像压缩的目的就是消除冗余和不相关的信息,降低数据量。

图像编码属于信息论中信源编码的范畴,主要是利用图像信号的统计特性和人类视觉特性,对图像进行高效编码,即数据压缩技术。图像编码是数字图像处理中一个经典的课题,有着六十多年的研究历史,目前已经制定了多种编码标准,如 H.261、JPEG 和 MEPG 等。

一般来说,图像编码的目的有 3 个:①减少需存储的数据量;②降低数据率,减少传输带宽;③压缩信息量,便于特征提取,为后续的图像识别作准备。

5. 图像分类

图像分类(image classification)是根据不同类别的目标在图像信息中所反映的特征不同,将不同类别的目标区分开来的图像处理方法。它利用计算机对图像进行定量分析,"学习"图像中不同类别存在的规律或特征,将图像或图像中的每个像元或区域划归为若干个类别中的某一种,以代替人的视觉判读。这里的类别可以是图像中不同种属的动物、不同品牌的车辆、人面部的不同表情、医学影像中不同的疾病或病灶等。

简单地说,图像分类是给定一幅测试图像,利用训练好的分类器判定它所属的类别,而分类器则是利用带类别标签的训练数据集构建的图像分类模型。图像分类可以对图像整体预测单个类别(单标签)或对图像中包含的多个物体类别进行预测(多标签)。例如,一张照片中只有山,则其归类于"山"类,该照片只有一个标签;若一张照片中既有山又有水,则其同时归于"山"类和"水"类,该照片有 2 个标签。

图像分类技术在现实生活的各个领域都得到了广泛应用。例如,在临床医学领域,构建精准的医学影像分类模型,可以帮助医生更好地识别和诊断疾病,降低疾病的漏诊率和误诊率;在日常生活中,手机小程序"形色识花"可以识别出拍摄植物的种类名称、花名等,手机相册中有对照片进行整理归类的工具。

6. 图像目标检测

图像目标检测(object detection)是指在给定图像中判断是否存在感兴趣的目标或物体(如人脸、汽车、猫等),并确定目标的类别、位置及大小。可以用一个边界框(bounding-box,BBOX,包含某个目标的最小矩形框)将一个目标定位出来,为下一步识别边界框中的目标是哪一个个体(如哪个人、哪辆车、哪只猫)作准备,即目标识别。目标检测模型的输出形式通常是一个列表,列表中的每一项对应一个检测出的目标,其中包括该目标的类别和位置,位置常用边界框的坐标表示。

相较于图像分类只给出物体的类别,目标检测还需要输出目标的边界框,并且需要对众多对象进行分类和定位,而不仅仅是对个别主体目标进行分类和定位。可见,目标检测任务是在图像分类基础上又增加了定位的功能。例如,人脸检测就是在一幅图像或视频中判断是否存在人脸;若存在,则返回人脸的位置和大小信息。再如,在医学诊断中,不仅要检测出病灶(如肿瘤)的存在,还要给出病灶的位置和大小。

目前,目标检测技术已广泛应用于安防领域的人脸识别、交通领域的行人检测、车辆计数、车牌检测和识别、CT 影像中病灶的定位、病理图像中细胞核的识别等。

7. 图像分割

在对图像的研究和应用中,人们往往只对图像的某些部分感兴趣。这些部分常称为目标或前景,一般对应于图像中特定的、具有独特性质的区域,其他部分则称为背景。为了分析和辨识目标,需要将它们从背景中分离出来,以便进一步利用目标。一张图像通常包含多个目标,为了识别图像中的目标,需要按照一定的规则将图像分割成若干个区域,每个区域代表一个目标或目标的一部分。预先定义的目标可对应于单个区域,也可对应于多个区域。

图像分割(image segmentation)是指根据一定的图像特征将图像划分为多个不相交的区域,并提取出感兴趣目标的技术和过程。此处,图像特征可以是图像的灰度、颜色、亮度、纹理、形状等信息,也可以是更为抽象的语义信息。划分的原则是:使得同一区域内的图像像素具有特征一致性或相似性,而不同区域的图像像素之间表现出明显的特征差别。

图像分割可分为 3 类:语义分割(semantic segmentation)、实例分割(instance segmentation)和全景分割(panoptic segmentation)。语义分割是指对图像进行像素级分类,将同类目标的像素点合并成一个区域,以实现对图像中的目标进行类别分割。实例分割是将图像中的每个目标分割成独立的实例,获得每个目标的轮廓,以实现对图像中的每个目标进行个体分割。全景分割则是结合了语义分割和实例分割,不仅要对所有像素点进行分类,区分包括背景的所有类别,还要识别出图像中存在的所有目标个体。

图 7.1 给出了三类图像分割的示意图。可见,语义分割通常注重的是准确区分不同类别的像素区域,例如地板、桌椅腿、绳子、两只宠物犬。但是当同一类别有多个实例时,语义

(a) 语义分割

(b) 实例分割

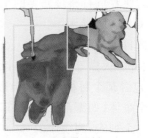
(c) 全景分割

图 7.1 三类图像分割的示意图（见文前彩图）

分割并不区分同类别中不同的实例，例如无法区分两条宠物犬各自所对应的像素区域。实例分割则不太关注目标以外的背景图像，而是希望从图像中找出所有被关注的目标实例，且识别每个实例的轮廓。例如，在图 7.1(b) 中，被关注的目标就是两条宠物犬，因此只区分两条宠物犬各自的位置、轮廓和对应的图像区域，却不关注作为背景的地板、桌椅腿和绳子。实例分割与目标检测相似，只是目标检测用边界框表示个体目标，而实例分割则用精确的边缘表示个体目标。全景分割是语义分割和实例分割的综合结果，可以认为是对图像中背景和目标信息的全面解析，既要指出图 7.1 中每条宠物犬的位置和轮廓，还要了解宠物犬所处的环境（包括地板、桌椅腿、绳子）。

图像分割技术已广泛应用于工业自动化、文档图像处理、遥感和生物医学图像分析、安保监控、体育、军事、农业工程等方面。例如，在线产品的无损检验、自动驾驶场景的路况理解、遥感卫星影像中地表建筑和道路等物体的识别以及医疗影像中的人体器官、组织或病灶的识别等。

图 7.2 图像分类、目标检测和图像分割示意图（见文前彩图）

概括来说，在各种图像应用中，只要涉及对图像目标进行提取、测量等，都离不开图像分割。图像分割在不同领域中有时也用其他术语，如目标轮廓（object delineation）技术、目标检测（target detection）技术、目标识别（target recognition）技术、目标跟踪（target tracking）技术等。

图 7.2 展示了图像分割与图像分类、图像目标检测之间的区别，给出了三种技术的处理结果。图中有一只宠物狗，将其

归为"狗"类别,这是图像分类的结果;进一步地,确定宠物狗头部所在的位置和大小,并采用边界框表示,这是目标检测的结果;最后,在边界框中提取出宠物狗头部的轮廓,这是图像分割的结果。

8. 图像识别

图像识别(image recognition)属于计算机视觉研究的子领域,是指计算机对图像进行处理、分析和理解,以识别各种不同模式的目标和对象的技术。其目的是通过一系列计算机算法或人工智能模型来识别图像中的各类目标(如商品、人脸、自然景观等)的类别、位置、轮廓等信息,从而更好地理解图像。

简单地说,图像识别就是给定一幅测试图像,识别其中所包含目标的位置及其类别(即目标检测和分类)。例如,人脸识别是在检测出图像中存在人脸的情况下,根据人脸的特征判断人的身份等信息。早期,人脸检测是作为人脸识别的一个过程出现的,但现在人脸检测的应用范围已远远超出了人脸识别,人脸检测在数码相机、视频监控、机器视觉、模式识别等领域都有重要的实践与理论意义。

与图像分类相比,图像识别是在同类别下更具体的细分。例如,图像分类是将所有包含"人"的图像归为一类,其类名为"人"或 people/person;而图像识别是在"人"这类图像中再区分出哪些照片中有"张三"。

可见,图像目标检测、图像分类、图像识别并非完全不同的图像处理任务,三者的任务内容有时是交叠的。例如,要求在若干单人照片中识别出某个人,这一任务同时属于图像分类、目标检测和图像识别。再如,要求在若干非限定的照片(有景观、人、动物、物品等)中找出"张三"的头像,首先要在照片中检测是否存在"人",这个任务既是图像分类,也是目标检测,检测出存在人脸后,还要判断此人脸是否属于"张三",这个任务既是图像识别,也是图像分类。所以,从某种程度上讲,图像识别就是分类更细的图像分类。

传统的图像识别流程分为四个步骤:图像采集→图像预处理(图像增强、图像复原等)→特征提取→图像分类。现在,基于深度学习的图像识别则只需采用有监督学习方法训练一个深度神经网络模型,向模型输入一张图像后,可直接输出预测结果,该深度模型相当一个"黑箱子",其中操作步骤的可解释性不高。

现阶段,图像识别技术一般分为人脸识别与商品识别,人脸识别主要运用在安全检查、身份核验与移动支付中;商品识别主要运用在商品流通过程中,特别是无人货架、智能零售柜等无人零售领域。

7.2 传统的图像处理技术

图像处理的任务很多,其中图像分类、图像目标检测和图像分割是图像处理的三个核心任务。图像分类是对图像进行分类,通常根据图像中存在的目标,将图像归属于某个单一类别(单标签)或多个类别(多标签)。图像目标检测是在图像分类的基础上,将图像中所有同类或异类的目标用边界框定位出来。而图像分割则在目标检测的基础上更进了一步,将整幅图像划分成若干个像素组,对应于各个目标区域,然后对其进行分类,它用目标边缘区分各个目标,而不是边界框。因此,可以理解为:图像分类只是对图像进行单标签标注或多标签标注;图像目标检测是在图像分类的基础上再进行粗糙的边界框定位;而图像分割则是对图像中所有目标进行分类,且给予精确的轮廓定位。

本节将介绍图像分类、图像目标检测和图像分割三种图像处理技术的传统方法。

7.2.1 图像分类

1. 传统图像分类的流程

传统的图像分类流程包含 4 个步骤,分别为数据集构建与预处理、特征工程、分类模型训练、分类模型测试与评估。具体过程如下。

第 1 步:数据集构建与预处理。

(1) 获取并整理图像数据集。

(2) 若需要,对图像进行必要的预处理,如去噪、增强、复原、裁剪、放缩、旋转等操作。

(3) 将全部数据按照某种比例划分为训练集、验证集(可选)和测试集,保证 3 个集合互不交叠。

第 2 步:特征工程。

(1) 根据应用场景和数据特点人工选择或设计图像特征,常用的经典图像特征有方向梯度直方图(histogram of oriented gradient,HOG)和尺度不变特征转换(scale-invariant feature transform,SIFT)等。

(2) 提取图像特征,每一幅图像由相应的特征向量表示。

(3) 必要时,还需进行特征变换(如归一化、标准化等),缺失值处理或异常值处理等操作。

下面以 HOG 特征为例,介绍如何设计并提取图像特征。HOG 是通过统计数字图像中局部区域的梯度分布情况对目标的形状和纹理进行描述。计算 HOG 图像特征的过程如下。

(1) 彩色图像灰度化。

加权平均法是常用的彩色图像灰度化方法之一,其计算公式为:

$$G(i,j) = 0.299 \times R(i,j) + 0.587 \times G(i,j) + 0.114 \times B(i,j) \tag{7.1}$$

其中,$R(i,j)$、$G(i,j)$ 和 $B(i,j)$ 分别为 R、G、B 三个颜色通道的灰度值,每个颜色分量前面的权重反映出人眼对于不同色彩的敏感程度,$G(i,j)$ 为灰度化之后的灰度值。

(2) Gamma 校正。

由于人眼对自然界光强的感知亮度与摄影设备记录下来的物理亮度并非一致,为了使成像系统获得的图像能够更好地符合人眼的视觉习惯,需要对图像进行 Gamma 校正。Gamma 校正可以降低光照、阴影和噪声对图像的干扰,改善图像的整体质量,使其更加清晰、逼真。Gamma 校正包含 3 个步骤,即归一化、预补偿和反归一化。

首先,采用公式(7.2)进行归一化,将像素值转换为[0,1]的实数。

$$I(i,j) = \frac{G(i,j) + 0.5}{256} \tag{7.2}$$

其中,$I(i,j)$ 为像素 (i,j) 归一化之后的灰度值。

然后,采用公式(7.3)进行预补偿计算,其中 γ 可以取值为 0.5。

$$I(i,j) = I(i,j)^{\gamma} \tag{7.3}$$

最后,进行反归一化,将预补偿的实数值再转换为[0,255]的灰度值,可通过公式(7.4)

计算得到。

$$f(i,j) = 256 \times I(i,j) - 0.5 \tag{7.4}$$

（3）计算梯度。

首先，分别计算每个像素点 (i,j) 梯度的水平分量 $g_x(i,j)$ 和垂直分量 $g_y(i,j)$，计算方式如下。

$$g_x(i,j) = f(i+1,j) - f(i-1,j) \tag{7.5}$$

$$g_y(i,j) = f(i,j+1) - f(i,j-1) \tag{7.6}$$

然后，分别计算像素点 (i,j) 的梯度幅值和角度方向，计算公式如下。

$$\|g(i,j)\| = \sqrt{g_x(i,j)^2 + g_y(i,j)^2} \tag{7.7}$$

$$\theta(i,j) = \tan^{-1} \frac{g_y(i,j)}{g_x(i,j)} \tag{7.8}$$

其中，$\theta(i,j)$ 的值为 $[0, 360)$。

（4）划分图像单元，统计方向梯度直方图。

将图像划分为若干个面积为 $n \times n$ 的单元（cell），统计每个单元中像素梯度的分布情况。将 $360°$ 平均分成 $2K$ 个角度组（bin），将互为对顶角的两个角度组视为同一组，则有 K 个组。当单元内有像素的角度方向落入某个组时，在该组所对应的权值上累加该像素的梯度幅值。在对单元中所有像素进行上述处理后，即可得到该单元的梯度分布直方图，为一个 K 维的数值向量。如图 7.3 所示，假设令 $K=9$，则 9 个组分别记为 G1～G9，G1 组对应 $0°$～$20°$ 和 $180°$～$200°$。若某像素的梯度方向为 $190°$，则该像素落入 G1 组，将其梯度幅值累加到 G1 组的权值上。

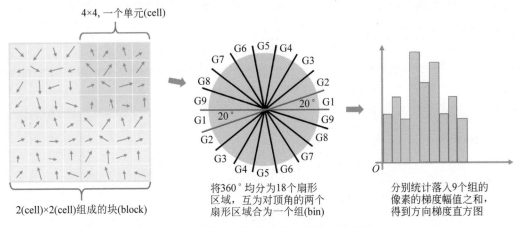

图 7.3　HOG 特征单元梯度分布情况统计示意图

（5）将相邻的单元组合为块。

图像中局部光强、阴影的变化会使不同单元之间的梯度幅值差别很大。为了降低这些因素的影响，将相邻的 $m \times m$ 个单元组合成一个块（block），一个块内所有单元的特征向量串接起来便得到该块的 HOG 特征。将某一块向下或向右移动一个单元，可得到下一个块，不同块之间存在重叠的单元。然后，将图像中所有块的 HOG 特征进行归一化，再将所有块归一化后的 $m \times m \times K$ 维的特征向量串接在一起，即为图像的 HOG 特征。

第 3 步：分类模型训练。

（1）选择适用于应用场景的机器学习分类算法，如支持向量机、随机森林和梯度提升树等。

（2）将表示图像的 HOG 特征向量与其所对应图像的类别标签组成一个个训练样本。

（3）将训练集中的 HOG 特征向量逐一输入已选择的分类模型中，进行分类预测。当训练样本的实际输出结果（即预测的类别标签）与其预期结果（即真实的类别标签）不同时，则按照所选择的机器学习算法修正参数。重复模型预测和参数修正过程，直到满足算法的结束条件，如分类错误率低于事先设置的某个阈值，本轮训练过程才停止。

第 4 步：分类模型测试与评估。

（1）若有验证集，则用验证集评估模型的性能，并根据需要调整超参数。

（2）用测试集评估模型的性能，计算各种评价指标，如分类正确率等。若结果不令人满意，可继续执行第 3 步，直到达到停止条件，如最多训练 1000 轮。

至此，已确定分类模型的最终参数。当输入一张新图像时，已训练好的模型便可对其进行自动分类。

2. 图像分类性能的评价指标

以二分类问题（0 表示负样本，1 表示正样本）为例，介绍用于评价图像分类模型预测性能的 5 个指标：精度（precision）也称为查准率，召回率（recall）也称为查全率或敏感度（sensitivity）、特异度（specificity）、正确率（accuracy）以及 F1 值（F1-score）。

二分类问题的混淆矩阵如表 7.1 所示。其中，TN 表示负样本被正确预测为 0 的样本数，TP 表示正样本被正确预测为 1 的样本数，FP 表示负样本被错误预测为 1 的样本数，FN 表示正样本被错误预测为 0 的样本数，则 5 个评价指标的计算公式如公式（7.9）～公式（7.13）所示。

表 7.1　二分类问题的混淆矩阵

混淆矩阵		预测类别	
		Label＝0	Label＝1
真实类别	Label＝0	TN	FP
	Label＝1	FN	TP

$$precision = \frac{TP}{TP + FP} \tag{7.9}$$

$$recall = sensitivity = \frac{TP}{TP + FN} \tag{7.10}$$

$$specificity = \frac{TN}{TN + FP} \tag{7.11}$$

$$accuracy = \frac{TP + TN}{TP + TN + FP + FN} \tag{7.12}$$

$$F1 = \frac{2 \times precision \times recall}{precision + recall} \tag{7.13}$$

可见，精度表示被预测为正样本的结果中预测正确的比例；召回率表示正样本被正确预测的比例,它衡量的是一个分类器能将所有正样本都找出来的能力;特异度表示负样本被正确预测的比例;正确率表示正负样本中被正确预测的比例,它衡量的是一个分类器能正确分类的能力;F1 值是模型整体预测性能的衡量指标。

此外,对于二分类模型,还可以通过绘制模型的受试者工作特征(receiver operating characteristic,ROC)曲线和计算曲线下面积(area under curve,AUC)、绘制模型的精度-召回(precision-recall,PR)曲线和计算平均精度(average precision,AP)值等方式评估模型预测能力。

评价多分类问题的模型性能时,将每个类别看作一个二分类问题(属于该类别,为正样本;其余类别均为负样本),求出每个类别的平均精度(AP),然后计算所有类别 AP 的平均值,记为 mAP(mean average precision),其值域为[0,1]。mAP 值越高,说明图像分类模型的性能越好。

3. 传统图像分类方法的局限性

(1) 采用传统机器学习方法进行图像分类之前,通常都需要耗费大量的时间和精力提取图像特征。

(2) 需要根据分类任务的不同特点,人工选择用于表示图像的特征,甚至可能需要重新设计新的适合应用场景的特征向量。若选择或设计的图像特征不合适,将导致分类效果不佳。

(3) 由于图像特征的提取与分类模型的训练是互相独立的过程,导致在学习模型参数的过程中无法同步优化特征提取的过程,一定程度上限制了传统图像分类模型的性能。

7.2.2　图像目标检测

传统的图像目标检测方法多采用滑动窗口对整个图像进行遍历搜索。这类算法的基本设计思路是:首先使用滑动窗口在图像中生成目标候选区域,然后采用分类算法判断目标候选区域是否包含需要的目标。图 7.4 给出了基于候选框和图像分类模型进行目标检测的示意图。

1. 传统图像目标检测的流程

传统的图像目标检测方法一般分为 4 个步骤:构建数据集并预处理图像,生成目标候选区域,提取目标候选区域的特征,训练目标分类器。

第 1 步:构建数据集,并预处理图像。

(1) 获取并整理图像数据集。

(2) 对图像执行降噪、增强等预处理操

图 7.4　基于候选框和图像分类模型进行
目标检测示意图(见文前彩图)

作,主要目的是消除与检测目标无关的信息,增强相关信息的可检测性,从而提高后续特征提取、图像分割、分类的可靠性。常用的预处理方法有高斯滤波、均值滤波、图像腐蚀和膨胀、二值化等。

(3) 将全部样本按照某种比例划分为训练集、验证集(可选)和测试集,保证三个集合互不交叠。

第 2 步：生成目标候选区域。

采用滑动窗口，以一定的步长对全图进行遍历，生成若干目标候选区域，每个区域都用矩形框标出，记录其位置坐标及高宽。每个窗口就是一个目标候选区域。由于目标的大小和形态各异，且可能出现在图像中的任何位置，为了确保不遗漏目标，通常采用穷举式滑窗的方式，即采用各种不同尺寸的滑窗形成目标候选区域。若已知某一特定应用领域图像的特点，可根据该领域图像的先验知识确定滑窗（或目标候选框）的大小，例如，在行人检测中，将滑动窗口和目标候选框大小均设置为 64 像素×128 像素。

第 3 步：提取目标候选区域的特征。

提取每个目标候选区域的图像特征，用特征向量表示该目标候选区域。常用的图像特征有颜色特征、纹理特征、形状特征、空间关系特征等，如 HOG 或 SIFT 特征，也可以人工设计新的图像特征。这是目标检测过程中最重要的步骤，因为所提取特征的好坏直接影响分类结果的准确率。

第 4 步：训练目标分类器。

(1) 选择适用于应用场景的机器学习分类算法，如支持向量机、随机森林、AdaBoost、朴素贝叶斯分类器和各种集成分类器等。

(2) 将表示目标候选区域的特征向量与该区域对应的类别标签组成一个个样本。事先人工标注的包含目标的图像区域为正样本，不包含目标的图像区域为负样本。

(3) 将训练集中的特征向量逐一输入已选择的分类模型中，进行模型预测。当训练样本的实际输出结果（即预测的类别标签）与其预期结果（即真实的类别标签）不同时，则按照所选择的机器学习算法修正参数。重复模型预测和参数修正过程，直到满足算法的结束条件，如分类错误率低于事先设置的某个阈值，本轮训练过程才停止。

进行预测时，输入一张新图像，首先会产生一系列候选框，已训练好的目标检测模型便可对各个候选区域进行自动分类。只要有一个区域包含目标，则表明该图像中存在目标。由于候选框是通过滑窗方式获取的，故在目标附近会产生大量重叠的候选框，这些候选框可能均包含目标，但位置偏差较小。为了减少冗余候选框的数量，可采用非极大抑制算法 (non-maximum suppression，NMS) 进行处理，将包含同一目标的多个候选框合并，仅保留其中可能性或置信度最高的候选框。NMS 算法流程如下。

(1) 按照置信度的降序排列候选框。

(2) 计算置信度最高的候选框与其余所有候选框的重叠程度。

计算候选框之间的重叠程度时，可采用交并比 (intersection over union，IOU) 方法，即计算两个候选框的交集面积占并集面积的比例，其公式如下。

$$IOU = \frac{area(A) \bigcap area(B)}{area(A) \bigcup area(B)} \tag{7.14}$$

(3) 删除重叠程度超过事先设定阈值的其余候选框。

(4) 输出置信度最高的候选框，对剩余候选框重复上述过程，直至所有候选框均被过滤或输出。

图 7.5 给出了在图像中检测"狗"的过程示意图，选择 HOG 作为目标区域特征，选择 SVM 为分类器。

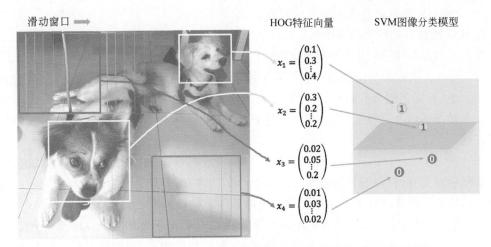

图 7.5　采用 HOG 特征和 SVM 分类器的目标检测过程示意图(见文前彩图)

2. 图像目标检测性能的评价指标

(1) 交并比。

IOU 用于评价目标检测算法中目标定位的精度,见公式(7.14)。它是目标检测得到的预测框和标签框(即 ground truth)之间的重叠面积与它们面积并集的比值,该数值越大,说明目标检测算法的定位越准确。在实际过程中,一般会设定一个置信度阈值(比如 0.5),如果 IOU 值大于 0.5,则认为目标被"检测成功",否则被判定"检测错误"。IOU 可以理解为模型预测得到的边界框与原来图像中标记的边界框的重合程度。

(2) **precision** 和 **recall**。

$$\text{precision} = \frac{\text{TP}}{\text{TP} + \text{FP}}, \qquad \text{recall} = \frac{\text{TP}}{\text{TP} + \text{FN}} \tag{7.15}$$

其中,TP 表示 IOU>0.5 的检测边界框的数量(针对同一个标签框,只计算一次),FP 表示 IOU≤0.5 的检测边界框数量,或是针对同一个标签框的多余检测边界框的数量,FN 表示没有被检测到的标签框的数量。precision 和 recall 是针对单张图像中某一目标类别的精度(准确率)和召回率。

(3) **AP**。

AP 是针对图像数据集中单类目标而言的,其值就是 precision-recall(PR)曲线下面的面积。获得 PR 曲线的过程为:改变置信度阈值,分别计算单类目标的 precision 和 recall 值,随着阈值的变化,会得到不同的 precision 与 recall 值,从而得到 PR 曲线。

(4) **mAP**。

mAP 是针对整个图像数据集中所有目标类别而言的,其值为所有单类目标的 AP 值的平均值。mAP 的取值为[0,1],其值越大越好。

(5) 速度评价指标。

在许多目标检测技术的实际应用中,不仅要求高准确度,还要求高处理速度。若不考虑速度性能指标,只注重准确度的提高,可能会导致更高的计算复杂度和更大的内存需求,甚至根本无法真正实现。通常,目标检测的速度评价指标有以下两个。

① FPS(frames per second)表示检测器每秒能处理图片的张数。

② 检测器处理每张图像所需要的时间。

3. 传统图像目标检测的局限性

从传统目标检测方法的执行过程可知,它主要有以下 3 个问题。

(1) 传统方法多采用滑动窗口进行遍历搜索,由于目标可能出现在图像的任何位置,且目标的大小、长宽比例也不确定,因此需要设置各种尺度和长宽比的滑动窗口,导致产生大量冗余的候选区域及其特征,使得算法的时间复杂度和空间复杂度都非常高,在实践中难以真正实现。

(2) 传统方法设计的算法一般只适用于一些特定场景,且效果表现一般。而现实生活中场景复杂多变,待检测的目标形状与大小不一。目前,尚未有通用的目标检测方法,例如,街道上的行人检测算法就不适用于动物园里的各种动物检测。

(3) 在特征工程阶段,需要人工选择或设计图像中目标区域的特征。由于研究者的认知不全面或不准确,可能会采用不合适的特征,导致目标分类器的性能不佳。另外,在某种特定的目标检测任务中,针对不同目标(如人和狗)或同一目标的不同形态(如奔跑的狗和趴下的狗),需要选择不同的特征,若采用同一特征,会导致目标分类器的鲁棒性和可移植性较差。

7.2.3 图像分割

图像分割即根据灰度、颜色、亮度、纹理、形状等特征将图像划分为多个不相交的区域,这些区域对应不同类别的目标(物体)或目标的某一部分。划分的原则是:使区域间呈差异性,区域内呈相似性。

传统的图像分割方法包括基于阈值的分割方法、基于区域的分割方法、基于边缘的分割方法和基于图论的分割方法等。这些方法一般都是根据相邻像素之间的相似性和不连续性来设计算法的。其中,相似性是指同类区域中像素的颜色、亮度、纹理等特征分布较接近,不连续性是指不同类别区域之间存在边界。各种分割方法又包括许多不同的算法,本节仅介绍基于阈值分割方法中的最大类间方差阈值划分(OTSU)算法。OTSU 算法是由日本学者大津展之(Nobuyuki Ostu)于 1979 年提出的,故又称为大津算法。

基于阈值的分割方法的基本思想是:根据图像的灰度特征计算一个或多个灰度阈值,并将图像中每个像素的灰度值与阈值相比较,根据比较结果将像素分到不同的类别中,形成不同的图像区域。可见,该类方法最关键的一步是按照某个准则函数来求解最佳灰度阈值。而 OTSU 算法便是确定阈值的算法之一。

1. OTSU 算法

OTSU 算法的设计思路是:通过计算确定一个合适的阈值,用于区分图像中每个像素点是属于目标区域(即前景)还是背景区域,从而产生二值图像,使得背景和前景之间的类间方差最大。

OTSU 算法的步骤如下。

第 1 步:将彩色图像转化为灰度图,图像尺寸为 $M \times N$,假设该灰度图中的最小灰度值为 min,最大灰度值为 max。

第 2 步:初始化:令前景和背景之间的类间方差 $V0 = 0$;令灰度阈值 $t = \min + 1$,灰度值大于或等于 t 的像素为前景,反之为背景。

第 **3** 步：若 $t <$ max,则统计下列变量。

(1) 前景像素个数记为 N_T,背景像素个数记为 N_B。

(2) 计算属于前景和背景的像素在整个图像中所占的比例,分别记为 r_T 和 r_B。

$$r_T = \frac{N_T}{N_T + N_B} \tag{7.16}$$

$$r_B = 1 - r_T \tag{7.17}$$

(3) 计算前景像素的平均灰度值为 $\overline{u_T} = \frac{1}{N_T}\sum\limits_{j=1}^{N_T} g_j$,背景像素的平均灰度值为 $\overline{u_B} = \frac{1}{N_B}\sum\limits_{j=1}^{N_B} g_j$,其中 g_j 表示第 j 个像素点的灰度值。

(4) 计算图像中全部像素的平均灰度值。

$$u = r_T \overline{u_T} + r_B \overline{u_B} \tag{7.18}$$

(5) 计算前景和背景之间的类间方差。

$$V = r_T (\overline{u_T} - u)^2 + r_B (\overline{u_B} - u)^2 \tag{7.19}$$

将公式(7.18)代入公式(7.19),得到：$V = r_T r_B (\overline{u_T} - \overline{u_B})^2$

第 **4** 步：若 $V > V0$,则令 $V0 = V$, $t = t + 1$,转至第 3 步;否则,算法停止,输出 t。

此时,t 为最佳灰度阈值,使得类间方差值 V 最大。可见,OSTU 方法原理较简单,但在背景和前景灰度值差别不大的情况下,算法效果会较低,难以分割画面复杂的数字图像。

2. 图像分割性能的评价指标

常用的图像分割指标包括如下几项。

(1) 像素准确率。

像素准确率(pixel accuracy,PA),也称为像素精度,是指被正确分类的像素数占总像素数的比例,表示目标分割的准确度。判断标准为该像素点是否属于要检测的目标,其计算公式可参见公式(7.12)。

(2) 类别像素准确率。

类别像素准确率(class pixel accuracy,CPA)是指某一类的像素准确率。

(3) 类别平均像素准确率。

类别平均像素准确率(mean pixel accuracy,mPA)是指各个类别的像素准确率的平均值。需要分别计算每个类中被正确分类的像素数的比例,即每个类别的像素准确率,然后累加,再求平均值。

(4) 交并比。

交并比表示模型对某一类别的预测区域和真实区域的交集与并集的比值。对于目标检测而言,是检测框和真实框之间的交并比;对于图像分割而言,是计算预测掩码和真实掩码之间的交并比。

以二分类的正例(类别1)为例,预测掩码和真实掩码的交集为 TP,并集为 TP+FP+FN,计算交并比的公式为：IOU=TP /(TP+FP+FN)

(5) 平均交并比。

平均交并比(mean intersection over union,MIOU)是指所有类别交并比的平均值。需要分别计算每个类别的 IOU,再求它们的平均值。

7.3 基于深度学习的图像处理技术

采用传统机器学习方法进行数字图像处理,都有一个共同的局限性:需要人工设计与提取图像特征。这不仅耗费大量的时间和精力提取图像特征,而且在人工设计或选择用于表示图像的特征时,还需要研究者充分了解图像处理任务的特性和应用领域的先验知识,否则会导致图像处理的效果不佳,任务模型的鲁棒性较差。因此,21世纪初,数字图像处理技术的发展陷入了瓶颈,在图像分类、目标检测、图像识别等实际应用中的效果一直不能令人满意。

直至2012年,深度学习技术异军突起,与传统的图像处理方法相比,基于深度学习的图像处理性能有了明显的提升,图像分类效果甚至超过了人眼的分辨能力。

基于深度学习的图像处理方法与传统的图像处理方法最大的区别在于:前者不再需要人工设计图像特征,更不需要将图像特征提取与模型训练分成两个互相独立的过程,而是将特征提取与参数学习统一到模型训练的过程中。深度学习模型不仅可以自动提取图像特征,还能够在统一训练时使得模型参数优化过程对图像特征提取产生反馈和影响,从而获得更深层次和更适合计算机理解的图像特征,还能够直接通过调整模型网络结构的方式来优化图像特征提取方式。

另外,深度学习模型的训练对数据量和算力的要求比较高,不仅需要借助强大的计算资源(CPU、内存和GPU),还需要大量的训练数据,网络结构复杂,训练时间较长;而传统机器学习模型的训练只需要较少的计算资源和较小训练数据量,模型结构相对简单,训练时间较短。

深度学习技术强大的提取图像特征和描述复杂数据规律的能力使得图像处理技术在人脸识别、自动驾驶、基于医疗影像的辅助诊断等领域取得了令人瞩目的成果。

本节将介绍基于深度学习的图像分类、目标检测和图像分割方法,讲述各类方法的基本步骤。

7.3.1 基于深度学习的图像分类

自从2012年AlexNet模型在大规模视觉识别挑战赛的ImageNet图像分类任务组中大放异彩后,出现了一系列改进的基于深度学习的图像分类模型,如VGGNet、GoogLeNet和ResNet等。图7.6给出了基于深度学习的图像分类方法与传统的图像分类方法的过程对比。

采用深度学习技术构建图像分类模型的过程如下。

第1步:数据集构建与预处理。

此过程与传统的图像分类方法的数据集构建与预处理过程一样。

(1) 获取并整理标注完备的图像数据集。

(2) 若需要,对图像进行必要的预处理,如去噪、增强、复原、裁剪、缩放、旋转等操作。

(3) 将全部数据按照某种比例划分为训练集、验证集和测试集,3个集合互不交叠。

第2步:网络模型定义与设置。

设置网络模型有以下3种方法。

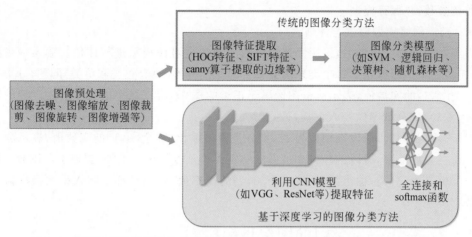

图 7.6 基于深度学习的图像分类与传统的图像分类方法的过程对比(见文前彩图)

(1)可以选择已有的网络模型,如 AlexNet、VGGNet、GoogLeNet 和 ResNet 等,一旦选定模型,便已知其中的网络结构、损失函数、准确率计算公式和优化方法,但在训练的过程中可以自行修改。

(2)可以从零开始自行定义网络模型,包括网络结构、损失函数、准确率计算公式和优化方法。

(3)可以采用基于模型的迁移学习方法对预训练模型进行微调,构建出新的图像分类模型,即利用新的图像数据在已用其他图像数据训练好的分类模型上进行微调,而不是从零开始训练图像分类模型。这样做可以缩短深度学习模型训练的时间,并降低对样本量的需求。图 7.7 给出了采用迁移学习方法构建图像分类模型的过程示意图,建立了一个从宠物数据集上迁移到医学图像数据集上的图像分类模型。

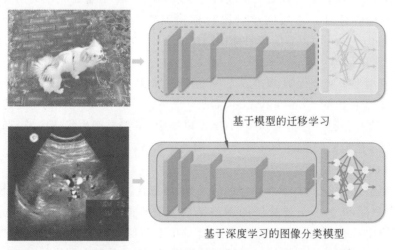

图 7.7 采用迁移学习方法构建图像分类模型的过程示意图(见文前彩图)

第 3 步:网络模型训练。

采用第 1 步准备好的训练数据集训练第 2 步设置好的网络模型,还可以用验证集调试合适的超参数,并保存模型。

第 4 步:网络模型测试与评估。

训练好图像分类模型后,采用测试集中的图像数据对该模型进行评估。输入一张测试图像,模型输出该图像属于每个类别的概率。对于二分类(只有正类和负类)问题,分类模型输出一个[0,1]的实数值,表示测试图像属于正类的概率,若该概率值大于事先设定的阈值(假设为 0.5),则测试图像归入正类,否则归入负类。

对于多分类问题,假设类别数为 N,则分类模型输出 N 个[0,1]的实数值,表示测试图像属于每一类的概率,可以选择概率最高的类别作为预测结果。例如,实现手写体数字识别的分类器就是 10 分类,输出结果为 10 个[0,1]的概率值,将测试样本归入最大概率值所对应的数字类别中。

7.3.2　基于深度学习的图像目标检测

图像目标检测需要找到图像中感兴趣目标所在的位置,并判断其所属的类别。传统的目标检测方法包含 3 个关键步骤,分别为:生成目标候选区域,提取目标候选区域的特征,训练目标分类器。基于深度学习的目标检测则在上述 3 个步骤中采用卷积神经网络等深度学习模型改进和优化其性能,同时将原来独立的各个步骤整合到统一的训练过程中,实现端到端(end to end)的建模。

基于深度学习的目标检测方法发展至今,诞生了一系列成熟的模型,这些模型可以分为两类:基于候选区域的双阶段(two stage)目标检测模型和基于回归的单阶段(one stage)目标检测模型。双阶段模型将目标检测分为候选区域生成和候选区域判别(分类)两个阶段,常用的双阶段目标检测模型包括 R-CNN(regions with CNN features)、fast R-CNN(fast region-based convolutional network)、Faster R-CNN 等。单阶段模型直接利用深度卷积神经网络预测候选区域,省去了耗时的生成目标候选区域步骤,在保证精度的同时实现了远超双阶段模型的检测速度。常用的单阶段目标检测模型包括 YOLO 和 SSD(single shot multibox detector)。下面以单阶段目标检测模型 YOLO 为例介绍深度学习的目标检测实现过程。

YOLO 模型是华盛顿大学、艾伦人工智能研究所和 Facebook 人工智能研究中心的研究人员于 2016 年提出的 You Only Look Once(您只看一次)。YOLO 的主要特点是将整个图像的目标定位和分类过程集成到一个 CNN 网络中,不需要产生候选区域,直接将目标边界框定位问题转化为回归(regression)问题,因此得名 YOLO。

1. YOLO 模型结构

YOLO 模型是受 GoogLeNet 模型的启发,采用包含 4 个分支的 Inception 模块,构建了拥有 24 个卷积层和 2 个全连接层的网络结构。但不同于 GoogLeNet 的是:YOLO 的 Inception 模块中只有 3×3 卷积层,而没有 5×5 的卷积层。3×3 卷积层之前的 1×1 卷积是降维层,目的是降低前一卷积层输出特征的维度,YOLO 的整个网络如图 7.8 所示。输入尺寸为 224×224 的图像,预训练 ImageNet 分类任务的卷积层,然后使用尺寸为 448×448 的图像进行目标检测训练。针对一张测试图像,YOLO 模型最终输出的预测结果为一个 7×7×30＝1470 维的张量。

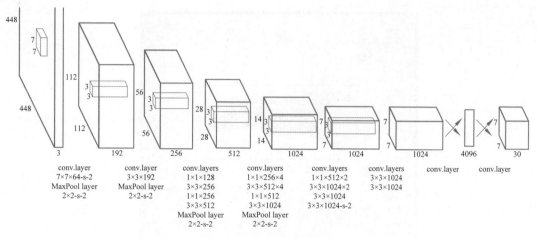

图 7.8　YOLO 网络结构图

2. YOLO 的工作流程

YOLO 模型用于目标检测的工作流程如图 7.9 所示,主要步骤如下。

(1) 构建数据集,并预处理输入图像。

假设图像集中包括的目标类别数为 C。将输入图像的尺寸统一缩放至 448×448,图像的宽和高分别记为 W_{image} 和 H_{image}(通常两者相等);图像的左上角坐标为 $(0,0)$,右下角坐标为 $(447,447)$,如图 7.10 所示,然后送入 CNN 网络。

1. 调整图的尺寸
2. 运行卷积神经网络
3. 执行非极大值抑制算法

图 7.9　YOLO 模型的工作流程(见文前彩图)

(2) 预测所有网格对应的边界框位置,并对网格中的目标进行分类。

① 将图像分割为 $S \times S$ 的网格。

将网格单元的边长记为 l_{grid},取值为 $\lfloor W_{\text{image}}/S \rfloor$。如果一个目标的中心点落入某个网格单元中,则称这个网格单元中有目标,且这个网格单元将负责检测出该目标。每个网格单元允许预测出 B 个边界框及其置信度。这些置信度表示模型预测该边界框包含某一目标的可能性以及模型对这个边界框预测的准确率。

网格中每个单元的行列坐标表示为 $(x_{\text{grid}}, y_{\text{grid}})$。例如,图 7.10 中左下角单元的行列坐标为 $(0,2)$。

② 计算预测边界框包含某类别目标的概率。

每个预测的边界框包含 5 个值,表示为 $(x, y, w, h, \text{conf})$。其中,$(x, y)$ 表示边界框中心点的坐标,w 和 h 分别为边界框的宽和高,conf 表示边界框中含有目标的概率和位置的准确程度。conf 由两部分组成,一部分是表示所预测边界框包含目标(不区分类别)的

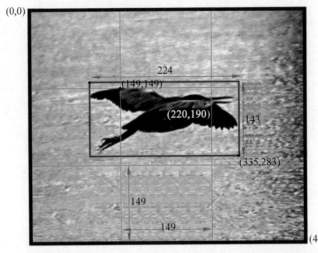

图 7.10　输入图像示例（尺寸为 448 像素×448 像素）（见文前彩图）

置信度,记为 conf1;另一部分表示该目标属于某一类别的置信度,记为 conf2,而 conf＝ conf1×conf2。

conf1 的计算公式如下:

$$\text{conf1} = \text{pr}(\text{object}) \times \text{IOU}_{\text{pred}}^{\text{truth}} \tag{7.20}$$

其中,pr（object）表示一个网格单元中有目标的概率,当有目标时,pr（object）为 1;当没有目标时,pr（object）为 0;$\text{IOU}_{\text{pred}}^{\text{truth}}$ 表示预测的边界框和真实的边界框的交并比。

由于 conf1 只是所预测边界框包含目标的置信度,还需计算该目标所属类别的置信度。YOLO 假定一个网格单元只属于一个目标,则包含同一个网格单元的 B 个边界框都属于同一目标类别,因此判断目标类别是由网格单元负责的。那么,该目标属于某一类别的置信度 conf2 就可以表示为目标中心点落入其中的网格单元属于该类别的条件概率,记作:

$$\text{conf2} = \text{pr}(\text{class}_i \mid \text{object}) \tag{7.21}$$

这个条件概率表示已知该网格单元包含某个目标,该目标属于第 i 类 class$_i$（$i=1$,2,$\cdots$,C）的置信度。那么,一个预测边界框包含某类别目标的置信度为:

$$\begin{aligned} \text{conf} &= \text{conf2} \times \text{conf1} \\ &= \text{pr}(\text{class}_i \mid \text{object}) \times \text{pr}(\text{object}) \times \text{IOU}_{\text{pred}}^{\text{truth}} = \text{pr}(\text{class}_i) \times \text{IOU}_{\text{pred}}^{\text{truth}} \end{aligned} \tag{7.22}$$

其中,pr（class$_i$）为图像数据集中第 i 类目标的先验概率,容易统计其值;$\text{IOU}_{\text{pred}}^{\text{truth}}$ 的值亦容易计算,则可计算得到 conf 的值。

③ 归一化预测边界框的位置信息。

输出预测的边界框信息时,需将其位置信息$(x$,y,w,$h)$全部归一化到 $[0,1]$,边界框中心点的坐标$(x$,$y)$归一化为相对于该点所在网格单元左上角的偏移,边界框的宽(w)和高(h)归一化为该边界框相对于整个图像宽和高的比例,计算公式如下。

$$x = (x_{\text{image}} - x_{\text{grid}} \times l_{\text{grid}})/l_{\text{grid}}, \quad y = (y_{\text{image}} - y_{\text{grid}} \times l_{\text{grid}})/l_{\text{grid}}$$
$$w = w_{\text{box}}/W_{\text{image}}, \qquad\qquad\qquad h = h_{\text{box}}/H_{\text{image}} \tag{7.23}$$

其中,$(x_{\text{image}}$,$y_{\text{image}})$为预测边界框的中心点在原图像中的像素坐标,w_{box} 和 h_{box} 分别为预测边界框的宽和高,$(x_{\text{grid}}$,$y_{\text{grid}})$为预测边界框的中心点所在网格单元的行列坐标,分别取值为

$$x_{\text{grid}} = \lfloor x_{\text{image}} / l_{\text{grid}} \rfloor \text{和 } y_{\text{grid}} = \lfloor y_{\text{image}} / l_{\text{grid}} \rfloor。$$

例如,在图 7.10 中,$S=3$,则 $l_{\text{grid}} = \lfloor 448/3 \rfloor = 149$;其中有一个目标边界框,边界框的中心点坐标$(x_{\text{image}}, y_{\text{image}})$为$(220,190)$;边界框的宽和高分别为 $w_{\text{box}} = 224$ 和 $h_{\text{box}} = 143$;边界框中心点所在网格单元的行列坐标$(x_{\text{grid}}, y_{\text{grid}})$为$(1,1)$,则根据归一化公式$(7.23)$可计算得到该边界框的位置信息为$(0.48,\ 0.28,\ 0.50,\ 0.32)$。

至此,所预测的边界框的 5 个信息值$(x,\ y,\ w,\ h,\ \text{conf})$均可以快速计算出来。

④ YOLO 模型中超参数的设置与输出。

在 YOLO 模型中,取 $S=7$,$B=2$,采用图像数据集 PASCAL VOC,其中标注的类别数 $C=20$。每张图像都划分为 49 个网格单元,每个网格单元有 2 个候选边界框,每个候选边界框的信息为 5 维,共 10 维,共有 20 个目标类别。因此还有 20 个条件概率,表示该网格单元属于其中某一类别的置信度,所以,每个网格单元都由 30 维的张量表示。针对每张图像,模型最终输出的是一个维度为 $7 \times 7 \times 30 = 1470$ 的张量,维度的计算公式为 $S \times S \times (B \times 5 + C)$。

另外,针对每张图像,都会预测出 $98(S \times S \times B = 7 \times 7 \times 2)$个候选边界框,一共有 20 个目标类别,故可以计算出一个 20×98 置信度矩阵 $\boldsymbol{M}$。该矩阵一共有 20 行,每行有 98 个置信度,分别表示所有 98 个候选边界框中包含第 $i(i=1,2,\cdots,20)$类目标的置信度。

(3) 非极大值抑制:执行 NMS 算法,去除重叠的边界框。

第 1 步,初始化,令 $i=1$,置信度阈值为 $t1=0.2$,IOU 阈值为 $t2=0.5$。

第 2 步,将 $\boldsymbol{M}$ 矩阵第 i 行中小于阈值 $t1$ 的置信度值均设置为 0,然后按照置信度的值从高到低排序,值最大者记为 $\max[i]$。

第 3 步,用 NMS 算法去掉重叠率较大的边界框。

针对某 i 类别,找到 $\max[i]$对应的候选边界框,计算它和同一行中其他边界框的 IOU 值。如果 IOU 大于 $t2$,说明这两个边界框的重叠率较大,将置信度小者的置信度置为 0。否则,不修改任何置信度。

第 4 步,若 $i<20$,则 $i=i+1$,返回第 2 步;否则,令 $j=1$。

第 5 步,在 $\boldsymbol{M}$ 矩阵中的每 j 行找到最大的置信度 conf。若 conf > 0,则认定该值所对应的边界框包含第 j 类目标;否则说明这个边界框中没有目标,跳过即可。

第 6 步,若 $j<20$,则 $j=j+1$,返回第 5 步;否则,算法结束。

经过上述过程,$\boldsymbol{M}$ 矩阵中大于零的置信度对应的候选边界框就是最终输出的目标位置和类别。图 7.11 给出了 YOLO 网络目标检测过程示意图,最终检测出 3 个目标,并用边界框定位。

3. YOLO 模型的损失函数

YOLO 模型根据预测的边界框与真实的边界框之间的损失函数来训练网络。YOLO 的损失函数包含 5 个部分,如公式(7.24)所示。

$$\text{loss} = \lambda_{\text{coord}} \sum_{i=0}^{S^2} \sum_{j=0}^{B} \mathbf{1}_{ij}^{\text{obj}} [(x_i - \hat{x}_i)^2 + (y_i - \hat{y}_i)^2] +$$

$$\lambda_{\text{coord}} \sum_{i=0}^{S^2} \sum_{j=0}^{B} \mathbf{1}_{ij}^{\text{obj}} [(\sqrt{w_i} - \sqrt{\hat{w}_i})^2 + (\sqrt{h_i} - \sqrt{\hat{h}_i})^2] +$$

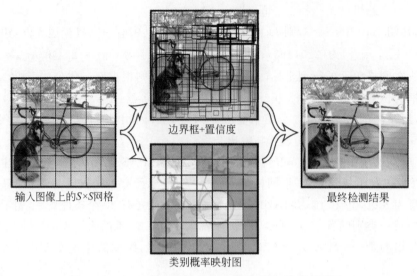

边界框+置信度

输入图像上的$S \times S$网格　　　　　最终检测结果

类别概率映射图

图 7.11　YOLO 网络目标检测过程示意图（见文前彩图）

$$\sum_{i=0}^{S^2} \sum_{j=0}^{B} \mathbf{1}_{ij}^{\text{obj}} (C_i - \hat{C}_i)^2 +$$

$$\lambda_{\text{noobj}} \sum_{i=0}^{S^2} \sum_{j=0}^{B} \mathbf{1}_{ij}^{\text{noobj}} (C_i - \hat{C}_i)^2 +$$

$$\sum_{i=0}^{S^2} \mathbf{1}_{i}^{\text{obj}} \sum_{c \in \text{classes}} (p_i(c) - \hat{p}_i(c))^2 \tag{7.24}$$

其中，第 1 行与第 2 行分别表示边界框中心点位置与宽高的误差；第 3 行与第 4 行分别表示边界框包含目标和不包含目标的置信度误差；第 5 行是网格单元的分类误差。$\mathbf{1}_i^{\text{obj}}$ 表示有目标的中心点出现在第 i 个网格单元中；$\mathbf{1}_{ij}^{\text{obj}}$ 表示第 i 个网格单元中由第 j 个边界框"负责"，即第 j 个边界框被预测包含哪一类目标，第 i 个网格单元就归属哪一类目标。

4. YOLO 模型的优势与不足

（1）**YOLO 模型的优势**。

① 不再采用滑动窗口，而是基于图像的全局信息进行预测，故 YOLO 将背景区域错误地检测为目标的数量远远少于其他系统，YOLO 误识背景的数量不到 Fast R-CNN 的一半。

② 只需要经过一个 CNN 处理一次图像，便可同时预测目标位置和类别，从而将目标检测任务定义为端到端的回归问题。

③ 目标检测速度快，可达到 45 FPS，适合在资源紧张、实时性要求高的场景中使用。

④ 在从自然图像推广到其他领域（如艺术图像）时，YOLO 比其他检测方法（如 R-CNN）更胜一筹。泛化能力强，容易进行迁移学习。

（2）**YOLO 模型的不足**。

① 由于每个网格仅预测了两个边界框（$B=2$），因此 YOLO 对小目标的检测效果不好，比如成群的鸟。而且，若多个小目标的中心点落入同一个网格单元中，则 YOLO 最终只可能检测出一个目标。

② YOLO 划分网格的方式较粗糙,降低了检测精度,因此 YOLO 对于目标边界框的定位不是很准确,其预测准确率不如双阶段目标检测算法。

③ 当目标的长宽比非常大(如超过 105)时,YOLO 无法检测出这样的目标。

7.3.3　基于深度学习的图像分割

随着卷积神经网络在图像分割领域的应用,图像分割模型的性能有了很大提升。2015年有学者提出了全卷积网络(fully convolutional network,FCN),使用反卷积实现了图像像素级分类,该模型在 PASCAL VOC 图像分割数据集上平均交并比为 62.2%,比之前方法的性能提升了 20%。随后,很多学者在此基础上改进了图像分割模型,其中德国弗莱堡大学的奥拉夫·龙内贝格(Olaf Ronneberger)等科研人员于 2015 年提出了 U-Net 网络,它是一款专门为生物医学图像分割而开发的 CNN,即使在医学图像分割数据量相对较少的情况下,也取得了不俗的成绩,并在 IEEE 国际生物医学影像研讨会的细胞追踪挑战比赛(cell tracking challenge)中取得了第一名。本节以 U-Net 模型为例介绍基于深度学习的语义分割技术。

U-Net 网络的研究者将其结构画得形似字母 U,故取名为 U-Net,如图 7.12 所示。U-Net 网络由近似对称的编码和解码两部分组成。

图 7.12 中的每个蓝色框都表示一个多通道特征图,框顶部的数字表示该特征图的通道数,框左下边缘的数字表示该特征图的宽和高,白色框表示是从左侧同级卷积块中复制过来的特征图。不同颜色的箭头表示不同的操作,其中操作(1)表示 3×3 的卷积运算后接一个 ReLU 激活函数运算;(2)表示复制特征图,并对其进行裁剪(crop)操作;(3)表示不重叠的 2×2 最大池化操作;(4)表示上卷积(up-convolution),又称为反卷积或转置卷积;(5)表示

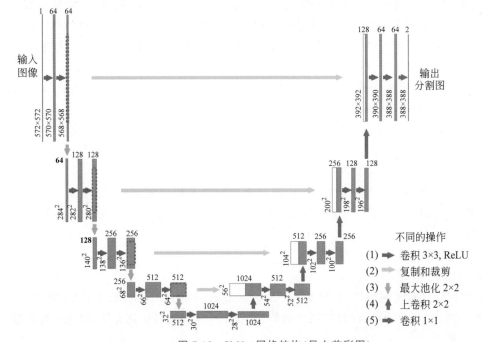

图 7.12　U-Net 网络结构(见文前彩图)

conv 1×1 的卷积运算。

　　网络左侧是编码部分,称为收缩路径(contracting path),包含 5 个卷积块,每个卷积块都包括两个操作(a),即两个(conv 3×3 + ReLU)的组合运算,在做卷积运算时均不对特征图的边缘补 0,即 padding=valid(非 same);相邻两个卷积块之间都执行一次最大池化操作(c),即步长为 2 的 2×2 最大池化操作,相当于进行下采样,使得特征图的宽和高均变为前一层尺寸的 1/2;但为了避免特征信息丢失,需要在下一个卷积块中加倍特征图的通道数,通过加倍滤波器的个数来实现。例如,收缩路径中第一个卷积块的两个卷积层都包含 64 个 3×3 的滤波器,输出的特征图尺寸为 568×568×64;经下采样操作后,得到 284×284×64 的特征图,作为第二个卷积块的输入;第二个卷积块中每个卷积层的滤波器个数就增加到 128 个,第三个卷积块中每个卷积层的滤波器个数增加到 256 个,依此类推,第五个卷积块中每个卷积层的滤波器个数达到 1024 个,所以在收缩路径的末端,即 U 型底部的卷积层,得到尺寸为 28×28、通道数为 1024 的特征图。

　　网络右侧是解码部分,称为扩展路径(expansive path),同样包含 5 个卷积块,只是与收缩路径共用 U 型底部的卷积块,即扩展路径上的第一个卷积块就是收缩路径上的第五个卷积块。扩展路径上每个卷积块的卷积运算和激活函数操作同收缩路径上的卷积块完全一样;相邻两个卷积块之间都执行一次上采样操作(d),即 2×2 的上卷积运算,使得特征图的宽和高均变为前一层尺寸的 2 倍,但通道数减半。扩展路径上第五个卷积块输出 388×388×64 的特征图,其后增加了一个输出层,执行卷积操作(e),即 2 个(因为是二分类)conv 1×1 运算,得到 388×388×2 的特征图,即像素分类图像。

　　但扩展路径与收缩路径不同的是:在扩展路径中,执行每个卷积块之前,需要先执行(b)操作,即将两部分特征图拼接在一起。例如,图 7.12 中从下往上数的第一个(b)操作,其过程为:①从左侧同级卷积块中复制其输出的特征图,即 64×64×512 特征图;②复制前一扩展卷积块的上卷积操作输出的特征图,即 56×56×512 特征图;③将①和②得到的特征图拼接在一起,得到 56×56×1024 的特征图,但两部分特征图尺寸不同,因此,需要先将 64×64×512 特征图裁剪为 56×56×512,然后再进行特征图的拼接。

　　目前,U-Net 已经成为一种非常流行的用于语义分割的端到端的编解码器网络,尤其在小数据量的图像分割建模中得到广泛应用,例如医学影像分割领域。

　　采用基于深度学习技术进行图像分割的过程与图像分类、图像目标检测的过程都类似,分为如下 4 步。

　　第 1 步:数据集构建与预处理。

　　需要有标注完备的图像分割数据集,并按比例划分为不相交的训练集、验证集和测试集,以作为训练、测试、评估模型的实验载体。必要时,还需要进行图像增强操作,以提高图像质量和增加数据量。

　　第 2 步:网络模型定义与设置。

　　设置网络模型有以下 3 种方法。

　　(1)可以选择已有的网络模型,如 FCN、SegNet、DeepLab、U-Net、Mask R-CNN 等,一旦选定模型,便已知其中的网络结构、损失函数、准确率计算公式和优化方法,但在训练的过程中可以自行修改。

　　(2)可以从零开始自行定义网络模型,包括网络结构、损失函数、准确率计算公式和优化方法。

（3）可以采用基于模型的迁移学习方法对预训练模型进行微调，从而构建出新的图像分割模型。

第3步：网络模型训练。

采用第1步准备好的训练数据集，训练第2步设置好的网络模型，还可以用验证集调试合适的超参数，并保存模型。

第4步：网络模型测试与评估。

训练好图像分割模型后，采用测试集中的图像数据对该模型进行评估。计算出类别平均像素准确率、交并比和平均交并比等评价指标值，用于指导模型结构和优化的改进。

自20世纪60年代开始，数字图像处理技术已经取得了令人瞩目的进步。特别是2012年以来，深度学习的研究热潮更是促使图像处理技术的应用有了突破性进展，尤其在图像分类、行人检测、人脸识别、医学影像分析等诸多任务上达到甚至超过人眼的分辨能力。

7.4 本章小结

1. 数字图像处理概述

图像：所谓"图"，就是物体透射或者反射光的分布，"像"是人的视觉系统接收图的信息而在大脑中形成的印象或认识。前者是客观存在的，而后者是人的感觉，图像则是两者的结合。

数字图像是指用数字摄像机、扫描仪等成像设备经过采样和数字化得到的一个二维数组或矩阵，该数组或矩阵的元素称为像素，像素值均为整数，称为灰度值、亮度值或强度值。

数字图像的种类包括二值图像、灰度图像、彩色图像、RGBD图像等。

数字图像处理是指利用数学方法和计算机技术对数字图像或视频信息进行加工处理，以获取图像中的某些信息，提高图像的实用性。

图像处理的主要任务包括图像复原、图像增强、图像重建、图像压缩编码、图像分类、图像目标检测、图像分割、图像识别等。

2. 传统的数字图像处理技术

针对图像分类、图像目标检测、图像分割等任务，传统图像处理技术的步骤相似，都是经过数据集构建与预处理、特征工程（提取人工选择或设计的图像特征）、模型训练、模型测试与评估等4个步骤，只是其中所采用的具体技术不同。各个任务都有各自的一套性能评价指标。

（1）图像分类性能的评价指标：精度/查准率、召回率、特异度、F1值、AP、mAP、ROC、AUC。

（2）图像目标检测性能的评价指标：交并比、精度、召回率、AP、mAP、速度评价指标FPS。

（3）图像分割性能的评价指标：像素准确率、类别像素准确率、类别平均像素准确率、交并比、平均交并比。

传统图像处理方法最主要的局限性为：花费大量的时间和精力设计并提取图像特征，受限于人工的设计经验和简单的线性模型，难以适用于现实场景中的高维、复杂、非线性问题,很大程度上影响了实际应用效果。

3. 基于深度学习的图像处理技术

针对图像分类、图像目标检测、图像分割等任务,基于深度学习的图像处理技术的步骤相似,都是经过数据集构建与预处理、模型定义与设置、模型训练、模型测试与评估等 4 个步骤,只是其中采用的具体深度学习模型不同。各个任务的性能评价指标与传统图像处理技术相同。

基于深度学习的图像处理技术的优势在于:采用多层神经网络技术,利用多个卷积层逐级提取图像特征,避免了人工设计图像特征的弊端;运用激活函数,训练得到高度复杂的非线性函数,实现了从输入图像到期望输出的映射。不仅显著提高了图像处理任务的精度,而且大大降低了对人工经验的依赖。

习题 7

1. 简述数字图像的定义,并说明常用的数字图像类型。
2. 简要描述图像处理的任务。
3. 简述 HOG 图像特征提取的过程。
4. 简述传统图像目标检测的流程,并给出目标检测的评价指标。
5. 图像分割包含哪几种? 请简述它们之间的区别和联系。
6. 简述迁移学习的定义,并说明在图像分类中是如何应用迁移学习的。
7. 简述图像分类的评价指标。
8. 分别列举几个典型的图像分类、图像目标检测和图像分割常用的深度学习模型。

第 8 章

机器学习开发框架

本章学习目标

- 了解机器学习与深度学习开发框架的基础知识。
- 熟练掌握机器学习库 Scikit-learn 的使用。
- 熟练掌握深度学习框架 PyTorch 与 PaddlePaddle 的使用。

机器学习技术的突破推动了人工智能在图像识别、自然语言处理、语音识别等领域的广泛应用,促进了医疗、安防、金融、交通等行业的发展。人工智能的应用程序,特别是深度学习应用程序的开发需要兼顾应用需求、数据采集、编程语言、模型效率和硬件结构等多方面因素,这给开发人员带来了极大挑战。同时,机器学习模型的构建和训练越来越复杂,也增加了算法复现和复用的困难,不利于机器学习模型的应用和推广。为了促进机器学习算法的普及和应用,降低人工智能应用程序开发的门槛,提升人工智能技术的易用性和高效性,机器学习开发框架应运而生。机器学习框架是构建、训练、部署和测试机器学习模型的重要工具,它将算法模块化并封装起来,既方便研究人员快速实现算法的复现和复用,也有助于程序员缩短机器学习应用程序的开发周期。

8.1 机器学习开发框架简介

深度学习模型兴起之前,有一些用于传统机器学习研究的优秀算法工具或算法库,如 LIBLINEAR、LIBSVM、CRF++、XGBoost 和 Scikit-learn 库等。研究人员多是利用这些算法工具或算法库各自编程复现和改进学习模型,通常不考虑程序的可扩展性和移植性,因此很难实现算法的复现和复用。这一方面是因为传统机器学习中不同类别的模型结构和优化算法差异较大,难以统一表示;另一方面是因为模型结构相对精简,在小规模训练数据集上利用 CPU 即可收敛,对 GPU 或现场可编程门阵列(field-programmable gate array, FPGA[①])等专用加速硬件的需求较小。

随着数据规模的快速增长和算力的提升,深度学习技术飞速发展,以前用于传统机器学习研究的算法工具已无法满足深度学习研究的需要。与传统机器学习模型相比,深度学习

---

① 一种通过编程来改变内部结构的芯片。

模型的训练需要较大规模的数据,通常也需要可加速运算的 GPU 等硬件。显然,传统机器学习库 Scikit-learn 等无法满足这种对硬件调度和管理的高要求。

深度学习模型具有模块化的优势,不同结构的深度学习模型之间可以复用相同的模块(例如卷积、池化、全连接、词嵌入等),且均采用误差反向传播算法来优化参数。这些特点使得深度学习模型的代码易于复用,是研发深度学习开发框架的前提条件。

2014 年,在加州大学伯克利分校攻读计算机科学博士学位的贾扬清基于 C++ /CUDA 架构开发了用于计算机视觉领域的深度学习框架 Caffe。Caffe 凭借其结构简洁、鲁棒性强的优势被广泛用于深度学习的学术研究和应用开发。随后,各大公司陆续推出了新的深度学习开源框架,如谷歌公司 2015 年推出的 TensorFlow 框架、百度公司 2016 年推出的开源的 PaddlePaddle 框架、脸书(后改名为 Meta)公司 2017 年研发的 PyTorch 框架等。深度学习开源框架的出现大大降低了人们研究和开发机器学习模型的难度,激发了学术界和产业界对深度学习的热情,极大地推动了深度学习技术的普及和应用。

各种深度学习框架均为开发人员提供了高级别的接口,用于模型结构搭建、模型训练、模型验证、可视化及部署等,隐藏了模型参数优化及与 CPU 和 GPU 等底层设备交互的细节,为深度学习技术的应用和落地提供了有力支撑。目前常见的深度学习框架有 TensorFlow、PyTorch、Keras、Caffe、Theano、MXNet 和飞桨(PaddlePaddle)、MindSpore,其中 TensorFlow 和 PyTorch 是热度较高、使用人数较多的两种深度学习开发框架,PaddlePaddle 是国产深度学习开发框架中受众最多的框架。表 8.1 给出了 TensorFlow、PyTorch 和 PaddlePaddle 三种深度学习开发框架的开发公司、编程语言、支持的操作系统等信息。

表 8.1　三种深度学习开源框架对比

框　　架	开 发 公 司	编 程 语 言	操 作 系 统	编 程 方 式
TensorFlow	谷歌公司	Python/C++ /Java/Go/R/Swift/C♯ /JavaScript	Linux/macOS/Windows/iOS/Android	命令式/声明式
PyTorch	Meta 公司(原脸书公司)	Python/C++	Linux/macOS/Windows	命令式
PaddlePaddle	百度公司	Python/C++	Linux/macOS/Windows	命令式/声明式

机器学习开发人员可以根据项目需求选择多种机器学习框架,可同时使用传统机器学习库和深度学习开发框架。

8.2　机器学习库——Scikit-learn

Scikit-learn(https://scikit-learn.org/)是用 Python 语言编写的一个完整的机器学习开源库,建立在 Python 语言提供的数值计算开源库 NumPy、科学计算开源库 SciPy、绘图库 Matplotlib 及 C 语言扩展库 Cython 等的基础之上,它构建和封装了常见的传统机器学习算法,包括预处理(preprocessing)、降维算法(dimensionality reduction)、分类模型

（classification）、回归模型（regression）、聚类算法（clustering）及模型选择（model selection）六部分，为科学家及工程师提供了简洁有效的数据分析工具。

Scikit-learn 项目始于 2007 年由大卫·库纳波（David Cournapeau）发起的"谷歌编程之夏"活动。随后，马蒂厄·布鲁彻（Matthieu Brucher）参与了开发工作，将其作为学位论文的一部分。2010 年，法比安·佩德雷戈萨（Fabian Pedregosa）、盖尔·瓦罗科（Gael Varoquaux）、亚历山大·格林福特（Alexandre Gramfort）和文森特·米歇尔（Vincent Michel）主导了该项目的开发，并于 2010 年 2 月 1 日推出了第一个开源版本。每三个月为一个迭代周期，经过多轮迭代后，更多的程序员加入 Scikit-learn 的开发中，目前核心开发维护团队已超过 20 人。

Scikit-learn 不包含机器学习领域最前沿的技术，特别是深度学习模型，它不是专门面向神经网络而设计的，也不支持 GPU 加速，在实现神经网络相关层方面有所不足。Scikit-learn 主要包括经典的传统机器学习模型，例如支持向量机、随机森林、决策树、逻辑回归、人工神经网络、K 均值聚类等算法，这是因为 Scikit-learn 设计的初衷是为了使非人工智能领域开发人员能简单、便捷地利用机器学习模型进行数据分析，故未纳入对计算硬件有特殊要求（如 GPU）、应用领域相对较窄、性能提升较小或鲁棒性不强的模型。正是因为 Scikit-learn 的简洁性和易用性，众多机器学习竞赛（如 Kaggle）中都会用到它。

8.2.1　Scikit-learn 代码设计

Scikit-learn 机器学习库在设计过程中采用了面向接口的编程方式，而非面向对象的方式。Scikit-learn 有三个核心的、互补的接口，分别为用于模型构建的 estimator 接口、用于模型预测的 predictor 接口和用于数据变换的 transformer 接口。

为了保证代码的简洁性和可维护性，Scikit-learn 在开发过程中遵循了多个准则，例如，接口一致性（consistency）、模型参数值可审查性（inspection）、类的非扩散性（non-proliferation of classes）、可组合性（composition）及模型合理的默认值（sensible defaults）。接口一致性要求所有对象要实现统一的接口；可审查性要求用户可以查看模型的超参数和训练参数；非扩散性要求尽可能少地引入新的类和对象（如用现有的 NumPy 和 SciPy 数组存储数据，而非重新定义新的数据结构）；可组合性要求不同的数据变换操作可以与机器学习模块便捷地串联在一起，完成更复杂的任务；合理默认值指的是 Scikit-learn 库已为机器学习模型预设了超参数，供开发者作为基线进行对比和调整。

为了建立一个机器学习模型，首先需要调用 estimator 接口中的 fit 方法来实现对训练样本的拟合，即训练模型，该方法的参数是模型的训练数据集。对于监督学习，fit 方法的参数还包括样本的标签数据。另外，对于支持向量机这样的监督学习分类器，还需要实现 predict 方法，用于预测输入样本的类别标签。对于 PCA 这样的无监督学习数据降维方法，还需要实现 transformer 接口中的 transform 方法，用于返回变换后的数据。此外，Scikit-learn 库还提供了 score 方法，可以计算似然概率或损失函数，用于评估当前学习模型的拟合程度和预测性能。

为了选择机器学习模型的最优参数和更好地评估模型性能，Scikit-learn 增加了模型选择模块。以 GridSearchCV 对象为例，它通过 estimator 接口实现了模型交叉验证。调用 fit 方法时，会遍历所输入的模型参数的各种组合，根据制定的性能指标（score）选择最优的参数值。然后,针对具有最优参数的模型,分别采用 predict 和 score 方法进行模型预测和评估模型的性能。

另外,Scikit-learn 还增加了 pipeline 对象,可将多个数据变换操作(即 transformer 接口)和一个机器学习模型(即 estimator 接口)组合在一起。

8.2.2 Scikit-learn 数据表示及数据集构建

利用 Scikit-learn 构建机器学习模型之前,需要用矩阵形式表示数据集。假设数据集包含 N 个数据样本,记为 $X=\{X_1, X_2, \cdots, X_N\}$,第 i 个样本 X_i 的 K 维特征向量表示为 $(x_{i1}, x_{i2}, \cdots, x_{iK})$,其中每个分量可以是连续的实数值或整型的离散值。对于监督学习的任务,数据集还包含 M 个标签,记为 $Y=\{y_1, y_2, \cdots, y_M\}$,且已知 X 集合中每个样本 X_i($i\in[1, N]$)对应的标签为 $y_i(y_i\in Y)$。y_i 可以是分类标签或连续的实数值。对于无监督学习的任务,如聚类或降维,所有样本都没有标签。

调用 fit 方法训练模型时,要求其参数 X 为二维数组的形式,因此,需要将训练集表示为 $N\times K$ 的矩阵形式,其中第 i 行对应样本 X_i,第 j 列对应第 j 个特征分量。在 Python 语言中,可以利用 NumPy 库方便地进行矩阵表示和计算,对于稀疏矩阵,可利用 SciPy 包表示。此外,可利用 Pandas 库读取 CSV、Excel 等表格数据,将其转换为 NumPy 矩阵后再进行后续的运算。

在自然语言处理相关的任务中,通常需要用数学形式表示文本类型的数据。例如,用独热码(one-hot encoding)将其转化为数值向量。以性别信息为例,性别取值有“男”“女”和“信息缺失”3 种,则可设计一个三维向量 $\boldsymbol{x}_{sex}$ 来表示性别,$\boldsymbol{x}_{sex}=(1,0,0)$ 表示男性,$\boldsymbol{x}_{sex}=(0,1,0)$ 表示女性,$\boldsymbol{x}_{sex}=(0,0,1)$ 表示信息缺失。

Scikit-learn 库的 preprocessing 包中提供了 OneHotEncoder 类,可用于实现数据的 one-hot 编码。假设数据集中每个样本有 3 个特征,分别为性别、省份、手机偏好,利用 OneHotEncoder 编码的程序如代码 8.1 所示。

代码 8.1 Scikit-learn 库的 one-hot 编码

```
>>>from sklearn import preprocessing
>>>encode =preprocessing.OneHotEncoder()   #初始化 one-hot 编码器
>>>X =[['male', 'Beijing', 'XiaoMi'], ['female', 'ShanXi', 'iPhone']]
>>>encode.fit(X)   #用数据 X 训练编码器模型
OneHotEncoder()
>>>encode.transform([['female', 'Beijing', 'XiaoMi'],
        ['male', 'ShanXi', 'iPhone']]).toarray()   #将输入数据转换为 one-hot 编码
array ([[1., 0., 1., 0., 1., 0.],
        [0., 1., 0., 1., 0., 1.]])
```

其中,array 第一行的前两个值(1,0)表示 female;中间两个值(1,0)表示 Beijing;后两个值(1,0)表示 XiaoMi。字符串按照 ASCII 码值排序,大写字母排在小写字母前面,排在前面的为 10,后面的为 01。因为 male>female,所以 male 为 01,female 为 10;Beijing<ShanXi,所以 Beijing 为 10,ShanXi 为 01;XiaoMi < iPhone,所以 XiaoMi 为 10,iPhone 为 01。

当样本特征向量包含多个分量时,不同维度上特征分量的分布可能存在差异,会对后续建模产生影响。例如,对特征向量 $\boldsymbol{x}=(x_1,x_2,x_3,\cdots,x_K)$,第一维特征分量 x_1 取值为

$[100,200]$，而第二维特征分量 x_2 取值为 $[10,20]$，则数值量级上的差异会影响模型对特征重要性的判断。通常，建模前会对特征向量进行归一化，即使得每一维特征分量的均值为0，标准差为1。preprocessing 包中的 StandardScaler 类提供归一化特征矩阵的功能，实现该功能的程序如代码8.2所示。

代码 8.2　Scikit-learn 库特征矩阵归一化

```
>>> from sklearn import preprocessing
>>> import numpy as np
>>> X = np.array([[ 1., -1.,  2.],
                  [ 2.,  0.,  0.],
                  [ 0.,  1., -1.]])
>>> scl = preprocessing.StandardScaler().fit(X)   #计算训练数据 X 的均值和标准差
>>> scl
StandardScaler()
>>> scl.mean_
array([1. ..., 0. ..., 0.33...])
>>> scl.scale_
array([0.81..., 0.81..., 1.24...])
>>> X_new = scl.transform(X)                        #对数据 X 进行归一化处理
>>> X_new
array([[ 0. ..., -1.22...,  1.33...],
       [ 1.22...,  0. ..., -0.26...],
       [-1.22...,  1.22..., -1.06...]])
```

将数据集用矩阵表示并归一化后，需要将数据集划分为训练集和测试集，其中训练集中的数据用于构建模型和选择模型参数，测试集中的数据用于评估模型性能。数据集的划分可以利用 Scikit-learn 库中的 train_test_split 方法实现，假设以 7∶3 的比例划分训练集和测试集，实现该功能的程序如代码8.3所示。

代码 8.3　Scikit-learn 库数据集划分

```
>>> import numpy as np
>>> from sklearn.model_selection import train_test_split
>>> X = np.random.randn(5, 3)      #有 5 个样本，每个样本的特征向量包含 3 个特征分量
>>> y = np.random.randn(5)         #5 个样本的 5 个标签
>>> X_train, X_test, y_train, y_test = train_test_split (
        X, y, test_size=0.3)
```

除了直接按比例划分训练集和测试集，还可以通过 K 折交叉验证（K-fold cross validation）来综合评估模型在数据集上的性能。以二分类问题（$y = 0$ 或 1）为例，将数据集划分为 K 个样本数相等的子集，依次将第 $i(i = 1, 2, \cdots, k)$ 个子集作为测试集，其余 $K-1$ 个子集都作为训练集，进行模型的训练和评估，然后将 K 次评估指标的平均值作为最终的评估指标。

进行数据集划分时，需要考虑不同类别的样本在各个子集中分布不均匀的情况，此时可利用 Scikit-learn 库中的 StratifiedKFold 方法对数据集进行划分，保证各个类别的样本在训练集和测试集中的比例与原始数据集中的比例一致。假设将数据集划分为 5 份，进行交叉验证，实现该功能的程序如代码8.4所示。

代码 8.4　**Scikit-learn** 库 *K* 交叉验证

```
>>> import numpy as np
>>> from sklearn.model_selection import train_test_split
>>> X = np.random.randn(100, 3)      # 有 100 个样本,每个样本的特征向量包含 3 个特征分量
>>> y = np.random.randn(100)
>>> skf = StratifiedKFold(n_splits=5) # 将数据集分成 5 等份
>>> for train_index, test_index in skf.split(X, y):
        X_train, X_test = X[train_index], X[test_index]
        y_train, y_test = y[train_index], y[test_index]
```

8.2.3　Scikit-learn 模型训练

在 Scikit-learn 库中,模型初始化和模型训练是严格分离的两个阶段。训练模型之前,需要事先设置超参数的值(例如,支持向量机模型中的惩罚项 C 的值,随机森林模型中决策树的数量 n_estimators 和最大深度 max_depth 等)。这样设计也是为了便于后续的模型选择,可以通过设置多个不同的超参数值的组合来寻找最优的预测模型。由于有些模型的超参数种类较多,在实践中可以仅优化部分较为关键的超参数,其他超参数采用 Scikit-learn 设定的默认值即可。

Scikit-learn 库中已经封装了多种模型的训练算法。若要训练机器学习模型,无论是有监督学习模型(如分类、回归),还是无监督学习模型(如聚类、降维),均需调用 Scikit-learn 库的核心接口 estimator 中的 fit 方法,fit 方法以训练数据(X_{train}, y_{train})作为参数训练模型,返回训练后的模型对象,该模型对象会记录优化后的学习参数。

假设选择逻辑回归模型(logistic regression)对训练样本进行分类。首先,需要从 linear_model 包中导入 LogisticRegression 对象,初始化参数,仅设定惩罚项 penalty 的类型(默认为 L2)和惩罚系数 λ 的倒数 C(C 是大于 0 的浮点数,C 值越小,惩罚系数 λ 越大,正则化越强,越能缓解模型的过拟合现象,通常默认为 1),其余均使用库中的默认值;然后再调用 fit 方法进行参数优化,fit 方法返回的 clf 对象会记录模型优化后的权重系数和截距,可通过访问 clf.coef_ 属性查看最终的模型参数。实现该功能的程序如代码 8.5 所示。

代码 8.5　**Scikit-learn** 库训练逻辑回归模型

```
>>> from sklearn.linear_model import LogisticRegression
>>> clf = LogisticRegression(penalty='l1', C=2.3)   # 使用 L1 正则,正则化强度为 1/2.3
>>> clf.fit(X_train, y_train)
```

Scikit-learn 库中所有模型均使用相同的接口,仅需更换模型名称,无须修改其余代码,便可训练新模型,并与前一模型进行性能比较。例如,当发现逻辑回归模型的分类效果不能满足要求,需要尝试新模型时,可将代码中的逻辑回归模型 LogisticRegression(penalty= 'l1', C=2.3)更换为随机森林分类模型 RandomForestClassifier(),无须改动其余代码。

假设需要对高维样本特征进行降维,Scikit-learn 库中 decomposition 模块提供了 PCA 对象用于执行特征提取,缩减样本特征所需的存储空间。与逻辑回归模型类似,首先要初始化参数,np.random.randn(100, 10) 用于随机产生 100 个模拟样本,每个样本的特征维度为 10,randn 表示在正态分布中随机取值,随机生成 100 行 10 列的数组;PCA(n_components =

5)用于设置要保留的主成分的数量 n_components 等超参数值。然后调用 fit 方法找到主成分,可通过访问 explained_variance_ratio_ 属性查看降维后每个新特征向量的信息量占原始数据总信息量的百分比,以便更好地选择要保留的主成分的数量。为了获取降维后的特征矩阵,可调用 transform 方法对样本进行变换,实现该功能的程序如代码 8.6 所示。

代码 8.6　Scikit-learn 库特征提取之 PCA 算法

```
>>> import numpy as np
>>> from sklearn.decomposition import PCA
>>> X =np.random.randn(100, 10)   #随机产生 100 个模拟样本,每个样本的特征维度为 10
>>> pca =PCA(n_components =5)   #要保留的主成分的数量为 5,即每个样本的特征维度减小为 5
>>> pca.fit(X)
>>> print(pca.explained_variance_ratio_)   #所保留的每个特征的方差贡献率
[0.504, 0.356, 0.101, 0.034, 0.005]        #上条语句打印出的方差贡献率
>>> X_reduce =pca.transform(X)   #对 100 个样本进行特征降维,变换到前 5 个主成分的方向上
```

此外,Scikit-learn 库中还提供了 SelectFromModel 方法,用于通过计算特征向量各维度的权重来选择特征。该方法需要指定用于特征选择的模型,该模型能够通过 coef_ 属性获取特征向量中每一维的权重,以便设置阈值来筛选重要的特征维度。SelectFromModel 默认的阈值为各维度权重的平均值,如代码 8.7 所示,选择逻辑回归模型计算各个特征维度的权重,如低于阈值,则舍弃该特征维度。

代码 8.7　Scikit-learn 库特征选择

```
>>> import numpy as np
>>> from sklearn.feature_selection import SelectFromModel
>>> from sklearn.linear_model import LogisticRegression
>>> X =np.random.randn(100, 10)   #随机产生 100 个模拟样本,每个样本的特征维度为 10
>>> y =np.random.randn(100)       #随机产生 100 个样本所对应的标签
>>> weighter =SelectFromModel(estimator=LogisticRegression()) #使用逻辑回归模型
                                                             #进行特征选择
>>> weighter.fit(X, y)
>>> X_reduce =weighter.transform(X)
```

8.2.4　Scikit-learn 模型预测

在 Scikit-learn 库中,模型通过调用 predict 方法对样本进行预测。对于分类任务,predict 方法返回测试样本的标签或类别;predict_proba 方法可返回测试样本的分类预测的概率值,表示可信程度。对于回归任务,predict 方法返回测试样本的预测值。对于聚类任务,predict 方法则返回样本所属的类别标号。

以逻辑回归和 K 均值聚类算法为例,利用 Scikit-learn 库进行预测的程序如代码 8.8 所示。

代码 8.8　Scikit-learn 库 模型预测

```
>>> from sklearn.linear_model import LogisticRegression
>>> clf =LogisticRegression(penalty='l1', C=2.3)   #逻辑回归模型使用 L1 正则,正则
                                                    #化强度为 1/2.3
```

```
>>>clf.fit(X_train, y_train)              #训练逻辑回归模型
>>>y_test_pred =clf.predict(X_test)       #用逻辑回归模型对测试样本进行预测
>>>from sklearn.cluster import KMeans
>>>km =KMeans(n_clusters =5)              #包含 5 个簇的 KMeans 模型
>>>km.fit(X_train)                        #用训练集聚类
>>>cluster_test =km.predict(X_test)       #预测测试样本
```

8.2.5　Scikit-learn 模型评估与超参数选择

模型训练完毕后,可以利用 score 方法评估模型在训练集和测试集上的预测性能。对于有监督学习,需要输入特征矩阵 X 和标签向量 y。评估分类模型的预测性能时,score 方法返回所有类别的平均预测准确率(mAP)作为其评价指标。评估回归模型的预测性能时,score 方法返回决定系数 $R^2 = 1 - \dfrac{u}{v}$ 作为其评价指标,其中 $u = \sum\limits_{i=1}^{M} (y_{\text{pred}}^i - y_{\text{true}}^i)^2$, $v = \sum\limits_{i=1}^{M} (y_{\text{true}}^i - \overline{y_{\text{true}}})^2$, $\overline{y_{\text{true}}}$ 为 M 个样本真实值的均值,决定系数 R^2 越大,模型拟合能力越强。评估聚类模型的预测性能时,如 K 均值聚类,score 函数返回的是负的平均距离平方和(即所有样本到其所属的簇中心的距离平方和除以样本数量),以此作为评价指标,该值越大,表示样本点距离簇中心点越近,得分越高;该值越小,表示样本点距离簇中心点越远,得分越低。

Scikit-learn 库的 metrics 模块还提供了众多用于评估模型性能的函数。对于分类模型,较常用的评价指标还包括准确率、精度、召回率和 F1 值。Scikit-learn 库还提供了 roc_auc 函数和 roc_auc_score 函数,可通过绘制 ROC 曲线来选择合适的预测阈值,通过计算 AUC 值来评估模型的总体分类性能。对于回归模型,可利用 r2_score 函数计算决定系数 R^2,用 max_error 函数计算拟合的最大误差,用 mean_absolute_error 函数计算拟合的平均绝对误差,用 mean_squared_error 函数计算 M 个样本的均方误差 $MSE = \dfrac{1}{M} \sum\limits_{i=1}^{M} (y_{\text{pred}}^i - y_{\text{true}}^i)^2$。

为了选择最优的参数组合,首先,利用 parameters 设置超参数候选取值的集合,并指定用于评估模型性能的评价指标。然后指定模型的种类,构建 model_selection 模块中的 GridSearchCV 对象,在指定的参数范围内按步长依次调整参数,即网格搜索(GridSearch)参数,利用调整的参数训练学习器,采用交叉验证方法评估模型的性能,筛选出最佳模型,即从所有的参数组合中找到在验证集上精度最高的参数组。最后访问 best_params_ 属性获取最佳的超参数组合。

假设要寻找随机森林模型中最优的决策树的数量 n_estimators 和评价函数 criterion,实现该功能的程序如代码 8.9 所示。

代码 8.9　Scikit-learn 库中选择超参数

```
>>>from sklearn.model_selection import GridSearchCV
>>>from sklearn.ensemble import RandomForestClassifier
>>>from sklearn import datasets
>>>iris =datasets.load_iris()                   #加载鸢尾花数据集
```

```
#设置超参数候选取值的集合,随机森林中决策树的候选数量分别为10,20,40,80
#候选的评价指标有gini和entropy
>>>parameters ={'n_estimators':[10, 20, 40, 80], 'criterion':( 'gini', 'entropy')}
>>>rf =RandomForestClassifier()
#采用交叉验证方法评估模型的性能,以roc_auc作为评价指标
>>>searcher =GridSearchCV(estimator =rf, param_grid =parameters, scoring ='roc_auc')
>>>searcher.fit(iris.data, iris,target)      #训练模型
>>>best_rf =searcher.best_estimator_         #搜索最佳模型
>>>best_paras =searcher.best_params_         #获取最佳模型的参数组合
```

8.3 深度学习框架——PyTorch

2017年1月,Meta公司的人工智能研究院将Python编程语言与早期的机器学习框架Torch深度结合,推出了PyTorch深度学习框架。随后,又与贾扬清开发的Caffe2及ONNX格式整合,于2018年5月正式发布了PyTorch 1.0版本,该版本无缝支持AI模型的研发和部署,而且无须迁移。2019年10月上线的PyTorch 1.3版本又增加了移动设备部署功能,将模型轻量化,以加速推理。尽管TensorFlow在工业应用领域仍保持一定优势,但随着新工具和库的不断迭代发布,当前的PyTorch 1.13版本在功能完备性上与TensorFlow趋同。在研究领域,PyTorch获得了众多科研人员的青睐,使用率飞速增长。在CVPR、NAACL、ACL、ICLR和ICML等人工智能顶级会议中,超过一半以上的论文均使用PyTorch深度学习框架进行模型构建。

PyTorch的API稳定,应用开发便捷、灵活,部署简单,便于初学者学习和使用。本节将详细介绍深度学习框架PyTorch。

8.3.1 深度学习框架中的自动求导

深度学习框架的一个重要特点是提供了对模型参数自动求导的功能。在传统机器学习算法研究中,由于模型深度较浅,通常是通过数学推导得到一个较简洁的模型参数的梯度计算公式,用于优化损失函数。假设机器学习模型为 f,模型参数为 θ,给定输入样本 x,其真实标签为 y,模型的预测结果为 $y' = f(x;\theta)$,损失函数为 $L(y,y')$,待优化模型的总损失函数为 $\mathrm{Loss} = \sum L(y,y') = \sum L(y, f(x;\theta))$。若利用梯度下降法求解模型参数 θ,则有 $\theta^{t+1} = \theta^t - \eta \dfrac{\partial \mathrm{Loss}}{\partial \theta^t}$,其中 η 为优化算法的步长(即学习率)。为了提升模型参数优化的收敛速度,有时会采用二阶优化算法,如牛顿法或拟牛顿法等修正梯度方向,则梯度下降公式变为 $\theta^{t+1} = \theta^t - \eta \boldsymbol{D}^t \dfrac{\partial \mathrm{Loss}}{\partial \theta^t}$,其中 $\boldsymbol{D}^t$ 为正定矩阵。对于牛顿法,则有 $\eta = 1$ 且矩阵 $\boldsymbol{D}^t = \boldsymbol{H}^{-1}$,即为海森矩阵(Hessian matrix)的逆矩阵。

假设有损失函数 $\mathrm{Loss} = \theta^2 - 2\theta + 1$,为了求解该损失函数最小时的参数值 θ,可将损失函数变换为 $\mathrm{Loss} = \theta^2 - 2\theta + 1 = (\theta-1)^2$。显然,当 $\theta = 1$ 时,损失函数($\mathrm{Loss}=0$)最小。此外,还可通过一阶梯度下降法多次迭代进行求解。Loss函数的梯度 $g = 2\theta - 2$,步长 $\eta = 0.1$,则模型参数更新公式为 $\theta^{t+1} = \theta^t - 0.2 \times (\theta^t - 1)$;假设 θ 的初始值为0,则迭代10次

后，θ 约为 0.893，比较接近于最优参数值 1。若采用牛顿法求解（二阶导数 $g'=2$），则模型参数更新公式为 $\theta^{t+1}=\theta^t-g/g'=\theta^t-(\theta^t-1)$，仍假设 θ 的初始值为 0，则迭代 1 次即可得到最优参数 $\theta^t=1$。

当模型结构中包含较复杂的概率分布函数或模型隐变量存在多层嵌套时，很难直接推导出梯度下降的迭代公式，可通过蒙特卡洛采样、有限差分等数值计算方法或简化概率分布等策略来优化模型参数；对于深度学习模型，由于其模块化的特点，则可采用反向传播算法构建统一的自动求导工具来计算模型参数的梯度。反向传播算法可以看作是链式求导法则在深度学习模型上的应用，链式求导法则可简述为对于由两个函数 f 和 g 构成的复合可微函数 $g \circ f$，其对于变量 x 的导数公式如公式 8.1 所示。

$$(g \circ f)'(x) = g'[f(x)] \times f'(x) \tag{8.1}$$

可写作 $\dfrac{\partial g[f(x)]}{\partial x} = \dfrac{\partial g}{\partial f} \times \dfrac{\partial f}{\partial x}$。

深度学习框架中的自动求导并非是直接计算出损失函数对于模型参数的梯度表达式，而是利用链式求导法则构建一个梯度计算过程，借助计算机的存储和计算能力对模型中处于不同网络层或网络模块的参数，根据依赖关系进行梯度计算。进行自动求导时，首先要将模型前向预测的过程拆分为多个算子（operation，即基本的数学计算）组合而成的操作序列，然后再通过反向传播误差进行梯度计算。

以逻辑回归模型为例，介绍前向预测过程和反向传播过程。假设有一个样本 (x,y)，预测其类别的概率为 $y'=\dfrac{1}{1+\exp(-(wx+b))}$，定义损失函数为 $L=\dfrac{1}{2}(y'-y)^2$，则其前向预测过程可分解为如下算子序列（$o_1 \sim o_9$）。

$$o_1 = wx \tag{8.2}$$

$$o_2 = z = o_1 + b \tag{8.3}$$

$$o_3 = -z \tag{8.4}$$

$$o_4 = \exp(o_3) \tag{8.5}$$

$$o_5 = 1 + o_4 \tag{8.6}$$

$$o_6 = y' = 1/o_5 \tag{8.7}$$

$$o_7 = y' - y \tag{8.8}$$

$$o_8 = o_7{}^2 \tag{8.9}$$

$$o_9 = L = o_8/2 \tag{8.10}$$

求解损失函数 L 对模型参数 w 的梯度，是一个反向传播误差的过程：从算子 o_9 到算子 o_1，依次利用链式求导法则计算中间梯度，作为更新模型参数的修正值，最终得到优化后的参数。

利用计算机求解模型参数时，可为每个算子构建一个对象，每个算子对象需要记录当前函数的输入值、输入值对应的算子对象、函数及函数的导数等信息。在前向计算过程中，可根据算子对象的链接关系构建出计算图，并根据该计算图进一步构建用于反向传播的计算图，通过遍历计算图来获得不同模型参数的梯度信息，详见 GitHub 上 Autograd 库（https://github.com/HIPS/autograd）的源代码。

假设参数向量表示为 $\boldsymbol{X}=(x_1, x_2, \cdots, x_K)$，当模型某个算子对象的输出是一个向量

$y = (y_1, y_2, y_3, \cdots, y_M)$ 而非单个数值时,在计算梯度的过程中需要计算雅克比矩阵(Jacobian matrix),其计算公式如下:

$$J = \frac{\partial y}{\partial x} = \begin{pmatrix} \dfrac{\partial y_1}{\partial x_1} & \cdots & \dfrac{\partial y_1}{\partial x_K} \\ \vdots & \ddots & \vdots \\ \dfrac{\partial y_M}{\partial x_1} & \cdots & \dfrac{\partial y_M}{\partial x_K} \end{pmatrix} \tag{8.11}$$

损失函数 L 对 X 中每一维变量 $x_k(k = 1, 2, \cdots, K)$ 的梯度值为 $\dfrac{\partial L}{\partial x_k} = \sum_{i=1}^{M} \dfrac{\partial L}{\partial y_i} \times \dfrac{\partial y_i}{\partial x_k}$,则梯度可表示为向量雅克比乘积(Vector-Jacobian product):

$$\frac{\partial L}{\partial x} = v \cdot J \tag{8.12}$$

其中向量 $v = \left(\dfrac{\partial L}{\partial y_1}, \dfrac{\partial L}{\partial y_2}, \cdots, \dfrac{\partial L}{\partial y_M} \right)$。

8.3.2 PyTorch 框架结构

在研发 PyTorch 深度学习框架的过程中,遵循了 3 个核心的设计准则,分别为①注重框架的可用性和易用性,而非性能;②追求简单、明确,易于理解和调试;③与 Python 深度结合。

PyTorch 框架中的数学运算、模型构建、训练、测试和可视化等操作均可采用 Python 语言快速完成,框架对于研究人员较为友好,便于研发新模型,在模型的易用性与性能之间做了较好的平衡。

在 PyTorch 中,神经网络的输入和输出数据是以张量(tensor)的形式表示的。张量是一种多维的数值矩阵,是神经网络的基本数据结构。事实上,神经网络内部运算和优化过程中操作的数据和参数(如权重和偏置)也都表示为张量。下面简要介绍 PyTorch 中的重要模块——torch 模块。

torch 模块包含了 PyTorch 经常使用的一些激活函数,如 sigmoid(torch.sigmoid)、ReLU(torch.relu)和 tanh(torch.tanh)以及张量的一些操作,例如矩阵的乘法(torch.mm)、张量元素的选择(torch.select),可以在 NVIDIA GPU 上利用 CUDA 进行张量计算。此外,torch 模块还包含了 torch.Tensor、torch.nn、torch.autograd、torch.nn.functional、torch.optim、torch.utils.data、torch.onnx 等子模块,其作用分别如下。

(1) torch.Tensor 模块定义了多种数据类型的张量(如单精度、双精度、整数等)及其计算方法。

(2) torch.nn 模块是 PyTorch 中构建神经网络的核心模块,其中包含各种网络组件及损失函数,例如卷积层(torch.nn.ConvNd,N=1,2,3)、全连接层(torch.nn.Linear)以及交叉熵损失函数(nn.CrossEntropyLoss)、均方误差损失函数(torch.nn.MSELoss)等。

(3) torch.autograd 模块用于自动求导,提供了多种对象和函数来计算任意张量的梯度。

(4) torch.nn.functional 模块是 PyTorch 的函数模块,其中包括卷积函数和池化函数等。torch.nn 中的模块通常会调用 torch.nn.functional 中的函数。例如,torch.nn.ConvNd 模块($N=1,2,3$)会调用 torch.nn.functional.convNd 函数($N=1,2,3$),实现不同组件的数值计算。自定义网络结构时,需要调用 torch.autograd 中的函数进行前向计算和反向传播。

(5) torch.optim 模块中封装了一系列用于学习网络参数的优化算法,例如随机梯度下降法(torch.optim.SGD)、Adam 算法(torch.optim.Adam)和 RMSprop 算法(torch.optim.RMSprop)等。

(6) torch.utils.data 模块包含了用于构建、读取和处理数据集的类 Dataset 和 DataLoader,Dataset 表示所有数据的数据集;DataLoader 可以对数据集进行随机排列(shuffle)和采样(sample),得到一系列打乱顺序的数据。

(7) torch.onnx 模块可将 PyTorch 模型导出为 ONNX 格式(open neural network exchange,便于不同深度学习框架之间交换模型),用于部署深度学习模型。

除了 torch 模块,PyTorch 还提供了构建计算机视觉模型的 torchvision 模块、处理自然语言的 torchtext 模块,识别语音的 torchaudio 模块以及构建推荐系统的 torchrec 模块等。

8.3.3 PyTorch 中的张量

在 PyTorch 中,数据都是以张量的形式表示和存储的。张量是一个多维的数值矩阵,矩阵中的元素类型均相同。PyTorch 1.13 版本定义了 10 种张量类型,用于数据处理和建模,部分类型的张量(32 位浮点数、64 位浮点数、16 位浮点数、8 位无符号或带符号整数、16 位带符号整数、32 位带符号整数、64 位带符号整数及布尔类型)包含适用于 CPU 和 GPU 运算的两种子类型。例如,对于 32 位浮点数,CPU 上的张量类型为 torch.FloatTensor,而 GPU 上的张量类型为 torch.cuda.FloatTensor。新版本的 PyTorch 增加了对 32 位、64 位及 128 位复数的支持。

本节中的程序代码运行环境如下: CPU 为 Apple M1 的 Macbook Pro 笔记本电脑,安装了 macOS Monterey 12.5 的操作系统。按照 PyTorch 官方教程(https://pytorch.org/get-started/locally/),利用 Anaconda(https://www.anaconda.com/)进行软件安装。PyTorch 安装完成后,可用代码 8.10 查看相应版本。

代码 8.10　查看 PyTorch 版本

```
>>> import torch
>>> torch.__version__
'1.13.0'
```

下面介绍 PyTorch 中张量的创建和基本操作,张量的创建方式与 Numpy 库类似,可直接将 Numpy 创建的矩阵转化为张量。与 Numpy 矩阵相比,张量能够进行自动求导运算。创建张量的示例代码如代码 8.11 所示。首先,利用 Numpy 创建数值矩阵;然后,利用 torch.from_numpy 函数和 Tensor 自带的 numpy 函数,将 Numpy 矩阵转换为张量。将 Numpy 矩阵转换为张量后,对张量的运算会同时修改原矩阵的值。

代码 8.11　创建 PyTorch 张量

```
>>> import numpy as np
```

```
>>> x = np.random.randn(2,2)          #随机初始化形状为(2,2)的numpy矩阵
>>> x                                 #x是numpy矩阵
array([[-1.87516076, -1.78945205],
       [ 0.37224443, -0.21408077]])
>>> x_torch = torch.from_numpy(x)     #将numpy矩阵转换为张量
>>> x_torch.numpy()                   #将张量转换为numpy矩阵
array([[-1.87516076, -1.78945205],
       [ 0.37224443, -0.21408077]])
>>> x_torch
tensor([[-1.8752, -1.7895],
        [ 0.3722, -0.2141]], dtype=torch.float64)
#对张量进行z自增1的运算
>>> x_torch += 1
>>> x_torch
tensor([[-0.8752, -0.7895],
        [ 1.3722,  0.7859]], dtype=torch.float64)
#对张量进行增1运算后,原numpy矩阵的值也随之变化
>>> x
array([[-0.87516076, -0.78945205],
       [ 1.37224443,  0.78591923]])
```

除了将 Numpy 矩阵转化为张量外,还可以直接调用 torch.Tensor 函数和 PyTorch 中
内置的函数(randn、zeros、ones、eye、randint 等)创建张量。调用内置函数时,需要设置待生
成张量的形状以及值的类型和范围。具体实现如代码 8.12 所示。

代码 8.12　PyTorch 利用内置函数创建张量

```
>>> torch.tensor([1,2,3,4], dtype=torch.float32)
Tensor([1.,2.,3.,4.])
>>> torch.randn(2,2)                  #张量元素随机
Tensor([[-1.5611,0.2281],
        [-0.9363,-0.5177]])
>>> torch.zeros(2,2)                  #张量元素全为0
Tensor([[0.,0.],
        [0.,0.]])
>>> torch.ones(2,2)                   #张量元素全为1
Tensor([[1.,1.],
        [1.,1.]])
>>> torch.eye(3)                      #张量为单位矩阵
Tensor([[1.,0.,0.],
        [0.,1.,0.],
        [0.,0.,1.]])
>>> torch.randint(0,4,(2,2))          #张量为2×2矩阵,且元素值范围为[0,4)
Tensor([[3,0], [1,3]])
```

对于创建的每个张量,可利用 dtype 属性获取元素值的类型,利用 shape 属性获取张量
的形状,利用 device 属性获得张量的存储设备。device 属性的值可以是 cpu 或 cuda:1,分别
表示张量存储于 CPU 上或存储于编号为 1 的 GPU 上。也可利用 to 方法将张量从一个设
备转移到另一个设备。例如,通过 Tensor.to('cuda:1')将张量转换为在编号为 1 的 GPU 上

运行的形式,其中'cuda:1'表示第二个可用的 GPU 设备,编号从 0 开始。

有时,为了计算方便,还需要在不改变数值的情况下,通过 torch.reshape 函数调整张量的形状,示例代码如代码 8.13 所示。

代码 8.13　PyTorch 修改张量形状的示例

```
>>>a =torch.ones(2,2)          #张量元素全为 1
Tensor([[1.,1.],
        [1.,1.]])
>>>torch.reshape(a, (-1,))     #(-1,)表示将张量 a 重新塑造为形如 1 * 4 的一维张量
Tensor([1.,1.,1.,1.])
```

下面介绍张量的一些常见索引(indexing)和切片(slicing)方法。对于张量 t,可通过指定每一维的索引值的方式访问对应元素的值,例如 $t[i,j,k]$。当需要获取某一维度的切片时,可用冒号“:”代替具体的下标,例如,$t[i,j,:]$ 表示可访问张量 t 中第 i 行、第 j 列对应的所有元素值;当需要指定具体的下标范围时,可用“$a:b$”的方式来设置切片,例如,$t[i,j,a:b]$ 表示可访问张量 t 中第 i 行、第 j 列对应的元素限定在下标 a 到 b(不包含 b)之间。与 Python 语言一样,张量中的索引也是从 0 开始的。

当需要将对张量进行拼接或分割操作时,可调用 torch.cat 和 torch.split 等函数来实现。torch.cat 函数可将输入的多个张量按照指定的维度进行合并,返回堆叠后的张量。torch.split 函数能够将输入张量根据指定的维度和指定的切分大小进行分割,返回切分后的张量列表。两个函数的应用如代码 8.14 所示。

代码 8.14　PyTorch 张量的合并和切分

```
>>>x =torch.ones(2,2)          #张量元素全为 1
Tensor([[1.,1.],
        [1.,1.]])
>>>torch.cat((x, x), 0)        #“0”表示沿着张量的第 0 个维度进行拼接
#两个形状为(2,2)的 tensor 合并后,形状为(4,2)
Tensor([[1.,1.],
        [1.,1.],
        [1.,1.],
        [1.,1.]])
>>>torch.cat((x, x), 1)        #“1”表示沿着张量的第 1 个维度进行拼接
#两个形状为(2,2)的 tensor 合并后,形状为(2,4)
Tensor([[1.,1.,1.,1.],
        [1.,1.,1.,1.]])
>>>torch.split(x, [1,1], 0)    #“0”表示沿着张量的第 0 个维度进行切分
#“[1,1],0”表示将形状为(2,2)的 x 切分为 2 个形如(1,2)的 tensor
(tensor([[1.,1.]]), tensor([[1., 1.]]))
>>>torch.split(x, [1,1], 1)    #“1”表示沿着张量的第 1 个维度进行切分
#“[1,1],1”表示将形状为(2,2)的 x 切分为 2 个形如(2,1)的 tensor
(tensor([[1.],[1.]]), tensor([[1.],[1.]]))
```

8.3.4　PyTorch 数据集构建

与 Scikit-learn 机器学习库类似,进行模型训练测试前,PyTorch 框架也需要用矩阵形

式表示数据集,并将数据集划分为训练集、验证集和测试集。由于训练深度学习模型时会用到 GPU 加速训练,故不能直接用普通的 Numpy 矩阵存储数据,需要用 PyTorch 中的张量存储数据,并进行跨设备的运算。PyTorch 框架提供了 torch.utils.data.Dataset 类,用于存储数据集的样本和标签;torch.utils.data.DataLoader 类用于从 Dataset 中迭代读取样本,并进行数据变换等操作。此外,PyTorch 框架也预置了一些计算机视觉、自然语言处理及语音识别等领域的公开数据集,如 MNIST 手写数字识别数据集(torchvision.datasets.MNIST)、CIFAR10 图像分类数据集(torchvision.datasets.CIFAR10)等,可以在这些领域库的 datasets 模块中查找和加载。

当需要自定义数据集时,PyTorch 框架要求继承 Dataset 类,并实现 3 个方法:__init__、__len__ 和 __getitem__。__init__ 函数用于加载所有样本和标签数据;__len__ 函数用于返回样本的数量;__getitem__ 函数用于返回索引值对应的样本的特征张量和标签。

代码 8.15 给出了一个利用 numpy 库随机生成样本特征矩阵和列表标签来自定义 Dataset 的示例。当需要对样本数据进行预处理(如数据类型转换、图像大小缩放、裁剪等)时,可在 Dataset 初始化方法中记录对样本数据的变换操作,并在 __getitem__ 方法中调用相应的变换处理。

代码 8.15　PyTorch 构建数据集

```
>>> import torch
>>> import numpy as np
>>> from torch.utils.data import Dataset, DataLoader
>>> class RandomData(Dataset):
>>>     def __init__(self, xlen, n, transform =None):   #n个样本,每个样本数据维度为 xlen
>>>         self.x =np.random.randn(n, xlen)
>>>         self.y =np.random.randint(0, 2, n)
>>>         print(self.x.shape)
>>>         self.transform =transform    #transform 是对一个数据变换方法的引用
>>>     def __len__(self):
>>>         return len(self.x)
>>>     def __getitem__(self, i):          #返回第 i 个样本的特征张量和标签
>>>         px =self.x[i, :]
>>>         py =self.y[i]
>>>         if self.transform:             #数据变换
>>>           px =self.transform(px)
>>>
>>>         return px, py
>>> rd =RandomData(3, 10)
(10, 3)
>>> print(rd.__len__())
10
>>> print(rd.__getitem__(3))
(array([ 0.22636803,  1.02947243, -0.44915334]), 0)
```

定义好数据集后,需要利用 DataLoader 类分批次加载数据集,且支持采用多进程加速数据的读取。DataLoader 需要设置如下主要参数:①batch_size 表示批次的大小,取整数值,用于指定单次模型训练输入的样本数量;②shuffle 表示样本是否打乱顺序,为布尔值;

③num_workers 表示读取数据的进程数量,默认是 0。可查看官方说明文档,了解更多的参数设置。

代码 8.16 给出了构建 DataLoader,并对数据集进行遍历的程序。当数据集中的样本数不能被 batch_size 整除时,最后一个批次的样本量将少于 batch_size;可在构建 DataLoader时设置 drop_last 参数为 True,表示舍弃不完整的批次数据。在模型训练之前,可分别构建训练数据、验证数据和测试数据的 Dataset 对象,并初始化相应的 DotaLoader,加载数据。

代码 8.16　PyTorch 遍历数据集

```
>>>training_data =DataLoader(rd, batch_size =3, shuffle =True)
>>>print(next(iter(training_data)))
[tensor([[ 0.1218, -1.0563, -0.6748],
         [-2.3872, -1.3080, -0.9114],
         [-0.3424, -0.6238,  0.3906]], dtype=torch.float64), tensor([0, 0, 1]])
>>>for k, (px_batch, py_batch) in enumerate(training_data):
>>>    print('{}-th batch: {}'.format(k, px_batch.shape))   #打印当前批次样本的形
                                                             #状(维度)
>>>    print('{}-th batch: {}'.format(k, py_batch.shape))   #打印当前批次样本的标
                                                             #签的形状

0-th batch: torch.Size([3, 3])
0-th batch: torch.Size([3])
1-th batch: torch.Size([3, 3])
1-th batch: torch.Size([3])
2-th batch: torch.Size([3, 3])
2-th batch: torch.Size([3])
3-th batch: torch.Size([1, 3])
3-th batch: torch.Size([1])
```

8.3.5　PyTorch 模型训练

构建好数据集后,可利用梯度下降法优化模型参数,完成模型训练。由于 PyTorch 深度学习框架集成了对张量的自动求导功能(参见 8.3.1 节),故无须手动推导梯度公式,可直接调用相关 API。对于模型的待优化参数,可通过设置 requires_grad＝True 声明其所对应的张量需要计算梯度,即求导。假设根据函数 $y = x^2 - 2x + 1 + \varepsilon$ 生成了一组训练样本 (x, y),其中 ε 是服从正态分布的噪声变量。假设要采用前述训练样本求解函数 $y = ax^2 + bx + c$ 的未知参数 a、b 和 c,在每次迭代中,需要采用当前估计的模型参数,计算模型的损失函数值,实现程序如代码 8.17 所示。

代码 8.17　PyTorch 实现 $y = ax^2 + bx + c$ 前向计算

```
>>>a =torch.randn(1, requires_grad =True, device ='cpu', dtype =torch.float)
tensor([-0.8791], requires_grad=True)
>>>b =torch.randn(1, requires_grad =True, device ='cpu', dtype =torch.float)
tensor([-0.7586], requires_grad=True)
>>>c =torch.randn(1, requires_grad =True, device ='cpu', dtype =torch.float)
tensor([-2.9107], requires_grad=True)
>>>y_pred =a * x * x +b * x +c        #每次迭代中,采用当前参数的估计值,计算预测值
```

```
tensor([-4.7742, -3.9599, -2.7517, -2.7549, -2.7513, -2.8225, -3.1139, -5.3242,
-3.0062, -3.0396], grad_fn=<AddBackward0>)
#grad_fn用于指示生成此张量的运算函数,<AddBackward0>表示加法操作
>>>error = y_pred - y                          #模型预测的误差值
tensor([-5.0021, -4.7062, -3.0840, -2.1461, -3.9770, -1.4958, -4.4715, -5.4651,
-3.1069, -3.1515], grad_fn=<SubBackward0>)     #<SubBackward0>表示减法操作
>>>loss = (error * * 2).mean()                 #模型的损失函数值
tensor(14.8787, grad_fn=<MeanBackward0>)       #<MeanBackward0>表示求均值操作
```

在代码 8.17 中,张量 y_pred、error 和 loss 都是经过数学运算得到的,均包含属性 grad_fn,用于记录生成此张量的运算函数(即它是一个指向 Function 对象的句柄),以便在自动求导中计算当前张量的梯度。模型参数 a、b 和 c 均包含 grad 属性,该属性用于记录自动求导后的梯度值,自动求导前 grad 的值为 None。在 PyTorch 中,损失函数可调用 loss.backward()方法进行自动求导,通过构建动态计算图(dynamic computation graph,DCG)进行反向传播,计算模型中未知参数的梯度值。对代码 8.17 中的模型进行自动求导的程序如代码 8.18 所示。需要注意的是:对于动态计算图中的非叶子节点的张量,直接访问其grad 属性会报错,因为动态计算图只记录叶子节点的 grad 属性值。

代码 8.18　PyTorch 利用 backward()函数自动求导

```
>>>loss.backward()
>>>a.grad
tensor([-4.4928])
>>>b.grad
tensor([-2.0357])
>>>c.grad
tensor([-7.3213])
>>>error.grad_fn
<SubBackward0 object at 0x7f96d00205b0>
>>>loss.grad_fn
<MeanBackward0 object at 0x7f96e0031ee0>
>>>error.grad   #动态计算图中的非叶子节点无 grad 属性
<stdin>:1: UserWarning: The .grad attribute of a Tensor that is not a leaf Tensor
is being accessed ...
```

自动求导获得模型参数的梯度值后,可利用梯度下降公式 $\theta^{t+1} = \theta^t - \eta \dfrac{\partial \text{Loss}}{\partial \theta^t}$($\eta$ 为学习率)迭代地优化参数。在 PyTorch 中计算设置为 requires_grad＝True 的张量时,均会更新动态计算图的结构。若不需要更新动态计算图,则可用 torch.no_grad()方法声明当前计算不修改动态计算图结构,且不更新梯度。此外,由于在每次自动求导后,模型参数(张量 a、b 和 c)的梯度值(grad 属性)都会自动累加,故在每轮训练后需调用 grad.zero_()方法,将对应的梯度值清零,以保证结果的正确性。梯度清零的程序如代码 8.19 所示。

代码 8.19　PyTorch 梯度清零

```
>>>lr = 0.01
>>>with torch.no_grad():   #表示将以下 tensor 的 requires_grad 设置为 False,不计算梯度
>>>    a -= lr * a.grad    #lr 为步长/学习率
>>>    b -= lr * b.grad
```

```
>>>    c -=lr * c.grad
>>>a.grad.zero_()
>>>b.grad.zero_()
>>>c.grad.zero_()
```

假设函数 $y=ax^2+bx+c$ 的训练数据如图 8.1 所示,构建训练数据集和优化该函数中的未知参数 a、b 和 c 的完整程序,如代码 8.20 所示。迭代 100 次后,优化后的参数值分别为 $a=0.971$、$b=-1.922$ 和 $c=0.974$,与真实值 $a=1$、$b=-2$ 和 $c=1$ 较接近。

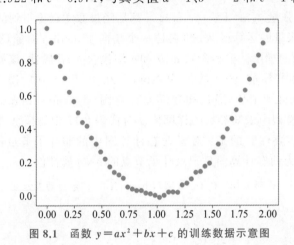

图 8.1 函数 $y=ax^2+bx+c$ 的训练数据示意图

代码 8.20 PyTorch 对 $y=ax^2+bx+c$ 函数进行参数估计

```
import torch
import numpy as np
import matplotlib.pyplot as plt
from torch.utils.data import Dataset, DataLoader
class RandomData(Dataset):
    def __init__(self, x, y):
        self.x =x
        self.y =y
    def __len__(self):
        return len(self.x)
    def __getitem__(self, i):
        px = self.x[i]
        py =self.y[i]
        return px, py
if __name__ =='__main__':
    np.random.seed(23)                 #设置随机数种子,便于复现
    n =50
    sample =np.linspace(0, 2, n)       #生成 0~2 之间 n 个均匀间隔的数据
    label =sample * sample -2 * sample +1 +0.01 * np.random.randn(n) #添加噪声的标签
    plt.scatter(sample, label)         #绘制横坐标为 sample,纵坐标为 label 的散点图
    plt.show()                         #参见图 8.1
    #创建并加载训练数据
    rd =RandomData(sample, label)      #创建自定义数据集
    #每批次加载 5 个样本,并打乱样本顺序
```

```
training_data =DataLoader(rd, batch_size =5, shuffle =True)
#将函数 y =a * x^2 +b * x +c 的参数 a,b,c 初始化为 0
a =torch.tensor(0, requires_grad =True, device ='cpu', dtype =torch.float)
b =torch.tensor(0, requires_grad =True, device ='cpu', dtype =torch.float)
c =torch.tensor(0, requires_grad =True, device ='cpu', dtype =torch.float)
lr =0.1                             #学习率
n_epochs =100                       #迭代次数
device ='cpu'
for epoch in range(n_epochs):
    #分批次迭代 100 次,优化参数
    for k, (x, y) in enumerate(training_data):
        x.to(device)
        y.to(device)
        y_pred =a * x * x +b * x +c
        error =y_pred -y            #计算误差
        loss =(error * * 2).mean()  #计算损失函数
        loss.backward()            #后向传播损失函数的梯度
        #更新参数
        with torch.no_grad():
            a -=lr * a.grad
            b -=lr * b.grad
            c -=lr * c.grad
        #梯度清零
        a.grad.zero_()
        b.grad.zero_()
        c.grad.zero_()
    print('{}-th epoch, a: {:.3f}, b: {:.3f}, c: {:.3f}'.format(epoch, a.item(),
b.item(), c.item()))
```

程序运行结果如下：

```
0-th epoch, a: 0.152, b: 0.030, c: 0.170
1-th epoch, a: 0.083, b: -0.077, c: 0.207
2-th epoch, a: 0.155, b: -0.075, c: 0.327
...
50-th epoch, a: 0.815, b: -1.626, c: 0.856
51-th epoch, a: 0.848, b: -1.622, c: 0.872
...
97-th epoch, a: 0.965, b: -1.920, c: 0.970
98-th epoch, a: 0.962, b: -1.924, c: 0.970
99-th epoch, a: 0.971, b: -1.922, c: 0.974
```

在 PyTorch 框架中,torch.optim 模块封装了多种优化器,包括随机梯度下降法（SGD）和 Adam 算法等,无须手动编程便可更新模型参数。对于每个优化器,都需要指定待优化的张量和学习率等参数。在自动求导后,调用 step()方法可实现参数更新,调用 zero_grad()方法可实现梯度清零。此外,torch.nn 模块中封装了多种可供用户选择的损失函数,如均方误差损失（nn.MSELoss）。深度学习模型的结构较复杂,为了加速训练,通常优先选择利用 GPU 计算和更新张量,可调用 torch.cuda.is_available()方法判断 GPU 是否可用,从而修改

device 变量值。进一步简化代码 8.20 中的模型训练部分,得到代码 8.21。

代码 8.21　PyTorch 调用 optim 模块的随机梯度下降法优化参数

```
lr =0.1                                              #学习率
n_epochs =100                                        #迭代次数
device ="cuda" if torch.cuda.is_available() else "cpu"   #优先使用 GPU 进行计算
optimizer =optim.SGD([a, b, c], lr =lr)              #优化器
loss_fn =nn.MSELoss(reduction ='mean')               #定义损失函数
for epoch in range(n_epochs):
    #分批次优化
    for k, (x, y) in enumerate(training_data):
        x.to(device)
        y.to(device)
        y_pred =a * x * x +b * x +c                  #计算函数预测值
        loss =loss_fn(y_pred, y)                     #计算损失函数
        loss.backward()                              #后向传播损失函数的梯度
        optimizer.step()                             #更新参数
        optimizer.zero_grad()                        #梯度清零
```

代码 8.21 中使用的函数表达式较为简单,若要构建更复杂的深度学习模型,PyTorch 框架中的 torch.nn 模块提供了多种基本组件,如卷积层(nn.Conv2d)、全连接层(nn. Linear)、长短时记忆层(nn.LSTM)等,有助于提升建模效率。可通过继承 torch.nn.Module 类、实现__init__方法和 forward 方法来自定义模型结构;__init__方法可用于完成模型的初始化,即定义模型包含的各个模块,并设置相应的参数;forward 方法可用于对输入样本 x 进行预测,并返回预测值 y。定义好模型后,可用 model(x) 直接获得模型的预测结果,无须调用 forward 方法。将二次函数 $y =ax^2 +bx +c$ 改用 PyTorch 中的 Module 实现,构建模型的程序如代码 8.22 所示。

代码 8.22　PyTorch 利用 torch.nn.Module 模块构建学习模型

```
class SquareModel(nn.Module):
    def __init__(self):
        super().__init__()
        #定义模型参数
        self.a =nn.Parameter(torch.tensor(0, requires_grad =True, device ='cpu',
dtype =torch.float))
        self.b =nn.Parameter(torch.tensor(0, requires_grad =True, device ='cpu',
dtype =torch.float))
        self.c =nn.Parameter(torch.tensor(0, requires_grad =True, device ='cpu',
dtype =torch.float))
    def forward(self, x):
        return self.a * x * x +self.b * x +self.c
#构建模型,并将模型发送到相应计算设备
model =SquareModel().to(device)
#显示模型的参数值
print(model.state_dict())
OrderedDict([('a', tensor(0.)), ('b', tensor(0.)), ('c', tensor(0.))])
#print 语句的输出结果
```

利用 torch.nn.Module 模块构建模型结构时，使用 nn.Parameter 类来声明当前张量为模型的未知参数，这样可调用 Module 的 parameters()方法或 state_dict()方法来获取模型的所有参数值。除了直接声明 a、b 和 c 这 3 个未知参数外，还可利用 nn.Linear 线性层来代替直接声明的做法，用该层的权重矩阵和偏置向量作为模型的参数。经过 nn.Linear 线性层后，对应的数据集 Dataset 的 __getitem__ 方法需要将返回的特征值 x 扩充为特征向量 $(x^2, x, 1)$，即将 x 的平方、x 本身和常数项 1 组合起来，形成一个特征向量。

进一步地，可将代码 8.21 中的模型预测部分 y_pred ＝ a * x * x ＋ b * x ＋ c 改为 model(x)，从而简化代码。修改后的模型训练过程如代码 8.23 所示。

代码 8.23　利用 PyTorch 内置函数简化模型构建过程，并进行模型训练

```
import torch
import numpy as np
import matplotlib.pyplot as plt
import torch.nn as nn
from torch.utils.data import Dataset, DataLoader
class RandomData(Dataset):
    def __init__(self, x, y):
        self.x = x
        self.y = y
    def __len__(self):
        return len(self.x)
    def __getitem__(self, i):
        pv = self.x[i]
#构造特征向量 x，其中包含输入数据 pv 的平方、pv 本身和常数项 1，并将 x 转换成一个 PyTorch
  张量，存储于变量 x 中。
        px = torch.tensor([pv * pv, pv, 1], dtype = torch.float)
        py = torch.tensor([self.y[i]], dtype = torch.float)
        return px, py
class SquareModel(nn.Module):
    def __init__(self):
        super().__init__()
        #定义线性层
        self.linear = nn.Linear(3, 1, bias = False, dtype = torch.float)
        nn.init.zeros_(self.linear.weight)
    def forward(self, x):
        return self.linear(x)
if __name__ == '__main__':
    np.random.seed(23)
    n = 50
    sample = np.linspace(0, 2, n)   #生成 0~2 之间 n 个均匀间隔的数据
    label = sample * sample  -2 * sample +1 +0.01 * np.random.randn(n)
    rd = RandomData(sample, label)
    training_data = DataLoader(rd, batch_size = 5, shuffle = True)
    #构建模型，将模型发送到相应计算设备
    device = "cuda" if torch.cuda.is_available() else "cpu"
    model = SquareModel()
    model.to(device)
    print(model.state_dict())
```

```
    lr = 0.1                    #学习率
    n_epochs = 100              #迭代次数
    optimizer = torch.optim.SGD(model.parameters(), lr = lr)      #优化器
    loss_fn = nn.MSELoss(reduction = 'mean')                      #损失函数
#训练模型
    for epoch in range(n_epochs):
        for k, (x, y) in enumerate(training_data):
            x.to(device)
            y.to(device)
            y_pred = model(x)
            loss = loss_fn(y_pred, y)     #计算损失函数
            loss.backward()               #后向传播损失函数的梯度
            optimizer.step()              #更新参数
            optimizer.zero_grad()         #梯度清零
#输出优化后的模型参数
print(model.state_dict())
#迭代 100 次后,print 语句的输出结果如下
OrderedDict([[('linear.weight', tensor([[ 0.9646, -1.9286,  0.9711]]))])
```

8.3.6　PyTorch 模型预测与评估

在深度学习模型训练过程中,每轮更新模型参数后,通常会评估模型在验证集上预测性能,并保存模型的训练结果。若不想修改动态计算图,可调用 torch.no_grad()声明不进行梯度计算,然后通过验证集数据对应的 DataLoader 加载器载入所有样本,计算模型性能的评价指标。可调用 torch.save()方法保存每轮迭代的训练结果,可调用 model.state_dict()只保存模型的待训练参数,以减小存储模型占用的空间,可调用 model.load_state_dict()方法载入已训练好的模型。保存和读入模型参数的程序如代码 8.24 所示。

代码 8.24　PyTorch 模型参数的保存和读入

```
>>> import torchvision.models as models
>>> model = models.vgg16(pretrained=True)               #读入预训练的模型 vgg16
>>> torch.save(model.state_dict(), 'model_weights.pth')  #只保存模型的参数
>>> model = models.vgg16()    #仅读取模型的参数时,不需要指定 pretrained=True
>>> model.load_state_dict(torch.load('model_weights.pth'))   #只读入模型的参数
```

由于深度学习模型的部分组件(如 nn.Dropout 和 nn.BatchNorm1d 等)在模型训练、模型验证和模型测试过程中的运算逻辑并不完全相同,因此需要显式地设置模型当前所处的模式,模型的模式分为训练模式和评估模式,分别用 model.train()和 model.eval()表示。模型的训练模式是指使用已知的数据集来训练模型的过程,模型的评估模式是指用验证集或测试集来评估已经训练好的模型的性能。代码 8.25 为在代码 8.23 中加入模型预测、模型评估和模型参数保存后的代码。

代码 8.25　PyTorch 模型的训练、测试与评估

```
for epoch in range(n_epochs):
    #设置训练模式
    model.train()
```

```
    for k, (x, y) in enumerate(training_data):
        x.to(device)
        y.to(device)
        y_pred =model(x)
        loss =loss_fn(y_pred, y)                #计算损失函数
        loss.backward()                         #后向传播损失函数的梯度
        optimizer.step()                        #更新参数
        optimizer.zero_grad()                   #梯度清零
#用测试集评估模型的性能
test_losses =[]
with torch.no_grad():
for k, (x_test, y_test) in enumerate(testing_data):
        x_test.to(device)
        y_test.to(device)
        #设置评估模式
        model.eval()
        y_test_pred =model(x_test)
        loss_test =loss_fn(y_test_pred, y_test)  #计算模型在测试集上的损失函数值
        test_losses.append(loss_test.item())
tloss_mean =np.mean(test_losses)
#保存模型的参数
torch.save(model.state_dict(), '{}_epoch_{:.3f}.pth'.format(epoch,tloss_mean))
```

8.3.7 PyTorch 模型超参数选择

与传统的机器学习模型类似,深度学习模型的超参数也会影响模型最终的预测性能。在模型训练过程中,优化器的类型、学习率的大小、样本批次的大小、卷积核的形状、全连接层的隐变量数目等超参数的不同均会导致模型性能的差异。

为了获得最优模型,PyTorch 官方推荐使用 Ray Tune 工具包(https://docs.ray.io/en/latest/ray-overview/index.html)来寻找最佳的超参数组合。RayTune 是一个快速、简单、高效的超参数调优工具,其设计思想是使用简单的 API 和智能搜索算法高效地搜索超参数空间,以期找到最佳参数组合,优化模型性能。Ray Tune 是一个 Python 库,其中集成了网格搜索(grid_search)、随机搜索、HyperOptSearch、OptunaSearch 和贝叶斯优化(BayesOptSearch)等多种超参数搜索算法。用 Ray Tune 调参的模型可以是由 PyTorch、Scikit-learn、TensorFlow 等多种机器学习框架构建的模型。在 Anaconda 环境下中直接运行 pip install ray -i https://pypi.tuna.tsinghua.edu.cn/simple,便可完成工具包的安装。

利用 Ray Tune 工具搜索超参数,不仅需要定义参数的搜索空间,还需要定义一个可配置的目标函数。参数的搜索空间是指利用 Ray Tune 中的 API 以字典形式表示的各参数取值范围,可配置的目标函数是指目标函数的参数值可从输入的 config 字典中读取。以二次函数 $y=x^2-2x+1$ 为例,假设需要寻找 $x \in [0,2]$ 内的最小值,其示例代码如代码 8.26 所示,其中用 tune.grid_search() 指定变量 x 的搜索范围,在目标函数中调用 session.report 将 y 值设置为每个 x 值所对应的评价指标(metric),并在每次计算后将指标值发送给 Tune,多轮计算后发现:当 $x=0.947$ 时,y 值最小。Ray Tune 中有多种定义参数搜索空间的方式,可参考 https://docs.ray.io/en/latest/tune/api_docs/search_space.html#grid-search-api。

代码 8.26　Ray Tune 参数优化

```
from ray import tune
from ray.air import session
import numpy as np
#定义可配置的目标函数
def objective(config):
    y =config['x'] * * 2 -2 * config['x'] +1
    session.report({'y':y})
#定义超参数搜索空间
param_space ={
    'x': tune.grid_search(np.linspace(0,2,20))
}
tuner =tune.Tuner(objective, param_space =param_space)
res =tuner.fit()
#根据 metric 的 mode 挑选超参数
best_res =res.get_best_result(metric ='y', mode ='min')
#输出最佳配置
print(best_res.config)
#程序运行结果
#2022-11-25 08:01:11, 771 INFO tune.py:777 --Total run time: 4.42 seconds (4.16
seconds for the tuning loop).
#{'x': 0.9473684210526315}
```

使用 tune.grid_search()定义参数空间,在后续搜索中需要遍历该空间中所有可能的值,参数过多时,搜索过程十分耗时。此时,可改用非网格搜索的定义方式,如 tune.choice(),并结合调度器选择参数。修改代码 8.26 中 x 的参数空间,如代码 8.27 所示,同时引入 ASHAScheduler 调度器(https://docs.ray.io/en/latest/tune/api_docs/schedulers.html#tune-schedulers),使当参数所对应的模型的性能较差时及时停止搜索。

代码 8.27　Ray Tune 使用调度器优化参数

```
from ray import tune
from ray.air import session
from ray.tune.schedulers import ASHAScheduler
import numpy as np
def objective(config):
    y =config['x'] * * 2 -2 * config['x'] +1
    session.report({'y': y})
param_space ={
    #'x': tune.grid_search(np.linspace(0,2,20))
    #将 grid_search 改为 choice
    'x': tune.choice(np.linspace(0,2,20))
}
#初始化调度器
asha_scheduler =ASHAScheduler(metric ='y', max_t =1, mode ='min')
#设置调度器,并将随机采样的样本数 num_samples 设置为 10
tune_config =tune.TuneConfig(scheduler =asha_scheduler, num_samples =10)
tuner =tune.Tuner(objective, param_space =param_space, tune_config =tune_config)
res =tuner.fit()
```

```
best_res =res.get_best_result(metric ='y', mode ='min')
print(best_res.config)
#程序运行结果 (10 次采样后,程序停止运行)
#2022-11-25 09:03:04,955 INFO tune.py:777 -- Total run time: 4.06 seconds (3.83
seconds for the tuning loop).
#{'x': 0.9473684210526315}
```

假设采用两层的神经网络模型对二次函数 $y = x^2 - 2x + 1$ 进行拟合,首先仍采用 RandomData 类构建数据集,并将其以 8∶2 的比例划分为训练集和验证集,如代码 8.28 所示。

代码 8.28　PyTorch 调用 Ray Tune 前构建训练集和测试集

```
def build_data():
    n =200
    sample =np.linspace(0, 2, n)   #生成 0~2 的 n 个均匀间隔的数据
    label =sample * sample  -2 * sample +1 +0.01 * np.random.randn(n)
    #构建训练集和测试集(8:2)
    split_n =int(n * 0.8)
    train_rd =RandomData(sample[:split_n], label[:split_n])
    test_rd =RandomData(sample[split_n:], label[split_n:])
    training_data =DataLoader(train_rd, batch_size =5, shuffle =True)
    testing_data =DataLoader(test_rd, batch_size =1, shuffle =False)
    return training_data,testing_data
```

然后,将 SquareModel 改为三层结构,即两个全连接层和一个 ReLU 激活层,将全连接层的权重初始化为 0,第 1 个全连接层的输出维度设为参数 m,示例代码如代码 8.29 所示。

代码 8.29　PyTorch 构建模型结构

```
def zero_weights(x):
    if isinstance(x, nn.Linear):
        nn.init.zeros_(x.weight)           #将全连接层的权重(表示为一个张量)初始化为 0
        x.bias.data.fill_(0)               #将偏置 bias 初始化为 0
class SquareModel(nn.Module):
    def __init__(self, m =1):
        super().__init__()
        self.layers =nn.Sequential(
            nn.Linear(3, m, dtype =torch.float), #第 1 个全连接层, 输入维度为 3,
                                                 #输出维度设为 m
            nn.ReLU(),                     #ReLU 函数层
            nn.Linear(m, 1, dtype =torch.float)   #第 2 个全连接层, 输入维度为 m,
                                                 #输出维度为 1
        )
        self.layers.apply(zero_weights) #将模型中所有层的权重参数初始化为 0
    def forward(self, x):
        return self.layers(x)
```

利用 Ray Tune 为 PyTorch 构建的深度学习模型选择超参数时,需要将构建数据集、训练模型和评估预测性能的过程整合到一个函数中,命名为 objective,如代码 8.30 所示。在

该函数中,首先调用 build_data()函数读入两个数据集;然后复用前述训练模型和评估预测性能的代码,利用 config 字典中的参数初始化模型和优化器。在每轮迭代(Epoch)后,调用 session.report({'mse': vloss_mean})方法向 Tune 发送相应参数组合的评价指标值,即模型在测试集上的损失函数值。

代码 8.30　PyTorch 调用 Ray Tune 前整合构建数据集、训练模型和评估预测性能的过程

```python
def objective(config):
    #构建数据集
    training_data,testing_data =build_data()
    #构建模型,将模型发送到相应的计算设备
    device ="cuda" if torch.cuda.is_available() else "cpu"
    model =SquareModel(m =config['m'])
    model.to(device)
    n_epochs =20                              #迭代次数
    optimizer =torch.optim.SGD(model.parameters(), lr =config['lr'])    #优化器
    loss_fn =nn.MSELoss(reduction ='mean') #损失函数
    for epoch in range(n_epochs):
        model.train()
        for k, (x, y) in enumerate(training_data):
            x.to(device)
            y.to(device)
            y_pred =model(x)
            loss =loss_fn(y_pred, y)         #计算损失函数
            loss.backward()                   #后向传播损失函数的梯度
            optimizer.step()                  #更新参数
            optimizer.zero_grad()             #梯度清零
        test_losses =[]
        with torch.no_grad():
            for k, (x_test, y_test) in enumerate(testing_data):
                x_test.to(device)
                y_test.to(device)
                #评估模型的预测性能
                model.eval()
                y_test_pred =model(x_test)
                loss_test =loss_fn(y_test_pred, y_test)
                test_losses.append(loss_test.item())
        tloss_mean =np.mean(test_losses)
        session.report({'mse':tloss_mean})    #向 Ray Tune 发送模型在测试集上的损失函数值
```

完成代码 8.30 所示的准备工作之后,需要输出模型全连接层的维度和优化算法的学习率。可以利用 ASHAScheduler 调度器优化参数,并输出最优的参数组合。代码 8.31 给出了参数选择过程。

代码 8.31　PyTorch 调用 Ray Tune 选择超参数

```python
if __name__ =='__main__':
    #参数空间
    param_space ={
        'm': tune.choice([1,2,3,4,5]),
```

```
        'lr': tune.grid_search([0.001, 0.01, 0.05, 0.1])
    }
    #初始化调度器
    asha_scheduler =ASHAScheduler(metric ='mse', max_t =3, mode ='min')
    #设置调度器,并将随机采样的样本数 num_samples 设置为 10
    tune_config =tune.TuneConfig(scheduler =asha_scheduler, num_samples =10)
    tuner =tune.Tuner(objective, param_space =param_space, tune_config =tune_config)
    res =tuner.fit()
    best_res =res.get_best_result(metric ='mse', mode ='min')
    print(best_res.config)
    print(best_res.metrics['mse'])
#最优的参数组合为
#{'m': 3, 'lr': 0.1}
#mse =0.19299947759136557
```

8.3.8 PyTorch 中的自动求导机制

PyTorch 深度学习框架较好地封装了自动求导的过程细节,用户得以专注于数据集处理、模型结构设计和优化。在前向计算张量的过程中,PyTorch 框架利用 torch.autograd.Function 对象自动构建动态计算图,该图中各节点表示张量或算子,节点之间的边表示张量或算子之间的依赖关系。torch.autograd 模块利用动态计算图来计算梯度。每个张量和数学运算都是一个 Function 对象,该对象包括 forward()和 backward()两个方法,分别用于实现前向计算和反向传播。

无论是用户定义的张量,还是计算过程产生的中间张量,均包含 grad_fn 属性,该属性用于记录生成此张量的运算函数,如<AddBackward0>。针对动态计算图中的叶子节点,可访问其 grad 属性,以获取当前节点累积的梯度值;针对图中的非叶子节点,可调用Tensor.retain_grad()方法累加记录在.grad 属性中的张量梯度。

下面以指数函数(Exp)为例介绍 Function 对象的用法,如代码 8.32 所示。在 Function对象的 forward 方法中,调用 FunctionCtx 对象的 save_for_backward()方法,以记录计算梯度所必需的张量;在 backward 方法中,访问 FunctionCtx 对象的 save_tensors 属性,以获取记录的张量。backward 方法的输入参数包含 FunctionCtx 对象和 grad_output 对象,其中grad_output 对象记录了模型损失函数对于当前 Function 对象的计算结果的梯度,即forward 方法的返回值的梯度。实际上,backward 函数的功能就是计算向量雅克比乘积,见公式(8.12)。

在模型训练过程中,通常会调用损失函数的 backward 方法(loss.backward())计算梯度。在 PyTorch 框架中,隐式地传入 1×1 的单位向量,即 loss.backward(1.0),来计算向量雅克比乘积。

代码 8.32 PyTorch 中简单 Function 对象构建示例

```
>>>class Exp(Function):
>>>    @staticmethod
>>>    def forward(ctx, input):
    #ctx 是 FunctionCtx 对象,用于记录反向传播过程中计算梯度必需的张量
>>>        out =input.exp()
```

```
>>>          ctx.save_for_backward(out)     #将 ctx 对象(张量)保存起来,用于后续的 backward
                                             #函数
>>>          return out
>>>    @staticmethod
>>>      def backward(ctx, grad_output):
        #FunctionCtx 对象在 forward 函数中存储计算梯度必需的变量,并在 backward 函数中
        #读取
        #grad_output 是 forward 方法返回的 out 的梯度
        #ctx.saved_tensors 返回 forward 函数中存储的 FunctionCtx 对象
>>>          out, =ctx.saved_tensors
>>>          return grad_output * out
```

下面构建一个稍复杂的 Function 对象,来说明 forward 方法和 backward 方法的计算过程。假设要在 PyTorch 中自定义一个算子,以计算 $xy+yz+xyz$ 的值,其中 x 和 y 是自变量,z 是固定参数,则构建此 Function 对象的程序如代码 8.33 所示。

代码 8.33　PyTorch 中复杂 Function 对象构建示例

```
>>>class XYZ(Function):
>>>    @staticmethod
>>>    def forward(ctx, x: torch.Tensor, y: torch.Tensor, z: int):
>>>        w =x * z
>>>        out =x * y +y * z +w * y
>>>        ctx.save_for_backward(x, y, w, out)  #save_for_backward 仅能保存张量
>>>        ctx.z =z                             #z 不是张量
>>>        return out
>>>    @staticmethod
>>>    @once_differentiable
>>>    def backward(ctx, grad_output):
>>>        x, y, w, out =ctx.saved_tensors
>>>        z =ctx.z
>>>        gx =grad_output * (y +y * z)         # (y +y * z)是 out 对 x 求偏导的结果
>>>        gy =grad_output * (x +z +w)          # (x +z +w)是 out 对 y 求偏导的结果
>>>        gz =None                             #变量 z 不需要返回值
>>>        return gx, gy, gz
```

代码 8.33 中的 forward 方法有 3 个输入参数,则 backward 方法返回的梯度向量的维度为 3。backward 方法中 grad_output 记录的是 forward 方法中损失函数 out 变量的梯度,故变量 x 和 y 的梯度分别为 grad_output $* (y+y*z)$ 和 grad_output $* (x+z+x*y)$。变量 z 无须计算梯度,故其返回值为 None。注意:在 forward() 方法中,FunctionCtx 对象调用 save_for_backward 方法保存张量,而对于非张量 z,可以将 z 的值保存为一个新的属性,例如 self.z $= z$。然后,在 backward() 方法中,可通过访问 self.z 来获取 z 的值,并根据需要计算梯度。需要注意的是,由于在 backward 方法中无法直接获得非张量类型的变量,所以在 forward 方法中保存这些变量的值,对于计算梯度是非常重要的。

在前向计算的过程中,autograd 模块会给出数学运算的结果,同时,会根据相关 Function 对象之间的依赖关系构建动态计算图。图中的叶子节点是输入的张量,根节点是损失函数输出的张量。调用 backward() 方法进行反向传播过程中,autograd 模块会调用各

个张量的 grad_fn 属性中存储的 Function 对象（即具体的运算函数）进行梯度计算，并利用 grad 属性记录位于叶子节点处的张量的累积梯度值。采用链式求导法则，从根节点到叶子节点依次遍历，完成梯度计算。

假设要计算 $(a \times b + c) \times d$，代码 8.34 给出了实现其动态计算图构建的程序。

代码 8.34　PyTorch 构建动态计算图的示例

```
>>> a = torch.tensor(3.0, requires_grad = True)
>>> b = torch.tensor(2.0)
>>> c = torch.tensor(4.0, requires_grad = True)
>>> d = torch.tensor(1.5, requires_grad = True)
>>> o1 = a * b     # o1 = 6
>>> o2 = o1 + c    # o2 = 10
>>> o3 = o2 * d    # o3 = 15
```

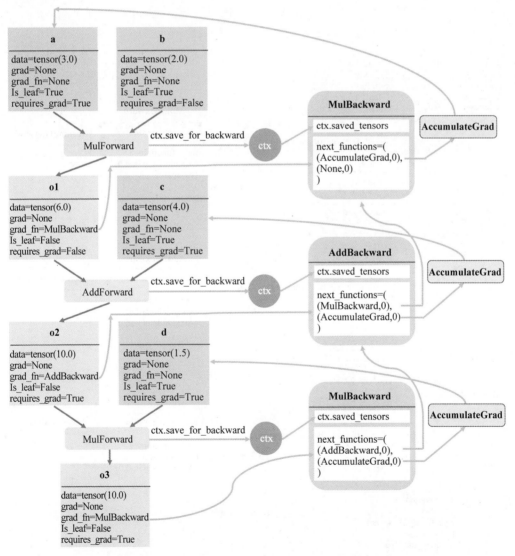

图 8.2　PyTorch 前向计算过程中生成动态计算图的示意图

完成前向计算后,生成动态计算图的结构如图 8.2 所示。每个张量的 grad_fn 属性存储的运算函数都有一个 next_functions 属性,该属性是一个元组列表,每个元组关联该运算的一个输入变量。每个元组包含两个元素:第一个元素是属性 grad_fn 所指示的 backward 函数;第二个元素是索引值,表示当前变量的梯度值在 backward 函数的输入向量 grad_output 中的索引位置,因为当 Function 对象的 forward 函数的返回值为多维向量时,其所对应的 grad_output 为相同维数的向量,需要用索引值记录传递到当前 backward 函数的梯度值在 grad_output 向量中的对应维度。

图 8.2 的左侧是前向计算过程,右侧是反向传播的过程,计算并反向传递各变量的梯度值。在右侧的反向动态计算图中,AccumulateGrad 类型的对象用于累加叶子节点的梯度值,在反向传播过程中,它通常对应于 requires_grad=True 的张量,用于汇总各个分支的梯度值,并将这些梯度值作为参数传递给相应的运算函数,执行累加操作。

调用 o3.backward()方法后,动态计算图的数据更新流程如图 8.3 所示。Function 对象

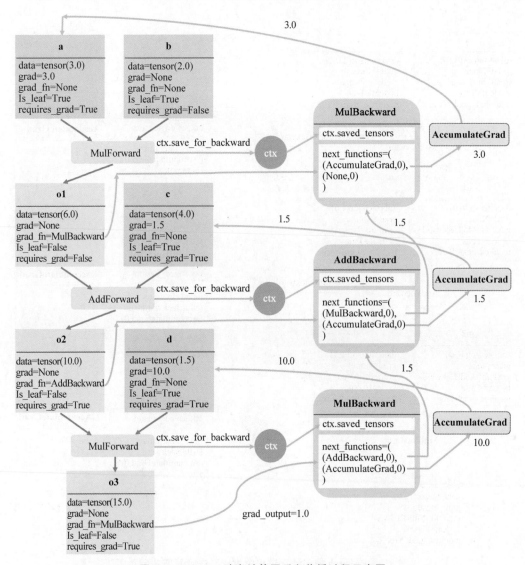

图 8.3 PyTorch 动态计算图反向传播过程示意图

的 backward 函数需要计算向量雅克比乘积,将默认参数 1.0 传入变量 o3,并开始反向传播。

8.4 深度学习框架——飞桨

飞桨(PaddlePaddle)是由百度公司自主研发的、中国首个开源开放、功能丰富的产业级深度学习平台,它集深度学习的训练和推理(预测)核心框架、基础模型库、端到端开发套件、工具组件于一体,如图 8.4 所示。

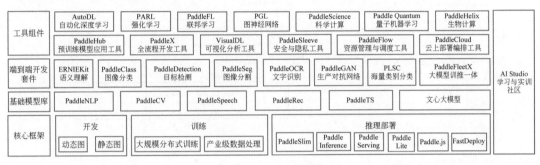

图 8.4 飞桨产品概览

早在 2012 年,百度公司就开始研发具有完全自主知识产权的深度学习开发框架,包括文字识别(optical character recognition,OCR)、语音处理和计算机视觉等方向。2016 年,其自研的深度学习框架"飞桨"向社会开源。这一举措不仅使飞桨成为我国首款自主研发、成熟完备的深度学习开源框架,更是将深度学习技术赋能给更多的行业和公司。

目前,飞桨已凝聚超过 500 万开发者,并广泛应用于工业、能源、交通、农业等领域。根据 2022 年 IDC 的调研,飞桨稳居中国深度学习平台市场综合份额第一,是目前最具影响力的国产深度学习开源框架。

8.4.1 飞桨框架概述

深度学习框架的编程界面一般有两种编程模式:一是命令式编程,即动态图模式;二是声明式编程,即静态图模式。在动态图模式下,程序可即时执行,并输出结果,编程体验更佳,调试更便捷;在静态图模式下,需完成整体网络结构的定义,再执行,编程和调试均不够便捷,但能够对全局编译优化,更有利于性能的提升,且天然地有利于模型的保存和部署。

飞桨同时支持这两种编程模式,兼顾两种方式的优势。开发模型时,采用动态图模式,编程效率高,调试方便;训练和部署模型时,支持动态图一键式自动转为静态图,实现高性能训练,并无缝衔接模型的存储和部署。

飞桨框架建设了大规模的、丰富的产业级开源的模型库,模型总数达到 600 多个,包含经过产业实践长期打磨的主流模型、在国际竞赛中夺冠的模型和预训练模型;提供面向语义理解、图像分类、目标检测、图像分割、文字识别、语音合成等场景的多个端到端开发套件。

此外,飞桨框架还提供了两类 API:一类是基础 API,另一类是高层 API。使用基础 API,开发者可以随意设计并搭建深度学习模型,不会受任何限制;使用高层 API 可以实现低代码编程,它允许开发者编写 10 行代码就能完成模型训练的程序,如图 8.5 所示,大大降低了开发代码的复杂度,但其缺点是少一些自主性。

基于基础API实现模型训练

图 8.5 基础 API 和高层 API 的模型训练代码实现对比

基础 API 和高层 API 可以独立使用,如图 8.5 所示。而且高层 API 和基础 API 采用了一体化设计,两者可以互相配合使用,做到高低融合,确保用户可以同时享受开发的便捷性和灵活性,如图 8.6 所示。

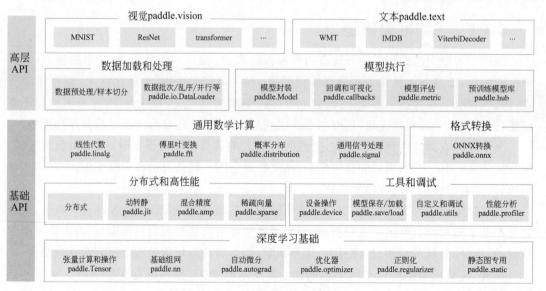

图 8.6 飞桨高低融合的 API 体系

以人脸关键点检测任务为例,模型构建的代码如图 8.7 所示,其中,高层 API 用于构建网络,基础 API 用于调整参数,基础 API 和高层 API 是相互配合使用的。

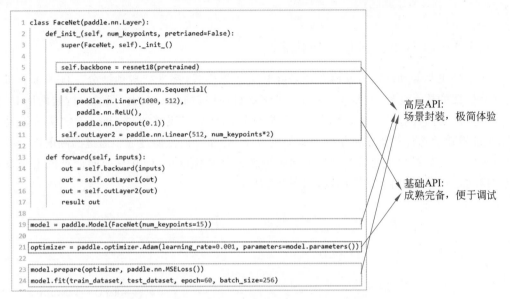

图 8.7　基层 API 和高层 API 混合使用构建模型

8.4.2　飞桨的张量表示

与 PyTorch 类似,飞桨框架中的数据也采用张量表示。可通过如下 3 种方式创建张量。

(1) 指定数据创建,是通过 paddle.to_tensor 方法将 Python 列表或元组等数据转换为张量。

(2) 通过内置 API 创建,是指调用 paddle.zeros、paddle.ones、paddle.full、paddle.arange、paddle.linspace 等函数直接构建指定形状的张量,或通过 paddle.ones_like、paddle.zeros_like 及 paddle.empty_like 等函数创建与已有张量形状相同的新张量,或借助 paddle.rand、paddle.randn、paddle.randint 等函数构建满足特定分布的张量等。

(3) 通过 Numpy 矩阵转换。首先,基于 Numpy 库构建数据矩阵;然后,调用 paddle.to_tensor 将矩阵转换为相应的张量。调用 Tensor.numpy 方法可将张量转换为 Numpy 矩阵。

例如,用给定的 Python 列表数据创建形如矩阵的二维张量,实现程序如代码 8.35 所示。

代码 8.35　飞桨创建张量

```
>>>import paddle
>>>dim_2_Tensor =paddle.to_tensor([[1.0, 2.0, 3.0],
                                    [4.0, 5.0, 6.0]])
>>>print(ndim_2_Tensor)
```

打印结果如下。

```
Tensor(shape=[2, 3], dtype=float32, place=CPUPlace, stop_gradient=True,
       [[1., 2., 3.],
        [4., 5., 6.]])
```

8.4.3　飞桨的自动微分机制

无论是飞桨的动态图编程模式还是静态图编程模式，都支持自动微分。自动微分机制是飞桨框架的核心功能，它根据 forward() 函数自动构建 backward() 函数。构建网络时，用户只需关注前向计算的过程，无须编写反向计算的代码。飞桨通过 trace 方式实现自动微分，通过构建动态计算图来记录前向运算的算子，并在反向传播过程中通过回溯前向计算图计算梯度。飞桨对每个变量都创建反向张量来记录其梯度信息，并在前向计算图上添加相应的反向运算算子，用于计算梯度，如图 8.8 所示。

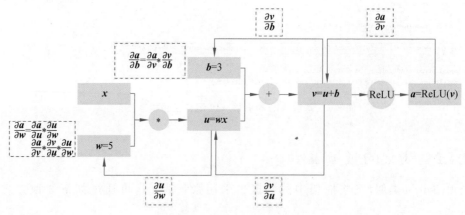

图 8.8　trace 执行流程示意图

自动微分的执行过程如代码 8.36 所示。

代码 8.36　飞桨自动微分执行过程

```
import paddle
#定义张量 a 和 b,stop_gradient=False 表示计算梯度,stop_gradient=True 表示不计算
#梯度
a =paddle.to_tensor(2.0, stop_gradient=False)
b =paddle.to_tensor(5.0, stop_gradient=True)
c =a * b
#反向传播梯度
c.backward()
print("Tensor a's grad is: {}".format(a.grad))    #c 对 a 求偏导,为 5
print("Tensor b's grad is: {}".format(b.grad))
print("Tensor c's grad is: {}".format(c.grad))    #c 对 c 求偏导,为 1
```

输出结果如下。

```
Tensor a's grad is: Tensor(shape=[1], dtype=float32, place=CUDAPlace(0), stop_
gradient=False,[5.])
Tensor b's grad is: None
```

```
Tensor c's grad is: Tensor(shape=[1], dtype=float32, place=CUDAPlace(0), stop_
gradient=False,[1.])
```

1. 前向计算

在代码 8.36 中,输入张量 a 和 b,计算二者的乘积 c,其前向动态计算图如图 8.9 所示。执行前向计算时,飞桨会自动为每个张量和算子创建相应的反向张量和反向算子。每个张量都有 grad_var 属性,用于记录该张量的反向张量;每个反向张量都有 grad_op 属性,用于记录以该张量作为输入的反向算子。

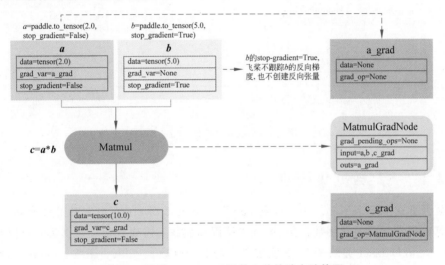

图 8.9　调用 backward() 函数之前的动态计算图

（1）创建 a 的张量,其属性 stop_gradient=False,飞桨会自动创建 a 的反向张量 grad_var = a_grad。在 a_grad 中,用 grad_op 记录其反向算子。由于 a 不是任何反向算子的输入,则它的 grad_op 为 None。

（2）创建 b 的张量,其 stop_gradient= True,则飞桨不会创建 b 的反向张量,即 grad_var= None。

（3）执行乘法 $c=a*b$,乘法操作是一个前向算子 Matmul,其反向算子为 MatmulGradNode。MatmulGradNode 的输入有 3 个,分别是前向算子的两个输入 a 和 b,以及前向算子输出的张量 c 的反向张量,即 c_grad。MatmulGradNode 的输出是前向算子的两个输入的反向张量(若输入的 stop_gradient 为 True,则其反向张量为 None)。在此例子中,MatmulGradNode 的输出是 a_grad 和 None(即 b_grad)。

（4）MatmulGradNode 中 grad_pending_ops 的作用为：记录在当前节点之后下一个要计算的反向算子,可以理解为：在反向传播过程中,从一个反向算子指向下一个要计算的反向算子的指针。

（5）通过乘法算子创建 c 后,c 会创建一个反向张量 c_grad,其中的 grad_op 表示该乘法算子的反向算子是 MatmulGradNode。

2. 反向传播

在代码 8.36 中,调用 backward() 后正式开始进行反向传播过程,自动计算微分,动态计算图如图 8.10 所示。

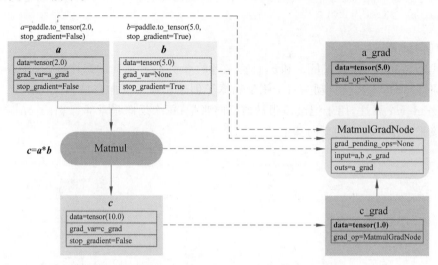

图 8.10　调用 backward( )函数之后的动态计算图

8.4.4　飞桨数据集构建

飞桨分别在 paddle.text.datasets 和 paddle.vision.datasets 库中内置了多个自然语言处理和计算机视觉领域的常用数据集,可直接调用和加载。需要自定义数据集时,可构建一个继承 paddle.io.Dataset 类的子类,并实现其中的 3 个函数: __init__ 函数、__getitem__ 函数、__len__ 函数。__init__ 函数用于初始化数据集,它数据读取,并将磁盘中的数据本身或数据所在的文件路径存储在列表中;__getitem__ 函数是根据指定的索引来获取样本,在返回单个样本及其所对应的标签之前,可对样本进行数学变换,如图像旋转、裁剪、亮度调整等操作;__len__ 函数用于获取数据集中的样本数。自定义 Dataset 类后,可通过 for 循环遍历数据,实现程序如代码 8.37 所示。

代码 8.37　飞桨遍历数据集

```
>>>for data in self_dataset:
>>>    x, label =data
>>>    print('shape of x: P{, label: {}'.format(x.shape, label)}
```

与 Pytorch 类似,飞桨也可通过 paddle.io.DataLoader 类来定义数据集读取器,设置数据的批次大小、是否乱序、进程数量等参数,分批次访问数据,示例程序如代码 8.38 所示。

代码 8.38　飞桨构建 DataLoader

```
>>>train_loader =paddle.io.DataLoader(self_dataset, batch_size=8, shuffle=
True, num_workers=1, drop_last=False)
>>>for k, data in enumerate(train_loader()):
>>>    xs, labels =data
>>>    print("batch_id: {}, 训练数据 shape: {}, 标签数据 shape: {}".format(k, xs.
        shape, labels.shape))
```

8.4.5 飞桨的模型开发

机器学习的过程包括模型构建和模型训练两个阶段。飞桨的模型构建可通过两种方式实现：一是直接使用内置的模型（如 paddle.vision.models 模型库中的模型），二是调用 paddle.nn 模块中的 API 来自定义网络结构。

paddle.nn 模块提供了各种组件，如 Conv1D、Conv2D、Conv3D、RNN、LSTM 和 GRU 等，便于搭建模型结构。对于结构较简单的模型，可通过 paddle.nn.Sequential 来顺序组装各网络层而构成；对于结构较复杂的模型，可通过继承 paddle.nn.Layer 类来自定义网络结构。利用 paddle.nn.Sequential 构建 LeNet 网络的程序如代码 8.39 所示。

代码 8.39　飞桨利用 **paddle.nn.Sequential** 构建 LeNet 模型

```
>>>lenet_Sequential =nn.Sequential(
>>>      nn.Conv2D(1, 6, 3, stride=1, padding=1),    #二维卷积层,输入通道数=1,6个
                                                     #3×3的卷积核
>>>      nn.ReLU(),
>>>      nn.MaxPool2D(2, 2),                          #池化层
>>>      nn.Conv2D(6, 16, 5, stride=1, padding=0),   #二维卷积层,输入通道数=6,16个
                                                     #5×5的卷积核
>>>      nn.ReLU(),
>>>      nn.MaxPool2D(2, 2),     #池化层,输出的是16个5×5的特征图(共400个分量)
>>>      nn.Flatten(),           #将特征向量展平,成为一个含有400个分量的一维张量
>>>      nn.Linear(400, 120),    #全连接层,有120个神经元,输入400个元素,输出120个元素
>>>      nn.Linear(120, 84),     #全连接层,有84个神经元,输入120个元素,输出84个元素
>>>      nn.Linear(84, 10)       #输出层,有10个神经元,输入84个元素,输出10个元素
>>>)
```

采用 paddle.nn.Layer 类自定义网络结构与 PyTorch 类似，也需要在初始化函数__init__ 中定义所需组件，并在 forward() 方法中描述前向计算的过程。利用 paddle.nn.Layer 构建 LeNet 网络的程序如代码 8.40 所示。

代码 8.40　飞桨利用 **paddle.nn.Layer** 构建 LeNet 模型

```
>>>class LeNet(nn.Layer):
>>>    def __init__(self, num_classes=10):
>>>        super(LeNet, self).__init__()
>>>        self.num_classes =num_classes
>>>        self.features =nn.Sequential(               #卷积模块
>>>            nn.Conv2D( 1, 6, 3, stride=1, padding=1),
>>>            nn.ReLU(),
>>>            nn.MaxPool2D(2, 2),
>>>            nn.Conv2D( 6, 16, 5, stride=1, padding=0),
>>>            nn.ReLU(),
>>>            nn.MaxPool2D(2, 2))
>>>        self.linear =nn.Sequential(                 #全连接模块
>>>            nn.Linear(400, 120),
>>>            nn.Linear(120, 84),
>>>            nn.Linear(84, num_classes))
>>>    def forward(self, inputs):                      #前向计算
```

```
>>>        x = self.features(inputs)
>>>        x = paddle.flatten(x, 1)
>>>        x = self.linear(x)
>>>        return x
```

构建好模型结构后,还需要调用 paddle.Model 对模型进行封装,然后利用 paddle.Model.prepare 配置模型的损失函数(paddle.nn.Loss)、优化器(paddle.optimizer)和评价指标(paddle.metric)等。具体实现如代码 8.41 所示。

代码 8.41　飞桨封装模型、配置优化器、损失函数和评价指标

```
>>>model = paddle.Model(LeNet)
>>>model.prepare(paddle.optimizer.Adam(parameters=model.parameters()),
            paddle.nn.CrossEntropyLoss(), paddle.metric.Accuracy())
```

在新版本的飞桨框架中,与 Scikit-learn 类似,可调用 fit 方法训练模型。在 fit 函数中,需要指定训练数据集 train_dataset、数据批次的大小 batch_size、训练的轮数 epochs 等。在函数运行过程中,可以输出每轮迭代后损失函数值和模型性能评价指标等信息。在模型训练结束后,可调用 paddle.Model.evaluate 评估模型在测试数据集上的性能,evaluate 方法需要的参数与 fit 方法相同。示例程序如代码 8.42 所示。

代码 8.42　飞桨利用 **fit** 和 **evaluate** 函数分别训练和评估模型

```
>>>model.fit(train_dataset, epochs=5, batch_size=64, verbose=1)
>>>model.evaluate(test_dataset, batch_size=64, verbose=1)
```

飞桨中的 prepare、fit 和 evaluate 方法属于高层 API,它们将在指定的数据集上进行模型预测、损失函数计算、梯度计算、性能评估指标计算和梯度清零的过程均作了封装。代码 8.43 给出了在不采用 prepare 和 fit 方法的情况下的模型训练程序。

代码 8.43　飞桨不采用 **prepare** 和 **fit** 方法训练和评估模型

```
#与 PyTorch 类似,设置当前处于训练模式,影响 DropOut 和 BatchNorm 等模块
>>>model.train()
>>>epochs = 5                                              #设置迭代次数
>>>optim = paddle.optimizer.Adam(parameters=model.parameters())   #设置优化器
>>>loss_fn = paddle.nn.CrossEntropyLoss()                  #设置损失函数
>>>for epoch in range(epochs):                             #训练轮数
>>>    for batch_id, data in enumerate(train_loader()):
>>>        x_data = data[0]                                #读入训练样本
>>>        y_data = data[1]                                #读入训练样本所对应的真实标签
>>>        predicts = model (x_data)                       #前向传播得到预测数据
>>>        loss = loss_fn(predicts, y_data)                #计算损失函数
>>>        acc = paddle.metric.accuracy(predicts, y_data)  #计算模型预测的准确率
>>>        loss.backward()                                 #反向传播损失函数的梯度
>>>        if (batch_id+1) % 900 ==0:
>>>            print("epoch: {}, batch_id: {}, loss is: {}, acc is: {}".format
                (epoch, batch_id+1, loss.numpy(), acc.numpy()))
>>>        optim.step()                                    #更新参数
>>>        optim.clear_grad()                              #梯度清零,准备开始下一批训练
```

对于训练好的模型,可分别调用 save 和 load 方法存储和加载模型,并利用 predict_batch 方法批量预测样本,实现程序如代码 8.44 所示。

代码 8.44　飞桨模型的保存和加载

```
>>>model.save('./result/model')                    #存储已训练好的模型
>>>model.load('./result/model')                    #加载已保存的模型
>>>test_pred =model.predict_batch(test_dataset)    #批量预测样本
```

8.5　本章小结

1. 机器学习开发框架

开发人工智能的应用程序,需要同时考虑应用需求、数据采集、编程语言、模型效率和硬件结构等多方面因素。机器学习开发框架采用模块化设计,并将实现某些功能的算法封装在包中,隐藏了模型参数优化及与 CPU 和 GPU 等底层设备交互的细节,为开发人员提供高级别接口,以方便、快速地完成模型构建、训练、验证及部署等任务。

2. Scikit-learn 机器学习库

Scikit-learn 是基于 Python 语言编写的机器学习库,实现了多种经典的机器学习算法,主要包括 6 个模块:预处理、降维算法、分类模型、回归模型、聚类算法和模型选择。Scikit-learn 库采用面向接口的编程方式,有 3 个核心接口,分别为用于模型构建的 Estimator 接口、用于模型预测的 Predictor 接口和用于数据变换的 Transformer 接口。

3. PyTorch 深度学习框架

目前,PyTorch 和 TensorFlow 是在产业界与学术界应用最广、热度最高的两种深度学习框架。PyTorch 的 API 稳定,应用开发便捷、灵活,部署简单,便于初学者学习和使用。自动求导是深度学习框架的一个重要特点,PyTorch 框架通过构建动态计算图来实现自动求导及模型参数优化更新。在前向计算过程中,根据算子对象的链接关系构建动态计算图,并根据该动态计算图构建用于反向传播的动态计算图,以获得不同模型参数的梯度信息。

4. 飞桨(PaddlePaddle)深度学习框架

飞桨是由百度公司自主研发、功能丰富、首个国产、开源的产业级深度学习平台,它集深度学习的训练和推理(预测)核心框架、基础模型库、端到端开发套件、工具组件于一体。飞桨框架支持动态图和静态图两种开发模式,覆盖模型开发与训练、模型预训练、压缩和部署等多种场景。飞桨在计算机视觉、自然语言处理、生物计算、量子计算等多个领域都推出了相关的预训练模型和工具,广泛服务于学术界和产业界。

习题 8

1. 简述利用 Scikit-learn 库进行模型超参数选择的过程。
2. 对于二分类的机器学习任务,简述利用 ROC 曲线选择合适分类阈值的过程。
3. 简述自动求导机制。
4. 简述 PyTorch 与 Scikit-learn 之间的差异。

5. 简述 PyTorch 中 Tensor 和 Function 的关系。

6. 简述 PyTorch 中如何利用动态计算图实现自动求导。

7. 描述 PyTorch 中 model.train()和 model.eval()的作用。

8. 描述 PyTorch 中选择深度学习模型的超参数的过程。

9. 简述如何使用 PyTorch 构建和加载自定义数据集。

10. 简述 Scikit-learn 模型训练过程。

第 9 章

机器学习项目剖析

本章学习目标

- 掌握机器学习建模的主要步骤,并熟悉实践项目的设计与运行。
- 了解如何选择最优机器学习模型。
- 通过实例熟练掌握 Scikit-learn 与飞桨的使用方法。

本章将基于飞桨框架和 Scikit-learn 机器学习库介绍机器学习应用项目的开发流程,并剖析多个机器学习的经典应用案例,包括利用线性回归模型预测波士顿房价、采用支持向量机对鸢尾花进行分类、构建多层神经网络实现手写体数字识别、构建 VGG 卷积神经网络实现动物图像分类、利用 U-Net 模型进行图像分割和利用 YOLOv3 模型进行昆虫目标检测。

9.1 机器学习应用项目的开发流程

机器学习应用项目的开发流程通常包括以下几个步骤。

(1) 数据预处理:是指对原始数据进行清洗、数学表示、数学变换、数据整合和特征选择等操作。原始数据本身含噪声的程度、数据的完整性和一致性均会影响数据的预处理。而数据预处理的准确性又会直接影响模型的性能,通常在机器学习项目实践中,数据预处理会占用开发人员大量的时间和精力。

(2) 数据集构建:根据数据分布的规律和任务的特点设计合理的样本选择和划分策略,以特定比例将样本分为训练集、验证集或测试集。在数据集构建过程中,需要分析不同类别样本的数量分布情况或不同变量的数值分布范围,考虑样本分布不均衡问题对模型性能的影响。

(3) 模型构建与设置:对于飞桨及 Scikit-learn 机器学习框架中已封装好的模型,需要合理设置模型的超参数(如随机森林中决策树的数量、人工神经网络中隐层的数量、支持向量机模型中惩罚项的大小、模型优化算法的种类、优化算法中的学习率等)。采用飞桨框架自定义深度学习模型时,可借助框架已封装的各类组件(如卷积层、全连接层、dropout 等)进行结构设计,完成模型的初始化,并描述前向计算过程。

(4) 模型训练:机器学习框架较好地隐藏了模型参数优化的过程,在 Scikit-learn 库中,调用 fit 方法自动进行参数估计;在飞桨和 PyTorch 等深度学习框架中,通过构建动态计算图的方式进行自动求导,分别调用 backward 方法和 step 方法可计算和更新梯度。

(5)模型性能评估及测试:根据机器学习任务类型(回归或分类等)和目标(关注 AUC 或精度等),选择合适的单个或多个评价指标(AUC、敏感度、特异度、精度及 F1 等)评估模型的性能,并且通过比较模型在训练集和验证或测试集上的性能判断是否存在过拟合问题。根据模型性能评估结果分析预测误差较大的样本,寻找改进模型的策略。

(6)模型超参数优化:当模型存在多个超参数(如优化器的种类、学习率的大小、卷积层的数量、卷积核大小等),对模型预测性能有较大影响时,可通过枚举或搜索等方式设置不同超参数的组合,比较各种情况下模型训练和预测的性能指标,寻找最佳的超参数组合。

在实际项目开发的过程中,上述步骤会因任务、数据、目标及所采用模型的不同而存在差异,需要在实践中不断积累经验。下面对 6 个典型案例的代码进行剖析,以便更好地理解机器学习模型的构建、训练和预测流程。

本书中案例的代码有两种运行方式,既可在本地电脑上运行,也可在 AI Studio 平台上运行。

(1)如果选择在本地电脑上运行,需要安装飞桨和相关环境。

(2)如果选择在 AI Studio 平台上运行,无须在本地安装软件,AI Studio 支持在线运行 Jupyter Notebook。

AI Studio(https://aistudio.baidu.com/aistudio/index)是飞桨人工智能学习和实训平台,集公开数据集、开源算法、免费算力于一体,形成一个高效、易用的学习和开发环境,为初学者提供了丰富的深度学习开源项目案例和教程。开发者可通过在线编程环境获取免费 GPU 算力,降低人工智能学习和实践的成本。

9.2　波士顿房价预测——线性回归模型

波士顿房价预测项目的任务是:采用波士顿房价数据集,利用飞桨框架构建线性回归模型,拟合波士顿房屋的多种特征,从而进行房价的预测。本节代码参见 AI Studio 相关项目(https://aistudio.baidu.com/aistudio/projectdetail/3403233)。

波士顿房价数据集(Boston house price dataset)来自加利福尼亚大学尔湾分校发布的公开数据集,其中包括 506 个样本,包含了 1978 年美国马萨诸塞州波士顿不同郊区住宅的价格的中位数及 13 个特征变量,即每个城镇的人均犯罪率、住宅用地占比、非商用地占比、是否临近查尔斯河、氮氧化物浓度、每栋住宅的平均房间数、1940 年前建成的自住单元占比、与 5 个波士顿就业中心的加权距离、高速公路便捷指数、每万元资产税率、师生比、城镇黑人比例指数、低收入人群的比例。

9.2.1　数据集构建

本项目采用 2.2.2 版本的飞桨框架。首先,导入必要的 Python 包,如代码 9.1 所示。

代码 9.1　飞桨导入必要的 Python 包

```
>>> import paddle
>>> import numpy as np
>>> import os
>>> import matplotlib.pyplot as plt
```

然后加载数据集,并将数据集分为训练数据和测试数据两部分,样本量分别为 404 个样本和 102 个样本。具体实现如代码 9.2 所示。

代码 9.2　飞桨读入房价预测数据集

```
#设置默认的全局 dtype 为 float64
>>>paddle.set_default_dtype("float64")
#分别下载训练集和测试集
>>>train_dataset =paddle.text.datasets.UCIHousing(mode='train')
>>>test_dataset =paddle.text.datasets.UCIHousing(mode='test')
>>>print(len(train_dataset))
>>>print(len(test_dataset))
```

9.2.2　模型构建与设置

选择线性回归模型来预测房价,可以直接利用飞桨提供的线性层组件 paddle.nn.Linear 实现对 13 个特征的加权求和。与 PyTorch 类似,构建模型结构的程序如代码 9.3 所示。

代码 9.3　飞桨构建线性回归模型

```
>>>class Regressor(paddle.nn.Layer):
>>>    def __init__(self):
>>>        super(Regressor, self).__init__()
#定义一个全连接层,输入维度为 13,输出维度为 1,激活函数为 None,即不使用激活函数
>>>        self.linear =paddle.nn.Linear(13, 1, None)
#定义完成前向计算的函数
>>>    def forward(self, inputs):
>>>        x =self.linear(inputs)
>>>        return x
```

在 PaddlePaddle 中,可调用 paddle.Model 将所定义的模型结构实例化,便于后续的模型训练和测试。封装程序如代码 9.4 所示。

代码 9.4　飞桨模型封装

```
#用 Model 封装模型
>>>model =paddle.Model(Regressor())
```

训练模型之前,需要设置模型所采用的损失函数、梯度下降优化算法及评价指标计算公式等,可以调用 paddle.Model.prepare 函数完成这些配置工作。在飞桨中,paddle.optimizer 模块提供了众多优化器与相关的 API,paddle.optimizer.lr 模块提供了与设置优化算法学习率及更新策略相关的 API。paddle.nn 模块中的 Loss 层提供了若干损失函数的 API,在 paddle.Model.prepare 函数中可用 loss 参数选择和定义损失函数,如代码 9.5 所示。

代码 9.5　飞桨模型设置

```
#定义优化器、学习率、损失函数
>>> model.prepare(optimizer = paddle.optimizer.Adam(learning_rate = 0.001,
    parameters =model.parameters()),  loss =paddle.nn.MSELoss())
```

9.2.3 模型训练与测试

模型训练前的准备工作完成后,可调用 paddle.Model.fit 函数来训练模型,该接口对分批次遍历数据集以及多轮训练的过程进行了封装,需要设置模型的训练数据集、测试数据集、训练轮数和样本批次大小等参数,如代码 9.6 所示。

代码 9.6　飞桨模型训练、测试与保存

```
>>>model.fit(train_data=train_dataset, test_data=test_dataset, epochs=5,
   batch_size=8, save_dir='./result/' verbose=1)
#save_dir 参数用于指定保存训练后的模型的路径,在训练过程中,每个 epoch 结束时,训练好的
   模型将被存储到指定的目录(save_dir)下
```

模型训练的过程如图 9.1 所示。若不设定测试数据集的评估频率参数 eval_freq(该参数用于指定保存模型的频率,即多少个 epoch 保存一次模型,默认值为 1),PaddlePaddle 默认:在每轮训练后,均计算测试集上的损失函数值。

```
The loss value printed in the log is the current step, and the metric is the average value of previous steps.
Epoch 1/5
step 51/51 [==============================] - loss: 632.5609 - 3ms/step
Eval begin...
step 13/13 [==============================] - loss: 401.2709 - 983us/step
Eval samples: 102
Epoch 2/5
step 51/51 [==============================] - loss: 420.4692 - 1ms/step
Eval begin...
step 13/13 [==============================] - loss: 398.6844 - 740us/step
Eval samples: 102
```

图 9.1　波士顿房价预测训练结果的示意图

9.3　鸢尾花分类——SVM 模型

鸢尾花分类项目的任务是:采用鸢尾花分类的数据集,利用 Scikit-learn 机器学习库构建支持向量机模型,根据鸢尾花的特征,按照鸢尾花的品种进行分类。本节代码参见百度 AI Studio 相关项目(https://aistudio.baidu.com/aistudio/projectdetail/3405482)。

9.3.1 数据集构建

鸢尾花(iris)数据集是常用的分类实验数据集,其中包含 3 个类别,分别为山鸢尾(iris-setosa)、变色鸢尾(iris-versicolor)和弗吉尼亚鸢尾(iris-virginica)。该数据集中包含 150 个样本,每个品类有 50 个样本,每个样本表示为一个五维向量(花萼长度、花萼宽度、花瓣长度、花瓣宽度、类别),其中前 4 列为鸢尾花的特征(属性),第 5 列为鸢尾花的类别。部分数据样本如表 9.1 所示。

表 9.1　鸢尾花数据集部分样本

花 萼 长 度	花 萼 宽 度	花 瓣 长 度	花 瓣 宽 度	属　种
5.1	3.5	1.4	0.2	iris-setosa

续表

花萼长度	花萼宽度	花瓣长度	花瓣宽度	属　　种
4.9	3.0	1.4	0.2	iris-setosa
4.7	3.2	1.3	0.2	iris-setosa
4.6	3.1	1.5	0.2	iris-setosa
5.0	3.6	1.4	0.2	iris-setosa
5.4	3.9	1.7	0.4	iris-setosa
4.6	3.4	1.4	0.3	iris-setosa
5.0	3.4	1.5	0.2	iris-setosa

本项目采用 0.22.1 版本的 Scikit-learn 机器学习库。首先,导入必要的 Python 包,如代码 9.7 所示。

代码 9.7　飞桨导入必要的包

```
>>> import numpy as np
>>> from matplotlib import colors
>>> from sklearn import svm
>>> from sklearn import model_selection
>>> import matplotlib.pyplot as plt
>>> import matplotlib as mpl
```

然后利用 Numpy 库中的 loadtxt()函数读取数据集,其中 converters={4:iris_type}表示用自定义函数 iris_type 将数据集中第 5 列的字符串类型转换成浮点类型的数据。np. split(data,(4,),axis=1)表示按列分割数据,前 4 列(0~3 列)定义为 x,即样本的特征;第 5 列定义为 y,即样本的类别标签。利用 train_test_split 将数据随机地、以 8:2 的比例划分为训练集和测试集,其中 random_state 是随机数种子,取固定值,表示在其他参数一样的情况下得到同一组随机数,若不赋值,每次的随机数都不一样。实现程序如代码 9.8 所示。

代码 9.8　飞桨读取鸢尾花数据集

```
#定义一个转换函数,将鸢尾花的 3 个类别分别转化为 0、1、2
>>> def iris_type(s):
>>>     it ={b'Iris-setosa':0, b'Iris-versicolor':1,b'Iris-virginica':2}
>>>     return it[s]
#加载数据
>>> data =np.loadtxt('/home/aistudio/data/data2301/iris.data',  #数据文件路径
>>>             dtype=float,              #数据类型
>>>             delimiter=',',            #数据分隔符
>>>             converters={4:iris_type})
#划分数据集,测试集占 20%
>>> x, y =np.split(data, (4, ), axis=1)    #axis=1 表示按列分割数据,0 表示按行分割
>>> x_train, x_test, y_train, y_test=model_selection.train_test_split(x, y,
random_state=1, test_size=0.2)
```

9.3.2　模型构建与设置

选择 SVM 模型对鸢尾花进行分类,采用 sklearn 提供的 SVM 函数进行计算。定义 SVM 模型和设置参数的程序如代码 9.9 所示,其中参数 C 表示错误项的惩罚系数,是 0～1 的浮点数,默认取值为 1.0。C 越大,对分错样本的惩罚力度越大,趋向于对数据全部分类正确,这样在训练集中准确率越高,但是泛化能力就会降低;相反,C 越小,惩罚力度减小,允许分类错误,将错误分类的样本当作噪声处理,泛化能力就会较强。

参数 kernel 表示核函数,核函数可以简化 SVM 中的运算。常用的核函数包括线性核函数 linear、高斯核函数 rbf(默认)、多项式核函数 poly 等,本项目选用线性核。

参数 decision function_shape 表示决策函数(样本到分离超平面的距离)的类型,取值为 ovr 时,表示 one vs rest,即一个类别与其余类别进行二分类,取值为 ovo 时,表示 one vs one,即将类别进行两两分类。默认取值为 None。

代码 9.9　飞桨构建 SVM 模型,设置参数

```
>>>def classifier():
>>>    clf = svm.SVC(C=0.8,                                   #误差项惩罚系数
>>>                  kernel='linear',                         #线性核
>>>                  decision_function_shape='ovr')          #决策函数
>>>    return clf
```

9.3.3　模型训练与测试

定义好模型后,就可以用训练数据训练模型了。训练好模型后,读取测试数据进行模型测试。然后调用模型的 score 函数,分别计算在训练上和测试集上的准确率 acc,并打印 SVM 模型决策函数的值,如代码 9.10 所示。

代码 9.10　飞桨模型训练与测试,并评估模型性能

```
#训练模型
>>>clf = classifier()
>>>clf.fit(x_train, y_train.ravel()) #调用函数 ravel()将矩阵转变成一维数组
#测试模型,计算准确率
>>>def show_accuracy(a, b, tip):
>>>    acc = a.ravel() == b.ravel()
>>>    print('%s Accuracy:%.3f' % (tip, np.mean(acc)))
#分别显示训练集和测试集上的准确率,score(x_train, y_train)表示模型在训练集(x_
#train,y_train)上的准确率
>>>def print_accuracy(clf, x_train, y_train, x_test, y_test):
>>>    print('training prediction:%.3f' % (clf.score(x_train, y_train)))
>>>    print('test data prediction:%.3f' % (clf.score(x_test, y_test)))
#对比真实类别和预测类别,predict(x_train)表示对 x_train 中的样本进行预测,返回样本的
#类别
>>>    show_accuracy(clf.predict(x_train), y_train, 'traing data')
>>>    show_accuracy(clf.predict(x_test), y_test, 'testing data')
#计算决策函数的值,它与样本 x 到各个分类平面的距离成正比,x 归属于最大决策函数值所对应
#的类别
```

```
>>>    print('decision_function:\n', clf.decision_function(x_train))
>>>    print('--------eval ----------')
>>>    print_accuracy(clf, x_train, y_train, x_test, y_test)
```

程序部分运行结果如图 9.2 所示。

```
-------- eval ----------
training prediction:0.808
test data prediction:0.767
traing data Accuracy:0.808
testing data Accuracy:0.767
decision_function:
[[-0.24991711  1.2042151   2.19527349]
 [-0.30144975  1.25525744  2.28694265]
 [-0.24281146  2.24318221  0.99502737]
 [-0.27672959  1.2395788   2.23333857]
```

图 9.2 鸢尾花分类 SVM 模型训练结果示意图

9.4 手写体数字识别——多层神经网络模型

手写体数字识别项目的任务是：采用 MNIST 数据集，利用飞桨框架构建多层神经网络模型，将手写体数字图像按其数字内容进行分类。本节代码参见百度 AI Studio 相关项目（https://aistudio.baidu.com/aistudio/projectdetail/3403300）。

MNIST（mixed national institute of standards and technology database）数据集由美国国家标准与技术研究院收集整理的大量手写体数字图像构成，该数据集包含 60000 个训练样本和 10000 个测试样本。每个样本是 28×28 像素的灰度图像，图中只有一个数字，即 0 到 9 之一。部分样本如图 9.3 所示。

图 9.3 MNIST 数据集示意图

9.4.1 数据集构建

首先，导入必要的包，包括飞桨框架、用于矩阵计算的 Numpy 库、图像处理库 PIL 和绘图框架 matplotlib 等，如代码 9.11 所示。

代码 9.11 飞桨导入必要的包

```
>>>import numpy as np
>>>import paddle as paddle
>>>import paddle.nn as nn
>>>import paddle.nn.functional as F
>>>from PIL import Image
>>>import matplotlib.pyplot as plt
>>>import os
```

在飞桨计算机视觉库 paddle.vision 中已集成了 MNIST 数据集，可通过 paddle.vision.

dataset.MNIST 直接读取训练数据和测试数据（通过设定 mode 参数值为 train 和 test 来区别训练集和测试集）。此外，为了避免因图像亮度差异而影响模型的训练和预测，可调用 paddle.transforms 模块归一化图像的灰度值，如代码 9.12 所示。

Compose 的作用是用列表的方式组合数据集预处理的接口。Normalize 的作用是对图像进行归一化处理，它支持两种方式：①用统一的均值和标准差值对图像的每个通道进行归一化处理；②对每个通道，指定不同的均值和标准差值，进行归一化处理。

代码 9.12　飞桨准备 MNIST 数据集

```
>>> from paddle.vision.transforms import Compose, Normalize
#使用 transform 函数对数据集预处理,进行归一化,定义了均值、标准差和图像格式
>>> transform =Compose([Normalize(mean=[127.5],std=[127.5],data_format='CHW')])
#加载数据集,分别在训练集和测试集上对数据进行预处理操作
>>> train_dataset = paddle.vision.datasets.MNIST (mode = 'train', transform =
transform)
>>> test_dataset = paddle.vision.datasets.MNIST (mode = 'test', transform =
transform)
```

加载训练数据和测试数据后，可读取并显示单个手写体数字图像，如代码 9.13 所示，图像显示结果如图 9.4 所示。

代码 9.13　MNIST 显示数据集中的图像

```
>>>train_data0, train_label_0 =train_dataset[0][0],train_dataset[0][1]
>>>train_data0 =train_data0.reshape([28,28])
>>>plt.figure(figsize=(2,2))    #指定绘图窗口的大小,单位为英寸(inch)
>>>print(plt.imshow(train_data0, cmap=plt.cm.binary))
```

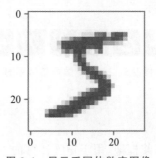

图 9.4　显示手写体数字图像

9.4.2　模型构建与设置

本模型是由 3 层全连接层构造的前馈神经网络模型，模型结构如图 9.5 所示。

（1）输入层 X：MNIST 中每张图像均为 28×28 像素的二维图像，将其表示为 784 维向量，即 $X=(x_0, x_1, x_2, \cdots, x_{783})$。+1 表示偏置项的系数为 1。

（2）第一个隐层 H_1：全连接层，激活函数为 ReLU，设置其神经元数量为 100。

（3）第二个隐层 H_2：全连接层，激活函数为 ReLU，设置其神经元数量为 100。

（4）输出层 Y：以 softmax 为激活函数的全连接输出层。对于有 N 个类别的多分类问

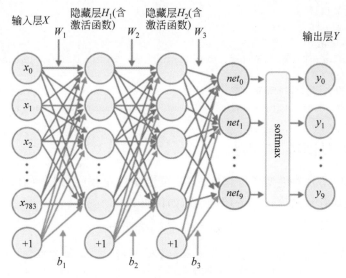

图 9.5　3 层神经网络结构示意图

题,输出层设置 N 个神经元,经过 softmax 函数输出 N 个 $[0,1]$ 的实数值,分别表示该输入样本属于这 N 个类别的概率。在本项目中,$N=10$,分别与 $0\sim9$ 的 10 个数字相对应。y_i 表示该图像中数字为 i 的概率。

可调用 paddle.nn.Linear 组件搭建上述网络结构,调用 paddle.nn.functional 中的 softmax 函数计算模型的输出向量,实现程序如代码 9.14 所示。

代码 9.14　飞桨构建 3 层神经网络模型

```
>>>class mnist(paddle.nn.Layer):
>>>    def __init__(self):
>>>        super(mnist,self).__init__()
>>>        self.fc1 =nn.Linear(in_features =28 * 28, out_features =100)   #第 1 个隐层
>>>        self.fc2 =nn.Linear(in_features =100, out_features =100)   #第 2 个隐层
>>>        self.fc3 =nn.Linear(in_features =100, out_features =10)    #输出层
>>>    def forward(self, input_):
>>>        x =paddle.reshape(input_, [input_.shape[0], -1])
>>>        x =self.fc1(x)
>>>        x =F.relu(x)                                        #第一个隐层的激活函数
>>>        x =self.fc2(x)
>>>        x =F.relu(x)                                        #第一个隐层的激活函数
>>>        x =self.fc3(x)
>>>        y =F.softmax(x)                                     #输出层的激活函数
>>>        return y
```

在训练模型前,需要设置学习率、优化器、损失函数类型和模型评价指标。手写体数字识别是多分类任务,选择 Adam 优化器,以交叉熵 paddle.nn.CrossEntropyLoss 作为损失函数,以分类的准确率(accuracy)作为评价指标,实现程序如代码 9.15 所示。

代码 9.15　设置学习率、优化器、损失函数类型、准确率函数

```
>>>from paddle.metric import Accuracy
```

```
#用 Model 封装模型
>>>model =paddle.Model(mnist())
#定义学习率、优化器
>>> optim = paddle.optimizer.Adam(learning_rate = 0.001, parameters = model.
parameters())
#定义交叉熵损失函数和准确率函数
>>>model.prepare(optim,paddle.nn.CrossEntropyLoss(),Accuracy())
```

9.4.3 模型训练与测试

调用 Model.fit 方法对模型进行训练,需要设定迭代轮数(epochs=2)、批次大小(batch_size=64)和模型保存目录(save_dir)等参数,如代码 9.16 所示。

代码 9.16 飞桨模型训练

```
>>>model.fit(train_dataset,test_dataset,epochs=2,batch_size=64,save_dir=
'multilayer_perceptron',verbose=1)
```

两轮模型训练过程的中间结果如图 9.6 所示。

```
Epoch 1/2
step  30/938 [...........................] - loss: 1.9322 - acc: 0.4490 - ETA: 12s - 14ms/st
/opt/conda/envs/python35-paddle120-env/lib/python3.7/site-packages/paddle/fluid/layers/utils.py:77: Deprecation
Warning: Using or importing the ABCs from 'collections' instead of from 'collections.abc' is deprecated, and in
3.8 it will stop working
  return (isinstance(seq, collections.Sequence) and

step  40/938 [>..........................] - loss: 1.8458 - acc: 0.4809 - ETA: 11s - 12ms/step

step  50/938 [>..........................] - loss: 1.9277 - acc: 0.5084 - ETA: 10s - 11ms/step
step 938/938 [==========================] - loss: 1.5593 - acc: 0.7120 - 9ms/step
save checkpoint at /home/aistudio/multilayer_perceptron/0
Eval begin...
step 157/157 [==========================] - loss: 1.4989 - acc: 0.9185 - 7ms/step
Eval samples: 10000
Epoch 2/2
step 938/938 [==========================] - loss: 1.5237 - acc: 0.9266 - 8ms/step
save checkpoint at /home/aistudio/multilayer_perceptron/1
Eval begin...
step 157/157 [==========================] - loss: 1.4804 - acc: 0.9225 - 7ms/step
Eval samples: 10000
save checkpoint at /home/aistudio/multilayer_perceptron/final
```

图 9.6 多层神经网络训练中间结果

模型训练完成后,在测试集上对模型进行评估,并比较测试集中第一幅图像的真实类别与预测结果是否相同,实现测试的程序如代码 9.17 所示,运行结果如图 9.7 所示。第一幅图像的预测结果为"7",与真实类别一致。

代码 9.17 飞桨模型测试

```
#读取测试集的第一个图像
>>>test_data0, test_label_0 =test_dataset[0][0],test_dataset[0][1]
>>>test_data0 =test_data0.reshape([28,28])
>>>plt.figure(figsize=(2,2)) #指定绘图窗口的大小,单位为英寸(inch)
#展示测试集中的第一个图像
>>>print(plt.imshow(test_data0, cmap=plt.cm.binary))
```

```
>>>print('test_data0 的标签为: ' +str(test_label_0))
#预测测试集的第一个图像
>>>result =model.predict(test_dataset, batch_size=1)
#显示模型预测的结果
>>>print('test_data0 预测的数值为:%d' %np.argsort(result[0][0])[0][-1])
```

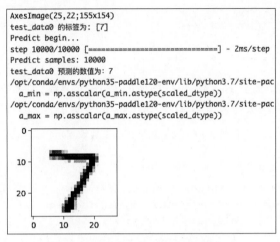

图 9.7　多层神经网络模型测试结果

9.5　动物图像分类——VGG 模型

动物图像分类项目的任务是：采用百度飞桨 AI Studio 中公开的动物数据集（AFHQ）
（https://aistudio.baidu.com/aistudio/datasetdetail/49044），利用飞桨框架构建 VGG 卷积
神经网络模型，对动物图像进行分类。本节代码是在 AI Studio 人脸识别项目（https://
aistudio.baidu.com/aistudio/projectdetail/3403493）的基础上修改的。

AFHQ 数据集中包含 15000 张 512×512 的图像，分为猫（cat）、狗（dog）和野生动物
（wild）3 个类别，训练集和测试集中 3 类动物图像数量统计如表 9.2 所示。存储 AFHQ 数
据集时，分为训练（train）和测试（test）两个目录保存图像，每个目录包含猫、狗和野生动物
三个子目录。

表 9.2　三类动物图像的数量

类别	猫	狗	野生动物	样本数
训练集	5153	4739	4738	14630
测试集	500	500	500	1500

9.5.1　数据集构建

首先，导入必要的 Python 包，如代码 9.18 所示。

代码 9.18　飞桨导入必要的 Python 包

```
>>> import os
>>> import sys
>>> import paddle
>>> import numpy as np
>>> from PIL import Image
>>> import matplotlib.pyplot as plt
>>> from paddle.io import Dataset
>>> import random
>>> from paddle.nn import functional as F
```

然后,设置训练模型需要的参数,包括图像的大小、分类数、训练数据和测试数据的文件路径、模型训练轮数、批次大小及学习率等,如代码 9.19 所示。

代码 9.19　飞桨数据集和参数设置示例

```
>>> train_paramters = {
    'class_dim': 3,                                          #图像类别数量
    'train_dir': '/home/aistudio/afhq/train/',               #训练数据集目录
    'train_list_path': '/home/aistudio/train_img_list.txt',  #训练图像信息
    'test_dir': '/home/aistudio/afhq/test/',                 #测试数据集目录
    'test_list_path': '/home/aistudio/test_img_list.txt',    #测试图像信息
    'num_epochs': 5,                                          #训练轮数
    'train_batch': 128,                                       #训练时每个批次的大小
    'lr':  0.0001                                             #超参数——学习率
}
```

训练模型前,需要先准备数据,提取图像文件路径和类别标签,并将相应图像信息保存至文件中。代码 9.20 的功能为:遍历每类动物对应的子文件夹,提取每张图像所在的文件夹路径和类别信息,并以乱序的方式写入相应的文本文件中。训练集中包含 14630 张图像,测试集中包含 1500 张图像。

代码 9.20　飞桨读取图像的相关信息

```
>>> def get_data(data_dir, img_file):
>>>     img_list = []
>>>     for k, psubd in enumerate(['cat', 'dog', 'wild']):
>>>         for perf in os.listdir(data_dir +'/' +psubd):
>>>             if not perf.endswith('jpg'):
>>>                 continue
#将每张图像所在的文件夹路径和类别信息依次写入相应的文本文件中
>>>             ppath =data_dir +'/' +psubd +'/' +perf
>>>             img_list.append([ppath, k])
>>>     print(len(img_list))
>>>     random.shuffle(img_list)    #随机打乱图像信息在文本文件中的顺序
>>>     with open(img_file, 'w') as tf:
>>>         for per in img_list:
>>>             tf.write('{} {}\n'.format(per[0], per[1]))
#读取相应子文件夹的路径
>>> get_data(train_paramters['train_dir'], train_paramters['train_list_path'])
>>> get_data(train_paramters['test_dir'], train_paramters['test_list_path'])
```

准备好训练和测试需要的图像后,可构建一个继承 paddle.io.Dataset 类的子类,来自定义数据集。飞桨中自定义数据集的方式与 PyTorch 类似,需要实现__init__、__getitem__ 和 __len__ 这3个函数。在初始化函数__init__ 中,需要根据训练和测试的标识(mode 字符串)读取相应的数据文件,将每个图像转换为 RGB 格式,并将图像大小变换为 128×128 像素,然后对像素值进行归一化等处理。在__getitem__ 函数中,需要根据输入的数据索引获取对应的图像及其类别信息。最后,在__len__ 函数中返回数据集中图像的数量。构建代码如代码 9.21 所示。

代码 9.21　飞桨构建图像分类任务的训练集和测试集

```
>>>class MyDataset(Dataset):
>>>    def __init__(self, mode ='train'):
>>>        super(MyDataset, self).__init__()
>>>        self.data =[]
>>>        self.label =[]
>>>        img_file =train_paramters['train_list_path']
>>>        if mode =='test':
>>>            img_file =train_paramters['test_list_path']
>>>        with open(img_file, 'r') as tf:
>>>            for per in tf:
>>>                img_path, lab =per.strip().split(' ', 1)
>>>                img =Image.open(img_path)
>>>                if img.mode ! ='RGB':
>>>                    img =img.convert('RGB')    #将图像都转换为 RGB 格式
>>>                img =img.resize((128, 128), Image.BILINEAR)
>>>                img =np.array(img).astype('float32')
>>>                img =img.transpose((2, 0, 1))    #将格式由 HWC 转换为 CHW,C 为通道数
>>>                img =img/255                      #像素值归一化
>>>                self.data.append(img)
>>>                self.label.append(int(lab))
#根据指定的索引值 index 获取单个图像本身及其标签信息
>>>    def __getitem__(self, index):
>>>        data =self.data[index]              #返回单张图像和标签
>>>        label =self.label[index]            #返回上述单张图像对应的标签
>>>        return data, np.array(label).astype('int64') #注:返回的标签必须是
                                                        #int64 类型
#返回数据集中图像的数量
>>>    def __len__(self):
>>>        return len(self.data)
>>>train_dataset =MyDataset('train')            #训练集
>>>print(train_dataset.__len__())               #打印训练集中图像的数量
>>>test_dataset =MyDataset('test')              #测试集
>>>print(test_dataset.__len__())                #打印测试集中图像的数量
```

9.5.2　模型构建与设置

16 层 VGG 模型的结构如图 9.8 所示,由五组"卷积—池化"操作组成,每组包括多个连续的卷积层和一个最大池化层,组内的卷积核大小均为 3×3,同一组内的滤波器数目是一

样的。不同组的滤波器数目由浅层组的 64 逐渐增加到最深组的 512。每两个相邻组之间有一个最大池化(max pooling)操作,用以特征降维。在连续五组"卷积—池化"块后,有 3 个全连接层,最后一个全连接层是输出层,详见 6.3 节。

定义 16 层 VGG 模型时,先对连续的"卷积+池化"操作进行统一封装,定义 ConvPool 类,然后搭建 VGG 网络结构,并对模型进行实例化,如代码 9.22 所示。在本示例中,五组"卷积—池化"操作包含的卷积层数分别为 2、2、3、3 和 3,整体网络包含 16 层。

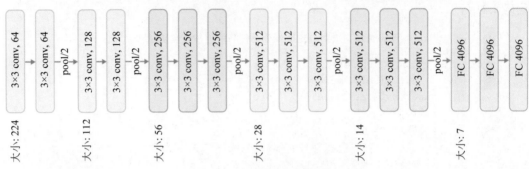

图 9.8 16 层 VGG 模型结构

代码 9.22 飞桨构建 VGG 模型

```
>>>class ConvPool(paddle.nn.Layer):
   #定义"卷积+池化"操作
>>>    def __init__( self,
>>>              in_channels,
>>>              out_channels,
>>>              filter_size,
>>>              pool_size,
>>>              pool_stride,
>>>              groups,
>>>              conv_stride=1,
>>>              conv_padding=1,
>>>              pool_type='max'
>>>          ):
>>>       super(ConvPool, self).__init__()
>>>       self._conv2d_list = []
>>>       for i in range(groups):
>>>          conv2d =self.add_sublayer(    #返回一个由所有子层组成的列表
>>>             'bb_%d' %i,
paddle.nn.Conv2D(in_channels=in_channels,out_channels=out_channels,kernel_
size=filter_size,padding=conv_padding)
>>>             )
>>>          in_channels =out_channels
>>>          self._conv2d_list.append(conv2d)         #堆叠卷积层
>>>       if pool_type =='avg':                       #平均池化
>>>          self._pool2d =paddle.nn.AvgPool2D(
>>>             kernel_size=pool_size,                #池化核大小
>>>             stride=pool_stride                    #池化步长
>>>             )
```

```
>>>            elif pool_type == 'max':                #最大池化
>>>                self._pool2d =paddle.nn.MaxPool2D(
>>>                    kernel_size=pool_size,          #池化核大小
>>>                    stride=pool_stride              #池化步长
>>>                )
>>>    def forward(self, inputs):
>>>        x =inputs
>>>        for conv in self._conv2d_list:
>>>            x =conv(x)
>>>            x =F.relu(x)
>>>        x =self._pool2d(x)
>>>        return x
>>>class VGGNet(paddle.nn.Layer):
    #构建 VGG 网络
>>>    def __init__(self):
>>>        super(VGGNet, self).__init__()
#3:通道数,64:滤波器个数,3:卷积核大小,2:池化核大小,2:池化步长,2:连续卷积层的个数
>>>        self.convpool01 =ConvPool(3, 64, 3, 2, 2, 2)
>>>        self.convpool02 =ConvPool(64, 128, 3, 2, 2, 2)
>>>        self.convpool03 =ConvPool(128, 256, 3, 2, 2, 3)
>>>        self.convpool04 =ConvPool(256, 512, 3, 2, 2, 3)
>>>        self.convpool05 =ConvPool(512, 512, 3, 2, 2, 3)
>>>        self.pool_5_shape =512 * 4 * 4    #第五个"卷积+池化"层的输出特征图的维度
#self.convpool05 层的下一层是全连接层,需要将 self.convpool05 层输出的特征图转换为
#一维,该数值是该全连接层的输入的分量个数
#3 个全连接层,神经元数量分别为 4096、4096 和 3
>>>        self.fc01 =paddle.nn.Linear(self.pool_5_shape,4096)
>>>        self.fc02 =paddle.nn.Linear(4096,4096)
>>>        self.fc03 =paddle.nn.Linear(4096,train_parameters['class_dim'])
>>>    def forward(self, inputs):
>>>        #print('input shape is {}'.format(inputs.shape))
#打印张量 inputs 的形状,输出 [8, 3, 128, 128],表示 8 张图像,3 * 128 * 128 大小的图像
    #前向计算
>>>        out =self.convpool01(inputs)
>>>        #print('after convpool01')
>>>        #print(out.shape)        #打印第 1 个"卷积+池化"层输出的张量的形状,为
# [8, 64, 64, 64]
>>>        out =self.convpool02(out)
>>>        #print(out.shape)        #打印第 2 个"卷积+池化"层输出的张量的形状,为
# [8, 128, 32, 32]
>>>        out =self.convpool03(out)
>>>        #print(out.shape)        #打印第 3 个"卷积+池化"层输出的张量的形状,为
# [8, 256, 16, 16]
>>>        out =self.convpool04(out)
>>>        #print(out.shape)        #打印第 4 个"卷积+池化"层输出的张量的形状,为
# [8, 512, 8, 8]
>>>        out =self.convpool05(out)
>>>        #print(out.shape)        #打印第 5 个"卷积+池化"层输出的张量的形状,为
# [8, 512, 4, 4]
>>>        out =paddle.reshape(out, shape=[-1, 512 * 4 * 4])
```

```
#3个全连接层的前向计算
>>>        out =self.fc01(out)
>>>        out =F.relu(out)
>>>        out =self.fc02(out)
>>>        out =F.relu(out)
>>>        out =self.fc03(out)
>>>        out =F.softmax(out)
>>>        return out
```

开始训练模型之前,需要实例化模型,并设置模型优化器的类型、损失函数种类以及性能评估指标,如代码 9.23 所示。

代码 9.23   飞桨设置 VGG-16 模型

```
#模型实例化
>>>print('model')
>>>model =paddle.Model(VGGNet())
#设置 Adam 优化器、学习率、交叉熵损失函数、准确率作为评价指标
>>>print('prepare')
>>>model.prepare(paddle.optimizer.Adam(parameters=model.parameters(),
learning_rate =train_paramters['lr']), paddle.nn.CrossEntropyLoss(), paddle.
metric.Accuracy())
```

9.5.3   模型训练与测试

设置训练轮数等参数,调用 fit 方法训练模型,采用 save 方法保存模型的训练结果。实现程序如代码 9.24 所示。

代码 9.24   飞桨 VGG 模型训练和保存示例

```
#训练可视化 VisualDL 工具的回调函数
>>>visualdl =paddle.callbacks.VisualDL(log_dir='visualdl_log')
#启动模型全流程训练
>>>print('fit')
>>>model.fit(train_dataset,                        #训练数据集
        test_dataset,                              #测试数据集
        epochs=train_paramters['num_epochs'],      #总的训练轮次
        batch_size =train_paramters['train_batch'],  #批次计算的样本量大小
        shuffle=False,                             #不打乱样本集
        verbose=1,                                 #日志展示格式
        save_dir='./result/',                      #设置分阶段训练模型的存储路径
        save_freq =5,
        callbacks=[visualdl])
#将 VisualD 回调函数添加到模型训练过程中,以便在训练期间记录和可视化训练指标
>>>model.save('./result/final_model.pth')          #保存训练好的模型
```

完成模型训练后,在 test_dataset 测试集上调用 predict 方法评估模型性能,并输出部分样本的 ID、真实标签和预测结果进行比较分析。测试程序如代码 9.25 所示,测试图像及预测结果如图 9.9 所示。

代码 9.25 飞桨图像分类模型的测试

```
>>>label_list =['cat', 'dog', 'wild']              #定义类别标签列表
>>>pred_res =model.predict(test_dataset)
>>>indexs =[1 ,2, 3, 4, 5, 6, 7, 8, 9]            #随机选取 9 张测试图像
>>>for idx in indexs:
>>>    predict_label =np.argmax(pred_res[0][idx])
>>>    pimg, real_label =test_dataset.__getitem__(idx)
>>>    print('样本 ID:{}, 真实标签:{}, 预测值:{}' .format(idx, label_list[real_
label], label_list[predict_label]))
#输出结果:
#样本 ID:1, 真实标签:cat, 预测值:cat
#样本 ID:2, 真实标签:dog, 预测值:dog
#样本 ID:3, 真实标签:dog, 预测值:dog
#样本 ID:4, 真实标签:cat, 预测值:cat
#样本 ID:5, 真实标签:dog, 预测值:dog
#样本 ID:6, 真实标签:cat, 预测值:cat
#样本 ID:7, 真实标签:cat, 预测值:cat
#样本 ID:8, 真实标签:cat, 预测值:cat
#样本 ID:9, 真实标签:wild, 预测值:dog
>>>    plt.subplot(3, 3, idx)
>>>    plt.imshow(pimg.transpose((1,2,0)))
>>>    plt.title(label_list[predict_label])
>>>    plt.axis('off')
>>>plt.show()
```

图 9.9 动物图像分类预测结果示例(见文前彩图)

9.6 宠物图像分割——U-Net 模型

宠物图像分割项目的任务是：采用 Oxford-IIIT Pet 数据集，利用飞桨框架构建经典的图像分割模型 U-Net，以实现对宠物图像的分割。

Oxford-IIIT Pets 是一个宠物图像数据集，共包括 7349 张图像，猫和狗的图像分别为 2371 和 4978 张。其中有 37 个宠物类别，分别为 25 类宠物犬（如 American_bulldog（美国斗牛犬）、Beagle（猎兔犬）等）和 12 类宠物猫（如 Abyssinian（阿比西尼亚猫）、Egyptian Mau（埃及猫）等）。每个类别大约有 200 张图片，这些图像在比例、姿势和光照方面有很大的差异。每张图像均有对应的 ground truth 标注，包括宠物的品种、头部边界框和像素级的前背景分割（即轮廓标注，称为 trimap 分割），如图 9.10 所示。

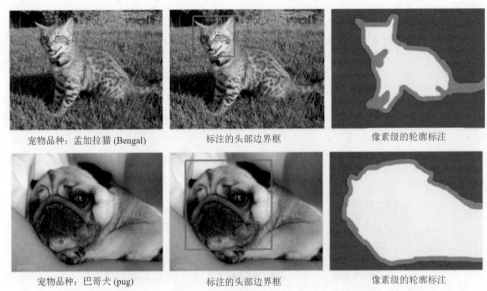

宠物品种：孟加拉猫 (Bengal)　　标注的头部边界框　　像素级的轮廓标注

宠物品种：巴哥犬 (pug)　　标注的头部边界框　　像素级的轮廓标注

图 9.10　Oxford-IIIT Pet 数据集中宠物图像标注（ground truth）的示例（见文前彩图）

该项目的示例代码参考飞桨官方文档（https://www.paddlepaddle.org.cn/documentation/docs/zh/practices/cv/image_segmentation.html）和百度 AI Studio 上相关的图像分割课程（https://aistudio.baidu.com/aistudio/education/group/info/1767）。

使用 Oxford-IIIT Pet 数据集时，需要分别下载原图像（https://www.robots.ox.ac.uk/~vgg/data/pets/data/images.tar.gz）和图像注释文件（https://www.robots.ox.ac.uk/~vgg/data/pets/data/annotations.tar.gz）。解压缩后，目录 images 中存放由类名和序号命名的图像，如 Abyssinian_1.jpg；目录 annotations 的子目录 trimaps 中存放图像分割标注的结果。每张图像中的像素点可分为 3 个类别，1 表示前景，2 表示背景，3 表示轮廓。

9.6.1　数据集构建

首先，导入必要的 Python 包，如代码 9.26 所示。

代码 9.26　飞桨导入必要的 Python 包

```
>>> import os
>>> import io
>>> import numpy as np
>>> import matplotlib.pyplot as plt
>>> from PIL import Image as PilImage
>>> import paddle
>>> from paddle.nn import functional as F
```

然后处理下载的图像，将其按 85∶15 的比例划分为训练集和测试集，并将两个集合中的图像信息分别存储在文本文件中，便于后续构建数据集类 PetDataset。在 PetDataset 中需要实现__init__、__getitem__和__len__方法，如代码 9.27 所示。

代码 9.27　飞桨构建宠物数据集

```
>>> import random
>>> from paddle.io import Dataset
>>> from paddle.vision.transforms import transforms as T
>>> IMAGE_SIZE = (160,160)
>>> train_images_path = "images/"               #存放原图像的文件目录
>>> label_images_path = "annotations/trimaps/"  #存放图像分割标注结果的文件目录
    #对数据集进行处理，划分训练集、测试集
>>> def _sort_images(image_dir, image_type):
    #对文件夹内的图像按照文件名进行排序
>>>     files = []
>>>     for image_name in os.listdir(image_dir):
>>>         if image_name.endswith('.{}'.format(image_type)) \
>>>             and not image_name.startswith('.'):
>>>             files.append(os.path.join(image_dir, image_name))
>>>     return sorted(files)
>>> def write_file(mode, images, labels):              #写入对应 txt 文档，如 train.txt
>>>     with open('./{}.txt'.format(mode), 'w') as f:
>>>         for i in range(len(images)):
>>>             f.write('{}\t{}\n'.format(images[i], labels[i]))
#由于所有文件都散落在文件夹中，训练前需要将图像与其标签一一对应。此处，按名称对图像文
#件和标签进行排序。图像与其所对应的标签的文件名相同，只有扩展名不同。
>>> images = _sort_images(train_images_path, 'jpg')
>>> labels = _sort_images(label_images_path, 'png')
>>> eval_num = int(image_count * 0.15)            #测试集占总数据集的比例为 15%
>>> write_file('train', images[:-eval_num], labels[:-eval_num])
>>> write_file('test', images[-eval_num:], labels[-eval_num:])
>>> write_file('predict', images[-eval_num:], labels[-eval_num:])
>>> class PetDataset(Dataset):
>>>     def __init__(self, mode='train'):
>>>         self.image_size = IMAGE_SIZE
>>>         self.mode = mode.lower()
>>>         self.train_images = []
>>>         self.label_images = []
>>>         with open('./{}.txt'.format(self.mode), 'r') as f:
>>>             for line in f.readlines():
```

```
>>>                image, label =line.strip().split('\t')
>>>                self.train_images.append(image)
>>>                self.label_images.append(label)
>>>    def _load_img(self, path, color_mode='rgb', transforms=[]):      #读取图像
>>>        with open(path, 'rb') as f:
>>>            img =PilImage.open(io.BytesIO(f.read()))
>>>            if color_mode =='grayscale':
>>>                #if image is not already an 8-bit, 16-bit or 32-bit grayscale image
>>>                #convert it to an 8-bit grayscale image.
>>>                if img.mode not in ('L', 'I;16', 'I'):
>>>                    img =img.convert('L')
>>>            elif color_mode =='rgba':
>>>                if img.mode !='RGBA':
>>>                    img =img.convert('RGBA')
>>>            elif color_mode =='rgb':
>>>                if img.mode !='RGB':
>>>                    img =img.convert('RGB')
>>>            else:
>>>                raise ValueError('color_mode must be "grayscale", "rgb", or "rgba"')
>>>            return T.Compose([
>>>                T.Resize(self.image_size)
>>>            ] +transforms)(img)
>>>    def __getitem__(self, idx):
>>>        train_image =self._load_img(self.train_images[idx],
>>>                         transforms=[ T.Transpose(),
>>>                                 T.Normalize(mean=127.5, std=127.5)
>>>                                 ])                    #加载原始图像
>>>        label_image =self._load_img(self.label_images[idx],
>>>                         color_mode='grayscale',
>>>                         transforms=[T.Grayscale()]) #加载已标注(分割)
>>>                                                       #的图像
>>>        train_image =np.array(train_image, dtype='float32')
>>>        label_image =np.array(label_image, dtype='int64')
>>>        return train_image, label_image
>>>    def __len__(self):
>>>        return len(self.train_images)
```

9.6.2 模型构建与设置

U-Net 模型最早应用于医学影像的细胞分割任务中,它由编码器(encoder)和解码器构成互相对称的"U"形结构,如图 9.11 所示,详见 7.3.3 节。

U-Net 模型的编码器和解码器均包含 5 级卷积块,编码器中每两级相邻的卷积块之间都有 1 个下采样操作,每个下采样操作使得特征图的通道数翻倍,通道数依次为 64、128、256 和 512;解码器中每两级相邻的卷积块之间都有 1 个上采样操作,每个上采样操作均使得特征图的通道数减半,通道数依次为 512、256、128 和 64。在原始的 U-Net 模型中,采用双线性插值进行上采样操作,在本示例中,改用 PaddlePaddle 深度学习框架提供的转置卷积(paddlepaddle.nn.Conv2DTranspose)来代替原来的双线性插值实现上采样操作。

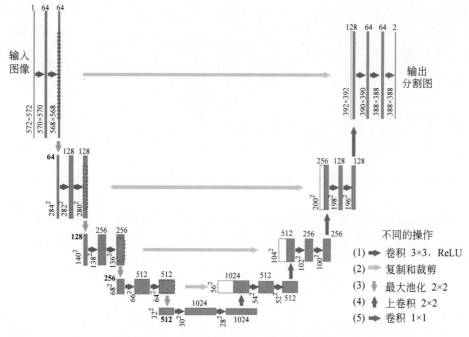

图 9.11　U-Net 模型的结构图

由于 U-Net 模型编码器和解码器的 5 级结构是类似的,可对其基本运算单元进行封装。编码器的构建如代码 9.28 所示。

代码 9.28　飞桨构建 U-Net 模型的编码器

```
>>> import paddle
>>> from paddle import nn
>>> class Encoder(nn.Layer):    #定义编码器的一个卷积块,包括两层卷积,两层归一化,最大池化
>>>     def __init__(self, num_channels, num_filters):   #输入特征图的通道数,滤波器个数
>>>         super(Encoder,self).__init__()              #继承父类的初始化
    #定义卷积块中的第 1 个卷积层,卷积核为 3×3,步长为 1,填充为 1,保持图像尺寸不变
>>>         self.conv1 =nn.Conv2D(in_channels=num_channels,
>>>                               out_channels=num_filters,
>>>                               kernel_size=3,
>>>                               stride=1,
>>>                               padding=1)
>>>         self.bn1   =nn.BatchNorm(num_filters,act="relu")   #归一化,激活函数
    #定义卷积块中的第 2 个卷积层,卷积核为 3×3,步长为 1,填充为 1,保持图像尺寸不变
>>>         self.conv2 =nn.Conv2D(in_channels=num_filters,
>>>                               out_channels=num_filters,
>>>                               kernel_size=3,
>>>                               stride=1,
>>>                               padding=1)
>>>         self.bn2   =nn.BatchNorm(num_filters,act="relu")   #归一化,激活函数
    #最大池化,下采样,图像尺寸减半
>>>         self.pool  =nn.MaxPool2D(kernel_size=2,stride=2,padding="SAME")
#padding="SAME"表示在输入张量的周围填充适当数量的零值像素,使得池化输出的特征图保持
#与输入有相同的尺寸
```

```
    #定义前向计算函数
>>>    def forward(self,inputs):
>>>        x = self.conv1(inputs)    #卷积块的第 1 个卷积层
>>>        x = self.bn1(x)           #第 1 个卷积层后的归一化
>>>        x = self.conv2(x)         #卷积块的第 2 个卷积层
>>>        x = self.bn2(x)           #第 2 个卷积层后的归一化
>>>        x_conv = x                #记录当前特征,用于输入解码器中同级的卷积层
>>>        x_pool = self.pool(x)     #下采样操作
>>>        return x_conv, x_pool
```

在编码器中,可以通过改变参数 num_channels 和 num_filters 的值生成不同卷积块的结构。

U-Net 模型中解码器的结构与编码器类似,不同之处在于:编码器中的每级卷积块均需整合编码器中同级卷积块的输出特征,从而对图像的不同特征进行融合。实现解码器的程序如代码 9.29 所示。

代码 9.29 飞桨构建 U-Net 模型的解码器

```
>>>class Decoder(nn.Layer):
    #定义解码器的一个卷积块,包括 1 层反卷积,2 层卷积层,两层归一化
>>>    def __init__(self, num_channels, num_filters):    #输入特征图的通道数,滤波器个数
>>>        super(Decoder,self).__init__()
    #反卷积层
>>>        self.up = nn.Conv2DTranspose(in_channels=num_channels,
>>>                                 out_channels=num_filters,
>>>                                 kernel_size=2,
>>>                                 stride=2,
>>>                                 padding=0)              #不填充图像
    #第 1 个卷积层
>>>        self.conv1 = nn.Conv2D(in_channels=num_filters * 2,
>>>                             out_channels=num_filters,  #滤波器的个数减半
>>>                             kernel_size=3,
>>>                             stride=1,
>>>                             padding=1)
>>>        self.bn1 = nn.BatchNorm(num_filters,act="relu") #归一化,采用激活函数
    #第 2 个卷积层
>>>        self.conv2 = nn.Conv2D(in_channels=num_filters,
>>>                             out_channels=num_filters,
>>>                             kernel_size=3,
>>>                             stride=1,
>>>                             padding=1)
>>>        self.bn2  = nn.BatchNorm(num_filters,act="relu")   #归一化,采用激活函数
>>>    def forward(self,input_conv,input_pool):
    #input_conv 和 input_pool 分别表示向卷积层和池化层输入特征图的张量
>>>        x = self.up(input_pool)                         #反卷积运算
>>>        h_diff = (input_conv.shape[2]-x.shape[2])       #上采样前后特征图的高度差
>>>        w_diff = (input_conv.shape[3]-x.shape[3])       #上采样前后特征图的宽度差
>>>        pad = nn.Pad2D(padding=[h_diff//2, h_diff-h_diff//2, w_diff//2, w_
    diff-w_diff//2])
```

```
      #"//"表示下取整运算,特征图上方、左侧的填充参数分别为 h_diff//2 和 w_diff//2,下方、
      #右侧的填充参数分别为 h_diff -h_diff//2 和 w_diff -w_diff//2。
      #以编码器输出的特征图为基准填补解码器输出的特征图,使其高宽尺寸翻倍
>>>        x =pad(x)
>>>        x =paddle.concat(x=[input_conv,x],axis=1)      #与同级编码器的特征图拼接
>>>        x =self.conv1(x)
>>>        x =self.bn1(x)
>>>        x =self.conv2(x)
>>>        x =self.bn2(x)
>>>        return x
```

采用编码器和解码器的卷积块来搭建 U-Net 网络,需要在初始化函数中分别定义 4 个编码器的卷积块和 4 个解码器的卷积块,再定义最底层的共用卷积块。此外,在解码器的最后一个卷积块上需要增加一个卷积层,作为输出层,用于预测每个分割区域的类别。实现程序如代码 9.30 所示。

代码 9.30　飞桨构建 U-Net 模型的结构

```
>>>class UNet(nn.Layer):
>>>   def __init__(self,num_classes=4):
      #num_classes 为图像像素的类别数。实际上,图像中的像素只有 3 个类别,即前景像素、背景像
      #素和轮廓像素分别对应类别 1、2 和 3。增加类别 0,只是为了保证标注的类别值与预测的类别索
      #引值保持一致
>>>        super(UNet,self).__init__()
>>>        self.down1 =Encoder(num_channels=3, num_filters=64)      #编码器的第 1
                                                                   #个卷积块
>>>        self.down2 =Encoder(num_channels=64, num_filters=128)     #编码器的第 2
                                                                   #个卷积块
>>>        self.down3 =Encoder(num_channels=128, num_filters=256)    #编码器的第 3
                                                                   #个卷积块
>>>        self.down4 =Encoder(num_channels=256, num_filters=512)    #编码器的第 4
                                                                   #个卷积块
>>>        self.mid_conv1 =nn.Conv2D(512,1024,1)       #最底层的共用卷积块的第 1 个卷积层
>>>        self.mid_bn1 =nn.BatchNorm(1024,act="relu")
>>>        self.mid_conv2 =nn.Conv2D(1024,1024,1)     #最底层的共用卷积块的第 2 个卷积层
>>>        self.mid_bn2 =nn.BatchNorm(1024,act="relu")
>>>        self.up4 =Decoder(1024,512)                #解码器的第 1 个卷积块
>>>        self.up3 =Decoder(512,256)                 #解码器的第 2 个卷积块
>>>        self.up2 =Decoder(256,128)                 #解码器的第 3 个卷积块
>>>        self.up1 =Decoder(128,64)                  #解码器的第 4 个卷积块
      #在模型的最后一层,即输出层,有 num_classes=2 个 1×1×64(深度)的滤波器,采用 softmax
      #函数作为激活函数,对像素进行分类,标记分割区域
>>>        self.last_conv =nn.Conv2D(64,num_classes,1)    #64 是输入特征的通道数
>>>   def forward(self,inputs):
      #编码器的前向计算
>>>        x1, x =self.down1(inputs)
>>>        x2, x =self.down2(x)
>>>        x3, x =self.down3(x)
>>>        x4, x =self.down4(x)
      #最底层卷积块中的两次卷积操作
```

```
>>>          x = self.mid_conv1(x)
>>>          x = self.mid_bn1(x)
>>>          x = self.mid_conv2(x)
>>>          x = self.mid_bn2(x)
#解码器的前向计算
>>>          x = self.up4(x4, x)
>>>          x = self.up3(x3, x)
>>>          x = self.up2(x2, x)
>>>          x = self.up1(x1, x)
>>>          x = self.last_conv(x)     #最后一层,即输出层
>>>          return x
>>>network = UNet(num_classes=4)
#前景像素、背景像素和轮廓像素分别对应于类别 1、2 和 3,类别 0 没有实际意义
>>>model = paddle.Model(network)  #模型实例化
>>>model.summary((-1, 3,) + IMAGE_SIZE)
```

开始训练模型前,需要用 optimizer 方法设置优化器、学习率等相关参数,RMSProp 是均方根传递(root mean square propagation)优化算法,计算微分平方加权均值,作为参数的更新项,这样有利于消除摆动幅度大的方向,使得各个维度的摆动幅度都较小。其思想是:对于梯度震动较大的项,在下降时,减小其下降速度;对于震动幅度小的项,在下降时,加速其下降速度。用 prepare 函数设置损失函数,如代码 9.31 所示。

代码 9.31　U-Net 模型设置

```
>>>train_dataset = PetDataset(mode='train')                      #训练数据集
>>>test_dataset = PetDataset(mode='test')                        #测试数据集
>>>optim = paddle.optimizer.RMSProp(learning_rate=0.001,         #优化器、学习率
                                    rho=0.9,                      #设置学习率的衰减速率 ρ
                                    momentum=0.0,                 #设置动量
                                    epsilon=1e-07,                #为了保证分母不为零
                                    centered=False,
                                    parameters=model.parameters())
>>>model.prepare(optim, paddle.nn.CrossEntropyLoss(axis=1))   #交叉熵损失函数
```

9.6.3　模型训练与测试

在 model.fit 函数中设置数据集、迭代轮数和批次大小等参数,开始训练,再调用 model.predict 函数,并指定数据集来预测模型,如代码 9.32 所示。verbose 是日志显示,日志信息包括进度条、loss、acc;verbose 可有 3 个值,分别为 0、1 和 2。verbose=0 表示不输出日志信息;verbose=1 表示输出带进度条的日志信息;verbose=2 表示每个 epoch 都输出一行记录,与 verbose=1 的区别为没有进度条。

代码 9.32　U-Net 模型训练与测试

```
#训练模型
>>>model.fit(train_dataset,
             test_dataset,
             epochs=15,
```

```
            batch_size=32,
            verbose=1) #输出带进度条的日志信息
#测试模型
>>>predict_dataset =PetDataset(mode='predict')
>>>predict_results =model.predict(predict_dataset)
```

从测试集中抽取 3 张图像,用训练好的模型预测其分割结果,同时展示原始图像、标注结果和预测分割结果,实现程序如代码 9.33 所示,运行结果如图 9.12 所示。

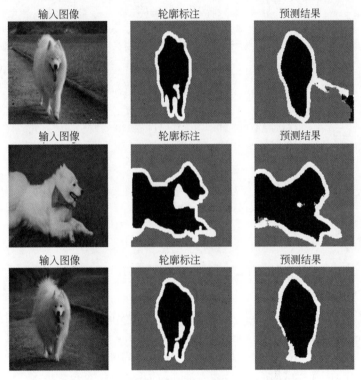

图 9.12 宠物图像分割结果示意图(见文前彩图)

代码 9.33 U-Net 可视化预测的分割结果

```
>>>plt.figure(figsize=(10, 10)) #指定绘图窗口的大小,单位为英寸(inch)
>>>i =0
>>>mask_idx =0
>>>with open('./predict.txt', 'r') as f:
>>>    for line in f.readlines():
>>>        image_path, label_path =line.strip().split('\t')
>>>        resize_t =T.Compose ([ T.Resize(IMAGE_SIZE) ])
>>>        image =resize_t(PilImage.open(image_path))
>>>        label =resize_t(PilImage.open(label_path))
>>>        image =np.array(image).astype('uint8')
>>>        label =np.array(label).astype('uint8')
>>>        if i >8:
>>>            break
>>>        plt.subplot(3, 3, i +1)
```

```
>>>        plt.imshow(image)
>>>        plt.title('Input Image')
>>>        plt.axis("off")
>>>        plt.subplot(3, 3, i +2)
>>>        plt.imshow(label, cmap='gray')
>>>        plt.title('Label')
>>>        plt.axis("off")
#分割模型的输出结果存放于 predict_results[0]中,其中包括模型所预测的图像中各像素点属
#于前景、背景或轮廓的类别信息
#在预测结果 predict_results[0]中,提取出下标为 mask_idx 的图像的分割结果。然后,采用
#np.argmax(data, axis=-1)生成该目标的分割掩码 mask,前景像素标记为 1,背景像素标记
#为 2,轮廓像素标记为 3。最后,将所生成的分割掩码绘制在图像上,以便更直观地看到模型的分
#割效果
>>>        data =predict_results[0][mask_idx][0].transpose((1, 2, 0))
>>>        mask =np.argmax(data, axis=-1)
>>>        plt.subplot(3, 3, i +3)
>>>        plt.imshow(mask.astype('uint8'), cmap='gray')
>>>        plt.title('Predict')
>>>        plt.axis("off")
>>>        i +=3
>>>        mask_idx +=1
>>>
>>>plt.show()
```

9.7　昆虫目标检测——YOLOv3 模型

昆虫目标检测项目的任务是:采用百度飞桨 AI Studio 提供的昆虫目标检测数据集
(https://bj.bcebos.com/paddlex/datasets/insect_det.tar.gz),利用飞桨框架的全流程开发
工具 PaddleX 构建 YOLOv3 模型,以实现对图像中不同种类昆虫的定位和识别。本节代码
参见 https://aistudio.baidu.com/aistudio/projectdetail/2160238。PaddleX 工具的介绍详
见 https://www.paddlepaddle.org.cn/paddle/paddleX。

昆虫目标检测数据集包含 217 张图像(训练集 169 张、验证集 24 张和测试集 24 张)和 6
种昆虫类别标签(Leconte、Boerner、Armandi、Linnaeus、Coleoptera 和 Acuminatus)。每张
图像的标注结果用 XML 格式表示,详细记录了图像的大小、包含的不同昆虫的位置和类
别,其中位置信息用 4 个坐标值描述,分别是边界框的左上角坐标和右下角坐标。

9.7.1　数据集构建

当训练集规模不足时,可通过数据增强技术扩充数据集,以提升模型的训练性能。
paddlex.det.transforms 模块提供了多种数据增强方式,本项目中使用 MixupImage、
RandomDistort、RandomExpand、RandomCrop 和 RandomHorizontalFlip 共 5 种数据增强
操作。导入必要的包,并定义图像预处理操作,如代码 9.34 所示。

代码 9.34　PaddleX 导入包,并定义图像预处理流程

```
>>>import paddlex as pdx
```

```
>>>import os
>>>import matplotlib
>>>matplotlib.use('Agg')
>>>os.environ['CUDA_VISIBLE_DEVICES']='0'
>>>from paddlex.det import transforms
>>>train_transforms =transforms.Compose([       #模型训练过程中的图像变换
    transforms.MixupImage(mixup_epoch=250),      #对图像进行 mixup 操作
    transforms.RandomDistort(),                  #以一定的概率对图像的像素内容进行随机变换
    transforms.RandomExpand(),                   #随机扩张图像
    transforms.RandomCrop(),                     #随机裁剪图像
#调整图像大小,插值法有['NEAREST', 'LINEAR', 'CUBIC', 'AREA', 'LANCZOS4', 'RANDOM']
    transforms.Resize(target_size=608, interp='RANDOM'),
    transforms.RandomHorizontalFlip(),           #以一定的概率对图像进行随机水平翻转
    transforms.Normalize()                       #对图像进行标准化
])
#测试时,利用 Compose 类组合图像增强操作
>>>test_transforms =transforms.Compose([        #模型测试时的图像变换
    transforms.Resize(target_size=608, interp='CUBIC'),   #CUBIC 为 resize 的一
                                                          #种插值方式
    transforms.Normalize()
])
```

目标检测常用的数据集格式有 VOCDetection 和 COCODetection 两种,本项目使用 VOC 格式组织数据集,利用 PaddleX.datasets.VOCDetection 模块加载数据集(https://paddlex.readthedocs.io/zh_CN/release-1.3/apis/datasets.html # paddlex-datasets-vocdetection),实现程序如代码 9.35 所示。

代码 9.35　PaddleX 构建数据集

```
#训练数据集
>>>train_dataset =pdx.datasets.VOCDetection(
        data_dir='insect_det',                   #数据集所在的目录路径
        file_list='insect_det/train_list.txt',
#描述数据集图像文件及其所对应的标注文件的文件路径(文本内每行路径为相对于 data_dir 的
#路径)
        label_list='insect_det/labels.txt',      #描述数据集中类别信息的文件的路径
        transforms=train_transforms,             #数据集中每个样本的预处理/增强算子
>>>     shuffle=True)                            #是否需要打乱数据集中样本的顺序,默认为 False
#测试数据集
>>>test_dataset =pdx.datasets.VOCDetection(
        data_dir='insect_det',
        file_list='insect_det/test_list.txt',
        label_list='insect_det/labels.txt',
        transforms=test_transforms)
```

9.7.2　模型构建与设置

由于 PaddleX 中封装了常用的目标检测模型,可以直接调用 API,并设置相应的模型超参数。本项目使用单阶段目标检测模型 YOLOv3,以 DarkNet53 作为主干网络提取图像特

征,构建模型的程序如代码 9.36 所示。

代码 9.36　PaddleX 构建目标检测模型

```
>>>num_classes =len(train_dataset.labels)
>>>model =pdx.det.YOLOv3( num_classes=num_classes, #设置模型预测的类别数
    #YOLOv3 的主干(backbone)网络,可以设置为 MobileNet、DarkNet 和 ResNet 三类
         backbone='DarkNet53',
    #anchor 锚框的宽度和高度
         anchors=[[10,13],[16,30],[33,23],[30,61],[62,45],[59,119],[116,90],
[156,198],[373,326]],
    #当候选框与真实框的 IoU 大于 ignore_threshold 时,则该候选框被视为正确的检测结果,
    #无须计算其损失
    ignore_threshold=0.7,
    nms_score_threshold=0.01,      #若某边界框的置信度低于此阈值,则忽略该边界框
    nms_topk=1000,                 #进行非负极大抑制时,根据置信度保留的最大边界框数
    nms_keep_topk=100,             #进行非负极大抑制后,每个图像可保留的最大边界框数
    nms_iou_threshold=0.45         #进行非负极大抑制时,用于剔除边界框的 IoU 阈值
)
```

YOLOv3 模型的结构如图 9.13 所示。首先,利用多层卷积神经网络提取多尺度的图像特征;然后,融合 3 个尺度的特征图,每一层的特征图上分别根据不同大小(13×13、26×26

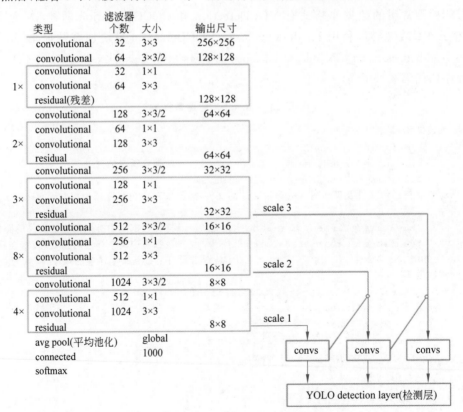

图 9.13　YOLOv3 模型的结构示意图

(https://aistudio.baidu.com/aistudio/projectdetail/122277? channelType=0 & channel=0)

和 52×52)的候选框(anchor box)来预测目标框。

YOLOv3 模型将输入图像分成 $S \times S$ 的网格,每个网格中可预测 B 个目标,为每个目标预测的内容包括该目标的位置坐标、置信度和类别概率。

9.7.3 模型训练与测试

初始化目标检测模型后,可调用 train 函数设置相关训练参数,包括训练轮数、训练集、批次大小、验证集、学习率、学习率衰减等,并进行模型训练,实现程序如代码 9.37 所示。

代码 9.37 PaddleX 目标检测模型的训练

```
>>>model.train(
    num_epochs=270,
    train_dataset=train_dataset,
    train_batch_size=8,
    test_dataset=test_dataset,
    learning_rate=0.000125,
#优化器的学习率分别在第 210、240 轮时各衰减一次。每次衰减为前一个学习率 * lr_decay_
#gamma(0.1)
    lr_decay_epochs=[210, 240],
    save_interval_epochs=20,              #每个 20 轮,保存一次模型
    save_dir='output/yolov3_darknet53',   #保存模型的路径
    use_vdl=True)
```

完成模型训练后,可调用 PaddleX.det.visualize 对检测结果进行可视化。pdx.det.visualize 中的参数 threshold 是预测昆虫位置的置信度阈值,不展示低于该阈值的预测边界框。测试程序如代码 9.38 所示,运行输出结果如图 9.14 所示。

代码 9.38 PaddleX 目标检测模型的测试

```
>>>model =pdx.load_model('output/yolov3_darknet53/best_model')   #加载已训练好
                                                                 #的模型
>>>image_name ='insect_det/JPEGImages/0217.jpg'   #测试图像名称
>>>result =model.predict(image_name)              #模型预测
>>>pdx.det.visualize(image_name, result, threshold=0.5, save_dir='./output/
yolov3_darknet53')
```

图 9.14 PaddleX 昆虫检测结果示意图

9.8　本章小结

　　机器学习应用项目的开发流程包括 6 个步骤：数据预处理、数据集构建、模型定义与设置、模型训练、模型性能评估及测试、模型超参数优化。开发机器学习模型时，需要注重数据预处理的准确性，根据数据分布特点选择合适的数据集构建方式；根据任务背景和目标选择合适的机器学习模型，并优化超参数，以获得最优模型。

　　本章剖析了 6 个利用 Scikit-learn 机器学习库和飞桨深度学习框架实现的机器学习实践案例，分别是波士顿房价预测、鸢尾花分类、手写体数字识别、动物图像分类、图像分割和昆虫目标检测。

习题 9

　　1. 简述构建机器学习模型的基本步骤。

　　2. 简述 paddle.nn.Sequential 类和 paddle.nn.Layer 类的作用与区别。

　　3. 简述百度飞桨框架中 Model.fit 方法的作用及其对应的运算过程。

　　4. 采用非线性拟合的 LSTM 模型（paddle.nn.LSTM）完成波士顿房价预测任务。

　　5. 采用 LeNet 模型完成手写体数字识别任务，实现完整的模型训练和预测过程。

　　6. 采用飞桨框架构建多层卷积神经网络，完成鸢尾花分类任务。

　　7. 在 9.4 节手写体数字识别的模型训练和测试过程中增加其他性能指标的计算和比较（如 AUC、敏感度、特异度等）。

　　8. 在 9.4 节手写体数字识别程序中增加模型超参数选择的过程，寻找最优的模型学习率和全连接层层数。

　　9. 在 9.5 节动物图像分类程序中改用深度残差网络 ResNet 重新构建模型，完成图像分类任务。

　　10. 采用 Oxford-IIIT Pet 数据集（https://www.robots.ox.ac.uk/~vgg/data/pets）中宠物猫的图像，利用 U-Net 模型，编程实现完整的图像分割模型的训练和测试。

参 考 文 献

[1] Russell J S,Norvig P. 人工智能：一种现代的方法[M].殷建平,祝恩,刘越,等译. 3 版. 北京：清华大学出版社,2013.

[2] 王万良. 人工智能通识教程[M]. 北京：清华大学出版社,2020.

[3] 朱福喜.人工智能[M]. 3 版. 北京：清华大学出版社,2017.

[4] 马少平,朱小燕. 人工智能[M]. 北京：清华大学出版社,2004.

[5] 李德毅,于剑. 人工智能导论[M]. 北京：中国科学技术出版社,2019.

[6] 高随祥,文新,马艳军,等. 深度学习导论与应用实践[M]. 北京：清华大学出版社,2019.

[7] 王昊奋,漆桂林,陈华钧. 知识图谱：方法、实践与应用[M] 北京：电子工业出版社,2019.

[8] 刘知远,韩旭,孙茂松. 知识图谱与深度学习[M]. 北京：清华大学出版社,2020.

[9] 张春强,张和平,唐振. 机器学习：软件工程方法与实现[M]. 北京：机械工业出版社,2020.

[10] 周志华. 机器学习[M]. 北京：清华大学出版社,2016.

[11] 尚文倩. 人工智能：原理,算法和实践[M]. 北京：清华大学出版社,2021.

[12] 蔡自兴,徐光祐. 人工智能及其应用[M]. 北京：清华大学出版社,2004.

[13] Segaran T. 集体智慧编程[M]. 北京：电子工业出版社,2009.

[14] 张学工,汪小我. 模式识别[M]. 4 版. 北京：清华大学出版社,2021.

[15] 张学工. 模式识别：模式识别与机器学习[M]. 北京：清华大学出版社,2021.

[16] 张金雷,杨立兴,高自友. 深度学习与交通大数据实战[M]. 北京：清华大学出版社,2022.

[17] 李航. 统计学习方法[M]. 北京：清华大学出版社,2012.

[18] 邱锡鹏. 神经网络与深度学习[M]. 北京：机械工业出版社,2020.

[19] 李弼程,彭天强,彭波. 智能数字图像处理技术[M].3 版. 北京：电子工业出版社,2004.

[20] 陈天华. 数字图像处理[M]. 2 版. 北京：清华大学出版社,2014.

[21] 李俊山,李旭辉,朱子江. 数字图像处理[M]. 3 版. 北京：清华大学出版社,2017.

[22] Vapnik V. 统计学习理论[M]. 许建华,张学工,译. 北京：电子工业出版社,2015.

[23] Goodfellow I,Bengio Y,Courville A. Deep Learning[M]. Cambridge：MIT press, 2016.

[24] Sutton R,Barto A. Reinforcement learning：an introduction[M]. Cambridge：MIT press, 2018.

[25] McCulloch W, Pitts W. A logical calculus of the ideas immanent in nervous activity[J]. The Bulletin of Mathematical Biology, 1943，5 (4)：115-133.

[26] Turing A. Computing Machinery and Intelligence[J]. Mind, 1950, 59(236)：433-460.

[27] Searle J. Minds, brains, and programs[J]. Behavioral and Brain Sciences, 1980, 3(3)：417-457.

[28] Krizhevsky A, Sutskever I, Hinton G. ImageNet classification with deep convolutional neural networks[C]//Advances in Neural Information Processing Systens, 2012：1097-1105.

[29] Gettien E L. Is Justified True Belief Knowledge? [J]. Analysis, 1963, 23(6)：121-123.

[30] Zhou Z. A brief introduction to weakly supervised learning[J]. National Science Review, 2018, 5 (1)：44-53.

[31] 周志华. 多示例学习[C]//刘大有.知识科学中的基本问题研究.北京：清华大学出版社, 2006：322-336.

[32] 戴宏斌,张敏灵,周志华.一种基于多示例学习的图像检索方法[J]. 模式识别与人工智能. 2006, 19 (2)：179-185.

[33] Mnih V，Kavukcuoglu K，Silver D，et al. Human-level control through deep reinforcement learning

[J]. Nature，2015，518(7540)：529-541.

[34]　Nielsen M. Neural networks and deep learning[M]. San Francisco，CA，USA：Determination press，2015.

[35]　LeCun Y，Bengio Y，Hinton G. Deep learning[J]. Nature，2015，521(7553)：436-444.

[36]　Hinton G，Salakhutdinov R. Reducing the dimensionality of data with neural networks[J]. Science，2006，313(5786)：504-507.

[37]　Silver D，Huang A，Maddison C，et al. Mastering the game of Go with deep neural networks and tree search[J]. Nature，2016，529(7587)：484-489.

[38]　Silver D，Schrittwieser J，Simonyan K，et al，Mastering the game of Go without human knowledge [J]. Nature，2017，550(7676)：354-359.

[39]　Dietterich T，Lathrop R，Lozano-Pérez T. Solving the multiple instance problem with axis-parallel rectangles[J]. Artificial Intelligence,1997,89(1)：31-71.

[40]　Tang J，Li H，Qi G，et al. Image annotation by graph-based inference with integrated multiple/single instance representations[J]. IEEE Trans. on Multimedia，2010，12(2)：131-141.

[41]　Frénay B，Verleysen M. Classification in the presence of label noise：a survey[J]. IEEE Transactions on Neural Network and Learning Systems，2014，25(5)：845-869.

[42]　Tanaka D，Ikami D，Yamasaki T，et al. Joint optimization framework for learning with noisy labels [C]//Proceedings of the IEEE Conference on Computer Vision and Pattern Recognition(CVPR)，2018：5552-5560.

[43]　Wang Y，Liu W，Ma X，et al. Iterative learning with open-set noisy labels[C]//Proceedings of the IEEE Conference on Computer Vision and Pattern Recognition(CVPR)，2018:8688-8696.

[44]　Abdi H，Williams L. Principal component analysis[J]. Wiley interdisciplinary reviews：computational statistics，2010，2(4)：433-459.

[45]　Hamerly G，Elkan C. Learning the k in k-means[C]//In Advances in neural information processing systems，2004：281-288.

[46]　Guo G，Wang H，Bell D，et al. KNN model-based approach in classification[C]// International Conferences on the Move to Meaningful Internet Systems，2003：986-996.

[47]　Chollet F. Deep learning with Python[M]. New York：Simon and Schuster，2021.

[48]　Lecun，Y.Generalization and network design strategies [R/OL].(1989-06-03)[2023-05-06]. http://yann.lecun.com/exdb/publis/pdf/lecun-89.pdf.

[49]　Fukushima，K. Neocognitron：A self-organizing neural network model for a mechanism of pattern recognition unaffected by shift in position [J]. Biological Cybernetics，1980(36)：193-202.

[50]　Rumelhart D，Hinton G，Williams R. Learning representations by back-propagating errors[J]. Nature，1986，323(6088)：533-536.

[51]　LeCun Y，Boser B，Denker J，et al. Backpropagation applied to handwritten zip code recognition[J]. Neural Computation，1989，1(4)：541-551.

[52]　LeCun Y，Boser B，Denker J，et al. Handwritten digit recognition with a back-propagation Network [C]//Advances in neural information processing systems，1990:396-404.

[53]　LeCun Y，Jackel L，Bottou L，et al. Comparison Of Learning Algorithms For Handwritten Digit Recognition[C]//International Conference on Artificial Neural Networks，1995:53-60.

[54]　LeCun Y，Bottou L，Bengio Y，Haffner P. Gradient-based learning applied to document recognition [J]. Proc. of the IEEE，1998，86 (11)：2278-2324.

[55]　Simonyan K，Zisserman R. Very deep convolutional networks for large-scale image recognition[EB/

OL]. (2015-04-10)[2023-05-06]. https://arxiv.org/pdf/1409.1556.pdf.

[56] Szegedy C, Liu W, Jia Y, et al. Going deeper with convolutions[C]//IEEE Conference on Computer Vision and Pattern Recognition (CVPR), 2015: 1-9.

[57] He K, Zhang X, Ren S, Sun J. Deep residual learning for image recognition[C]//IEEE Conference on Computer Vision and Pattern Recognition (CVPR), 2016: 770-778.

[58] Huang G, Liu Z, Weinberger K Q. Densely connected convolutional networks[C]//IEEE Conference on Computer Vision and Pattern Recognition (CVPR), 2017: 2261-2269.

[59] Orhan A, Pitkow X. Skip connections eliminate singularities[EB/OL]. (2018-03-04)[2023-05-06]. https://arxiv.org/pdf/1701.09175.pdf.

[60] Minaee S, Boykov Y, Porikli F, et al. Image segmentation using deep learning: A survey[J]. IEEE transactions on pattern analysis and machine intelligence, 2021, 44(7): 3523-3542.

[61] Otsu N. A threshold selection method from gray-level histogram[J]. IEEE Transactions on systems, man, and cybernetics, 1979, 9(1):62-66.

[62] Girshick R, Donahue J, Darrell T, et al. Rich feature hierarchies for accurate object detection and semantic segmentation[C]//Proceedings of the IEEE conference on computer vision and pattern recognition, 2014: 580-587.

[63] Ren S, He K, Girshick R, et al. Faster R-CNN: Towards real-time object detection with region proposal networks[J]. IEEE Transactions on Pattern Analysis and Machine Intelligence, 2017, 39 (6): 1137-1149.

[64] Redmon J, Divvala S, Girshick R, et al. You only look once: Unified, real-time object detection [C]//Proceedings of 2016 IEEE Conference on Computer Vision and Pattern Recognition, 2016: 779-788.

[65] Liu W, Anguelov D, Erhan D, et al. Ssd: Single shot multibox detector[C]//European conference on computer vision, 2016: 21-37.

[66] Long J, Shelhamer E, Darrell T. Fully convolutional networks for semantic segmentation[C]// Proceedings of the IEEE conference on computer vision and pattern recognition, 2015: 3431-3440.

[67] Ronneberger O, Fischer P, Brox T. U-net: Convolutional networks for biomedical image segmentation[C]//International Conference on Medical image computing and computer-assisted intervention, 2015: 234-241.

[68] Zou Z, Shi Z, Guo Y, et al. Object detection in 20 years: A survey[EB/OL]. (2023-01-18)[2023-05-06]. https://arxiv.org/pdf/1905.05055.pdf.

[69] Oksuz K, Cam B, Kalkan S, et al. Imbalance problems in object detection: A review[EB/OL]. (2020-03-11)[2023-05-06]. https://arxiv.org/pdf/1909.00169.pdf.

[70] Jiao L, Zhang F, Liu F, et al. A survey of deep learning-based object detection[J]. IEEE Access, 2019(7):128837-128868.

[71] Hinton G, Deng L, Yu D, et al. Deep neural networks for acoustic modeling in speech recognition: The shared views of four research groups[J]. IEEE Signal Processing Magazine, 2012, 29(6): 82-97.

[72] Oquab M, Bottou L, Laptev I, et al. Learning and transferring mid-level image representations using convolutional neural networks[C]//Proceedings of 2014 IEEE Conference on Computer Vision and Pattern Recognition, 2014:1717-1724.

[73] Kavukcuoglu K, Ranzato M, Fergus R, et al. Learning invariant features through topographic filter maps[C]//Proceedings of 2009 IEEE Conference on Computer Vision and Pattern Recognition,

2009:1605-1612.

[74] Kavukcuoglu K, Sermanet P, Boureau Y, et al. Learning convolutional feature hierarchies for visual recognition[C]//Proceedings of the 23rd International Conference on Neural Information Processing Systems, 2010:1090-1098.

[75] Girshick R. Fast R-CNN[C]//Proceedings of 2015 IEEE International Conference on Computer Vision, 2015:1440-1448.

[76] He K, Gkioxari G, Dollár P, et al. Mask R-CNN[C]//Proceedings of 2017 IEEE International Conference on Computer Vision, 2017:2980-2988.

[77] Cai Z, Vasconcelos N. Cascade R-CNN: Delving into high quality object detection[C]//Proceedings of IEEE Conference on Computer Vision and Pattern Recognition, 2018:6154-6162.

[78] Li Y, Chen Y, Wang N, et al. Scale-aware trident networks for object detection[C]//Proceedings of 2019 IEEE/CVF International Conference on Computer Vision. Seoul, 2019:6053-6062.

[79] Redmon J, Farhadi A. YOLO9000: Better, faster, stronger[C]//IEEE Conference on Computer Vision and Pattern Recognition, 2017:7263-7271.

[80] Liu W, Anguelov D, Erhan D, et al. SSD: Single shot multibox detector[C]//Proceedings of the 14th European Conference European Conference on Computer Vision, 2016:21-37.

[81] Redmon J, Farhadi A. YOLOv3: An incremental improvement[C]//IEEE Conference on Computer Vision and Pattern Recognition, 2017:6517-6525.

[82] Lin T, Goyal P, Girshick R, et al. Focal loss for dense object detection[J]. IEEE Transactions on Pattern Analysis and Machine Intelligence, 2020, 42(2): 318-327.

[83] Law H, Deng J. CornerNet: Detecting objects as paired keypoints[J]. International Journal of Computer Vision, 2020, 128(3): 642-656.

[84] Duan K, Bai S, Xie L, et al. CenterNet: Keypoint triplets for object detection[C]//Proceedings of 2019 IEEE/CVF International Conference on Computer Vision, 2019:6568-6577.

[85] He K, Zhang X, Ren S, et al. Spatial pyramid pooling in deep convolutional networks for visual recognition[J]. IEEE Transactions on Pattern Analysis and Machine Intelligence, 2015, 37(9): 1904-1916.

[86] Fu C, Liu W, Ranga A, et al. DSSD: Deconvolutional single shot detector[EB/OL]. (2017-01-23) [2023-05-06]. https://arxiv.org/pdf/1701.06659.pdf.

[87] Wu X, Sahoo D, Hoi S. Recent advances in deep learning for object detection[EB/OL]. (2019-08-10)[2023-05-06]. https://arxiv.org/pdf/1908.03673.pdf.

[88] 余伟豪,李忠,安建琴,等. 深度学习框架和加速技术探讨[J]. 软件, 2017, 38(6):79-82.

[89] 黄玉萍,梁炜萱,肖祖环. 基于 TensorFlow 和 PyTorch 的深度学习框架对比分析[J]. 现代信息科技, 2020, 4(4):80-82,87.

[90] 马艳军,于佃海,吴甜,等. 飞桨:源于产业实践的开源深度学习平台[J]. 数据与计算发展前沿, 2019,1(1):105-115.

[91] 于璠. 新一代深度学习框架研究[J]. 大数据, 2020,6(4):69-80.

[92] Buitinck L, Louppe G, Blondel M, et al. API design for machine learning software: experiences from the scikit-learn project[EB/OL]. (2013-09-01)[2023-05-06]. https://arxiv.org/1309.0238.pdf.

[93] Pedregosa F, Varoquaux G, Gramfort A, et al. Scikit-learn: Machine learning in Python[J]. The Journal of Machine Learning Research, 2011(12): 2825-2830.

[94] Paszke A, Gross S, Massa F, et al. PyTorch: an imperative style, high-performance deep learning library[C]//Proceedings of the 33rd International Conference on Neural Information Processing Systems, 2019: 8026-8037.